厚黑学

李宗吾◎著

群言出版社

图书在版编目（CIP）数据

厚黑学/李宗吾著. —北京：群言出版社，2006
ISBN 7-80080-606-5

Ⅰ.厚… Ⅱ.李… Ⅲ.伦理学-研究-中国
Ⅳ.B825

中国版本图书馆 CIP 数据核字（2006）第 104304 号

责任编辑　樊　伟
封面设计　大象工作室
出版发行　群言出版社
地　　址　北京东城区东厂胡同北巷 1 号
邮政编码　100006
联系电话　65263345　65265404
电子信箱　qunyancbs@dem-league.org.cn
印　　刷　北京雁林吉兆印刷有限公司
经　　销　全国新华书店
版　　次　2008 年 5 月第 2 版　2008 年 5 月第 2 次印刷
开　　本　787×1092　1/16
印　　张　16.75
字　　数　249 千字
书　　号　ISBN 7-80080-606-5
定　　价　29.80 元

代序一　被忽略的大师

柏　杨

天下有很多“奇缘”的事，使人无法解释，柏杨先生之得来《厚黑教主传》，便属其中之一。这本《厚黑教主传》和《厚黑学》，都是绝版书，曾经托许多朋友代觅一读，以便大开茅塞，结果全归失望。不料前天忽然接寒爝先生电话，告曰：“你下午在家等我，我有一本好书可供你。”届时驾至，原来是他以五百元代价在书摊购得之《厚黑教主传》也。大喜，留吃晚饭，以示谢意。

这本书之好，在于告诉国人，一个盖世奇才，对日非的世局，其内心的悲愤和痛苦是如何沉重，李宗吾先生一生为人作事，比柏杨先生不知高级多少，直可惊天地而泣鬼神，而他鼓吹“厚黑”，硬揭大人先生和鱼鳖虾蚧的疮疤，其被围剿，自在意中。

这本书之好，在于告诉国人，一个盖世奇才，对日非的世局，其内心的悲愤和痛苦是如何沉重，李宗吾先生一生为人作事，比柏杨先生不知高级多少，直可惊天地而泣鬼神，而他鼓吹『厚黑』，硬揭大人先生和鱼鳖虾蚧的疮疤，其被围剿，自在意中。

在全部《厚黑学》和传记之中，有两点值得大书特书，国人不可不知焉。

一是，**他曰：大凡行使厚黑之时，表面上一定要糊一层道德仁义，不能赤裸裸的表现出来**。凡是我的学生，一定要懂得这个法子，假如有人问你：“认识李宗吾否？”你就放出最庄严的面孔，说道：“这个人坏极了，他是讲厚黑学的，我不认识他……”

二是，有一个道貌岸然之官，闻李宗吾先生提倡厚黑学而义愤填膺，写了一本《薄白学》，在成都报上发表，痛斥李宗吾先生狼心狗肺，贻害苍生，结果，该官因贪污渎职，奸淫扰民，被处死刑，其尊头悬在少成公园，以观其薄白学之风行于世焉。

这两件事，给我们很多启示，现在且介绍一二，此中学问甚大，不可等闲

项羽空有高志，对厚黑之学完全不加以琢磨

视之也。

在全部厚黑学中，李宗吾先生以谈三国英雄开始，他曰……(参看本书第一部)

以上是李宗吾先生的厚黑学原文，接着他便追溯而上，而举楚汉的事来证明。盖项羽先生不厚不黑，所以失败，刘邦先生既厚且黑，故能成功。刘邦先生的心肠之黑，是与生俱来，可谓"天纵之圣"；至于脸皮之厚，还需加点学力，他的业师，就是三杰中的张良先生，张良先生的业师，是那位圯上的老人，衣钵真传，彰彰可考，圯上受书一事，老人的种种作用，无非是教张先生脸皮厚也，张先生拿来传授刘先生，一指点即明。试问不厚不黑的项羽先生，怎能是他的敌手乎？韩信先生能受胯下之辱，可说是脸皮很厚，无奈他的心肠不黑，偏偏系念着刘邦先生"解衣推食"之恩，下不得毒手。后来长乐宫内，身首异处，夷及三族，都是咎由自取。范增先生千方百计想教项羽杀死刘邦先生，可以说心肠很黑，无夺他脸皮不厚，一受离间，便大怒求去，结果把自己的老命和项羽先生的江山一起送掉，真是活该得很也。

李宗吾先生结论曰：他把这些人的故事，反复研究，才将千古不传的成功秘诀，发现出来，一部廿四史，必须持此观点，才读得通。这种学问，原则上很简单，运用起来却很神妙，小用小效，大用大效，故他以"厚黑教主"自居，努力说法，普渡众生。

刘邦的脸厚心黑是与生俱来的

有"学"便有"经"。经，在国人眼光中的地位，尊严万分，李宗吾先生乃奉天承运，发明了《厚黑经》，以阐扬《厚黑学》焉。

除了《厚黑学》、《厚黑经》。李宗吾先生还著有《厚黑传习录》问世。共包括三大项目，一曰"求官六字真言"，二曰"做官六字真言"，三曰"办事二妙法"。他首先严肃地指出发扬厚黑学的必要，并举出几个伟大的例子，然后假托一个想求官做的人向他问业，乃授之以上述的三套法宝。

法宝之一为“求官六字真言”。六字者，“空”、“贡”、“冲”、“捧”、“恐”、“送”是也。

李宗吾先生曰，只要做到六个字，包管发生奇效。

一介平民，如果想当官的话，自然要靠本闲话所推荐的“求官六字真言”，一番努力之后，把官——无论是市长也好，部长也好，县长也好，委员也好，主任也好，反正是，既把官弄到了手，则必需懂得保官之道，否则一年半载，垮了下来，岂不前功尽弃乎？李宗吾先生有鉴于此，在《厚黑传习录》中，除了发明上述的“求官六字真言”外，还发明了“做官六字真言”。

做官六字真言者，“空”、“恭”、“绷”、“凶”、“聋”、“弄”是也。

李宗吾先生厚黑传习录三大法宝中的“办事二妙法”，内容更为精彩，非有绝世之姿，恐怕真有点领会不动也。

二妙法者，一为“锯箭法”，一为“补锅法”。

厚黑学发展到传习录，可谓登峰造极。但到抗战中期，李宗吾先生把传习录内容更加扩大为四，一曰厚黑史观，二曰厚黑哲理，三曰厚黑学的应用，四曰厚黑学发明史。其立论的形式是自由自在，想说啥就说啥，口中如何说，笔下如何写，或谈学术，或追述平生琐事，高兴时就写，不高兴就不写，或长长的写一段，或短短写几句，不受任何限制。下笔时候，如引用某事件或某典故，偏偏历史上从没有这种事件或从没有这种典故，那怎么办乎？李宗吾先生率然曰：“我就自己捏造一个。”盖思想家与考据家不同，思想家只是说出他的见解，平空难以开口，不得不顺手牵羊，以增力量，连孔丘先生都得托古以求改制，何况比孔丘先生更大的思想家李宗吾先生乎？

厚黑教主李宗吾先生除了以上正正经经的“学”、“经”、“录”，三大著作之外，平生好写梯突文章，或用杂文体，或用小说体，无一篇不嬉笑怒骂。故有人曰：“厚黑教在世，是天地间一大讽刺。”是非常不错的也。盖他不但讽刺世人，亦讽刺自己，不过当他讽刺自己的时候，更也是恶毒的讽刺世人。厚黑一词，明明用以揭世人的底牌，他却一身独当，曾有人质问之曰：“你为啥骂人乎？”他答曰：“我怎敢骂人，我骂我！”于是，正人君子便不得不闭起嘴来也。

除了“学”、“经”、“录”三大著作之外，他还有《怕老婆的哲学》一文，并附

苏轼赞陈季常以诗曰：忽闻河东狮子吼，柱杖落地心茫然

“怕经”，以比儒学的孝经，这种对圣崽们的冒犯，可说是尖锐之极。他自己怕不怕老婆，我们不知道，但他却是极力提倡朋友们应设立“怕学研究会”的，其见识诚高人一筹。

《怕老婆的哲学》内容是说，大凡一国的建立，必有一定的重心，中国号称礼义之邦，首推五伦，古之圣人，于五伦中特别提出一个“孝”字，以为百行之本，所以曰：“**事君不忠非孝也，朋友不信非孝也，战阵无勇非孝也**。”全国重心，建立在“孝”上，因而产出种种文明。然而自从欧风东渐，“孝”先垮台，全国失去重心，国家焉得不衰落乎？李宗吾先生曰：五伦之中，君臣是革了命的，父子是平了权的，兄弟朋友更是早都抛到九霄云外，所幸尚有夫妇一伦存在，我们应当把一切文化，建立在这一伦之上。天下儿童，无不知爱其亲也。积爱成怕，所以今后文化，应当建立在“怕”上，“怕”自然成为全国重心也。

李宗吾先生曰：怕学中的先进，应首推四川。宋朝的陈季常先生，就是鼎鼎有名的怕界巨擘，河东狮吼的故事，已传为怕界佳话，故苏东坡先生赞之以诗曰：“忽闻河东狮子吼，柱杖落地心茫然。”陈季常先生并非泛泛之徒，乃是有名的高人逸士，而高人逸士，却是如此的怕老婆，可见怕老婆一事，乃天地经义者矣！

刘备的特长全在于脸皮厚

李宗吾先生曰：时代更早的，还有一位久居四川的刘备先生，他对怕学一门，可说是发明家而兼实行家，新婚之夜，就向老婆下跪，后来困处东吴，每遇不得了事，就守着老婆痛哭，而且以下跪为家常便饭，无不逢凶化吉，遇难成祥。他发明的这一套办法，真可说是渡尽无边苦海中的男子，凡遇着河东狮吼的人，可把刘先生的法宝取出来，包管顿呈祥和焉。

李宗吾先生更用史事来证明，东晋而后，南北对峙，历宋齐梁陈，直到隋文帝出来，才把南北统一，而隋文帝就是最怕老婆的人。有一天，独孤皇后大发脾气，杨坚先生便跑到山上躲避，躲了两天，经大臣杨素先生把皇后劝好了之后，才敢回来。怕经曰："见妻如鼠，见敌如虎。"机坚先生之统一天下，谁曰不宜耶？

隋文帝杨坚算得上是历史上有名的"惧内"皇帝了

李宗吾先生不但从历史上探讨出怕老婆哲学的基础，而且从当代政治舞台人物身上去考察，获得此结论曰：凡官级越高的，怕老婆的程度也越深，官级和害怕的程度，几乎成为正比。于是，由古今事实，厚黑教主乃归纳出若干定理，名之曰："怕经"，以型后世。

李宗吾先生之能够寿终正寝，而未被绳捆索绑到公堂，岂真是天眷之也与？

李宗吾先生笃于友情，道义千古，他一生不轻易推许人，择友也十分慎重，可是文友之后，却以生死相许。他有两个最知己的朋友焉，一位是革命先驱张列五先生，辛亥光复后，被推为四川第一任都督，后充总统府顾问，被袁世凯先生所杀。李宗吾先生曰，此人赤胆忠心，有作有为，如他在世，四川决不会闹得乌烟瘴气。一位是理学家廖绪初，先任审计院长，后见国事日非，郁郁而死。李宗吾先生曰，此人作事，公正严明，道德之高，每使敌党赞叹不止，如他执政，世间哪有贪污乎？李宗吾先生平未了的心愿便是没有为他的这两位仁友作一个传。当日本飞机轰炸重庆最猛烈时，他还数次给《厚黑教主传》的作者张默先生去函，说到"张列五的衣冠冢在浮图关，此时想必成为伪土！"其慎重择交如此，其敦笃友谊如此，谁能相信"求官六字真言"、"做官六字真言"，是出自他手耶？伤心人以冷笑代呜咽，呜呼！

李宗吾先生于 1943 年 9 月 28 日，病逝于自流井本宅(亦即新定的孔子诞辰之日，岂冥冥中自有主者耶？)，五月间他的身体还很好，后来忽得中风不语之症，终于不治。次日，成都各报即用"厚黑教主"的称谓，刊布他逝世的专电，自流井各界人士亦为他开追悼会，备极哀荣。我们且抄几联当时的挽联，作为介绍教主的结束，也作为盖棺的定论。至于他的二子，早已先他去世，但孙儿孙女当时已长大，教主有灵，对家事可以安心。然而，对于国事，一塌糊涂如故，他能不再狂歌以当痛哭乎？

任瑞如先生挽曰——

“教主归冥府，继续阐扬厚黑，使一般孤魂野鬼，早得升官发财门径；先生辞凡尘，不再讽刺社会，让那些污吏劣绅，做出狼心狗肺事情。”

李坚白先生挽曰——

“寓讽刺于厚黑，仙佛心肠，与千正言先后辉映；致精力乎著述，贤哲品学，拟念四史今古齐名。”

杨仔耕先生挽曰——

“品圣贤常作翻案，抒思想好作奇谈，孤愤蕴胸中，纵有雌黄成戏谑；算年龄逊我二筹，论学问加我一等，修文归地下，莫将厚黑舞幽冥。”

李符亭先生挽曰——

“定具一片铁石心，问君独尊何在，试看他黑气弥天，至死应遗蜀酋憾；纵有千层桦皮脸，见我无常倏到，也只有厚颜入地，招魂为读怕婆经。”

其婿杨履冰先生挽曰——

“公著述等身，愤薄俗少完人，厚黑一篇，指佞发奸挥铁笔；我惭为半子，贪贤郎皆早世，嫠孤满目，临丧迸泪洒金风。”

代序二 蜀中楚狂人

南怀瑾

李宗吾的厚黑学，听说现在还很畅销，台湾、香港、大陆，很多人都喜欢看。但是，现在的读者可能不大了解书的历史背景，了解李宗吾的人恐怕就更少了。李宗吾是四川人，自称厚黑教主。所谓厚黑，脸厚皮黑也。我同李宗吾还有一段因缘，在我的印象里，李宗吾一点也不厚黑，可以说还很厚道。

我同李宗吾认识大约在抗战前期，具体日子记不起来了。那时，我在成都。成都是四川的首府，不象香港这样的大城市，生活节奏那么快。在我的印象里，大家都很悠闲，到现在，我对成都还很怀念。

南怀瑾

我从浙江辗转来到成都，才二十出头。我们这些外省人被称为下江人或足底人。那时我一心想求仙学道，一心想学得飞剑功夫去打日本人。所以，我经常拜访有名的、有学问的、有武功的人。

那时成都有一个少成公园，里面有茶座、有棋室。泡上一壶茶，坐半天一天都可以，走的时候再付钱。中间有事离开一下，只要把茶杯盖反过来放，茶博士就不会把他收掉。没有钱的不喝茶也可以，茶博士问你喝什么，你说喝玻璃，就会送来一玻璃杯的开水。这种农业社会的风气现在大概不会再有了。

少成公园是成都名人贤士、遗老遗少聚会的地方，经常可以看到穿长袍、着布鞋的，各种各样古怪的人。这些正是我要找的人，所以，我就成了少成公园的常客。在这些人面前，我还是个孩子。我穿一身中山装，又是浙江人，蒋介石的同乡，开始时，他们当中有的人对我有点怀疑，这个家伙可能是蒋老头子派来的。慢慢地，他们了解了，我只是想求学问道，也就不怀疑了，好几个人还成了我的忘年交。

有一天，我正在少成公园里同几个前辈朋友喝茶下棋。这时，进来一个人，高高的个子，背稍稍有点驼，戴一顶毡帽，面相很特别，像一个古代人。别人见他进来，都向他点头，或打招呼。我就问梁老先生这位是谁，梁老先生就说，这个人你都不知道他就是厚黑教主李宗吾，在四川很有名的。梁先生就向我讲起李宗吾的故事。我说我很想结识，请先生引荐。梁先生就把我带过去，向李宗吾介绍，这位南某人是足底人，是我的忘年交。我赶紧说：久仰先生大名。其实我是刚刚听到他的名字，这种江湖上的客套总是要的。

于是，厚黑教主请我们一起坐下喝茶聊天。所谓聊天就是听这位厚黑教主在那里议论时事，针砭时弊，讲抗日战争，骂四川的军阀，他骂这些人都不是东西。这是我第一次结识厚黑教主，后来，在少成公园的茶馆里常常能见到他。

有一次，厚黑教主对我说：我看你这个人有英雄主义，将来是会有所作为的。不过，我想教你一个办法，可以更快地当上英雄。要想成功、成名，就要骂人，我就是骂人骂出名的。你不用骂别人，你就骂我，骂我李宗吾混蛋该死，你就会成功。不过，你的额头上要贴一张大成至圣先师孔子之位的纸条，你的心理要供奉我厚黑教主李宗吾的牌位。我没有照他这个办法办，所以没有成名。

有一次，我就对他讲，老师，你就不要再讲厚黑学了，不要再骂人了，**他说，不是我随便骂人，每个人都是脸厚皮黑，我只不过是把假面具揭下来**。我说；听说中央都注意你了，有人要抓你呢。他说，兄弟，这个你就不懂了，爱因斯坦与我同庚，他发明了相对论，现在是世界闻名的科学家，而我在四川、在成都都还没有成大名，我希望他们抓我，我一坐牢，就世界闻名了。

李宗吾后来没有被抓，也没有世界闻名，他曾经对我说：我的运气不好，不象蔡元培、梁启超那样，不过，他的厚黑学流传了半个多世纪，还有那么多的人喜欢读，恐怕是他自己没有预料到的。他那个厚黑教主完全是自封的，他也没有一个教会组织，也没有一个教徒，孤家寡人一个，当年，他的书很多人喜欢读，但许多人不敢和他来往，怕沾上边，我不怕，一直同他来往。

过了一两年，我的一个朋友，在杭州认识的和尚去世了，他死在自流井，就是现在的自贡。我欠他的情，自流井一定要去一趟，我的好朋友钱吉，也是个和尚，陪我去。我们走了八天，从成都到自流井，找到了那个朋友的墓，烧了香，磕了头。从自流井到成都，还要八天，我们身上的盘缠快没有了，正在发愁，我突然想起：厚黑教主李宗吾的老家就在这里，李宗吾是个名人，他家的地址一打听就打听到了。他家的房子挺大，大门洞开。过去农村都是这样，大门从早上打开，一直到晚上才关门，不象现在的香港，门都要关得严严的。我们在门口一喊他，里面迎出来的正是厚黑教主，他一看见我，很高兴，问：你怎么来了，我说我来看一个死人朋友。他误解了，以为我在打趣他，说：我还没有死啊！我赶紧解释。他看我们那个狼狈相，马上安排做饭招待我们。现杀的鸡、从鱼塘捞出来的活鱼、现成的蔬菜，吃了一顿正宗的川菜。酒足饭饱之后，我就开口向他借钱，我说：我是无事不登三宝殿，回成都没有盘缠了，他说：缺多少？我说：十块钱。他站起来就到里屋拿出一包现大洋递给我，我一掂，不止十块，问他多少，他说二十块。我说他多了，他说拿去吧，我说不知什么时候能还，他说先用了再说，从我借钱这件小事来看，厚黑教主的为人道德，一点儿也不厚黑，甚至是很诚恳、很厚道的。

饭后聊天的时候，他突然提出来叫我不要回成都了，留下来，我说留下来干什么，他说：你不是喜欢武功吗？你就在这里学，这里有一个赵家坳，赵家坳有一个赵四太爷，武功很是了不起。他接着向我介绍赵四太爷的情况，赵四太爷从小就是个瘸子，但是功夫很好，尤其是轻功，他穿一双新的布底鞋，在雪地里走上一里多路的来回，鞋底上不会沾上一点污泥。他教了一个徒弟，功夫也很好，但这个徒弟学了功夫不做好事，而干起采花的勾当，就是夜里翻墙入室，强奸民女。赵四太爷一气之下，把这个徒弟的功夫废了，从此不再授徒传艺。厚黑教主觉得赵四太爷的功夫传不下来，太可惜了，就竭力鼓励我留下来跟他学。我说他都停止收徒了，我怎么能拜他为师，他说你不一样，因为你是浙江人，赵四太爷的功夫就是跟一对浙江来的夫妇学的，我推荐你去，他一定会接受。他说：跟赵四太爷学三年，学一身武功，将来当个侠客也不错。他还提出，这三年的学费由他承担。我看他一片诚意，不好当面拒绝。学武功挺有吸引力，只是三年的时间太长了，我说容我再考虑考虑。当晚，我和钱吉回客栈过夜。第二天一早，李宗吾来到客栈，还是劝我留下来学武功，我最后还是拒绝了，他直觉得遗憾，说“可惜，可惜。”我又回到了成都。

不久，我到峨嵋闭关三年，同外界断绝了联系，对外面的世事沧桑都不了解。只有从山下挑米回来的小和尚，偶尔带来一点新闻。和尚是方外之人，对抗战不是太关心，所以听不到这些方面的消息。有一天，小和尚回来说：厚黑教主李宗吾去世了，我听了心里很难过，我借他的二十块现大洋也没法还了，我就每天给他念金刚经，超度他……

后来听说他死的时候很安详，也算寿终正寝了。

代序三　赤诚相见之独尊

林语堂

近人有个李宗吾，四川富顺自流井地方人，看穿世态，明察现实，先后发布《厚黑学》、《厚黑经》、《厚黑传习录》，著书立说，其言最为诙诡，其意最为沉痛。千古大奸大诈之徒，为鬼为蜮者，在李宗吾笔下烛破其隐。

世间学说，每每误人，惟有李宗吾铁论《厚黑学》不会误人。知己而又知彼，既知病情，又知药方，西洋镜一经拆穿，则牛渚燃犀，百怪毕现。受厚黑之牺牲者必少，实行厚黑者，无便宜可占，大诈大奸，亦无施其技矣！于是乎人与人之间，只得“赤诚相见”。英雄豪杰，攘夺争霸，机诈巧骗，天下攘攘！亦可休矣！李先生之《厚黑学》，有益于世道人心，岂浅鲜哉！读过中外古今书籍，而没有读过李宗吾《厚黑学》者，实人生憾事也！此时此境，我论此学，作此文，岂徒然耶？

不会误人。知己而又知彼，既知病情，又知药方，西洋镜一经拆穿，则牛渚燃犀，百怪毕现。

李氏于1943年冬抗战时期，死于成都。抗战时期，李氏著作，风行西南，人手一册。咸谓意味无穷，全面妙言快语云。

李氏死了。要知李氏发布《厚黑学》，是积极的，并非消极的，不只是嘻笑怒骂而已；对社会人心，实有“建设性”。旨在“烛破奸诈”，引人入正！他在《厚黑学》自序里有言：

林语堂

“……最初民风浑朴，不厚不黑，忽有一人又厚又黑，众人必为所制，而独占优势。众人看了，争相仿效，大家都是又厚又黑，你不能制我，我不能制你。独有一人，不厚不黑，则此人必为街人所信仰，而独占优胜。譬如商场，最初商人，尽是货真价实，忽有一卖假货者，参杂其间，此人必大赚其钱。大家争仿效，全市都是假货，独有一家货真价实（认清目标），则购者云集，始终不衰、不败……”

世乱正殷，“英雄豪杰”满天下，出卖灵魂，认贼作父，表面糊上一层仁义道德，爱国救民，动人听闻，一究其实，心之黑，脸之厚，较三国时曹操、刘备、孙权，尤有过之。正义沦亡，是非不辨，无法无天以枪杆武器作后盾，大行其厚黑之道。小焉者，只图自己衣食，乃为人工具，为人傀儡，摇旗呐喊，人云亦云，厚颜事人，跟了人家亦步亦趋，帮凶与帮闲，不是黑，便是厚，天下扰攘，国乱民困，厚黑猖獗。

李宗吾（别署“独尊”、“蜀尊”）厚黑学之发布，已有三十多年，厚黑学一名词人多知之。试对人曰：“汝习厚黑学乎”，其人必勃然大怒，认为……此即李宗吾发布厚黑学之精髓处，收效如何？不言可知！

大哉孔子！三代上有圣人，三代下圣人绝了种，怪事也！然则近代之新圣人，其唯发布厚黑学之李宗吾乎！

代序四 狂狷嘲世一教主

张默生

宗吾大谈他的厚黑方法，自称教主，自然是警世骇俗，令人感到怪异。于是友人就善意地劝他说："你的废话少说些吧！外面许多人指责你，你也应该爱惜名誉。"他说："我爱名誉，我更爱真理。话说得说不得，我在内心会作出判断，在没有下笔之前，我一定审慎考虑。已经说出了，就听任别人攻击，我并不答辩。但攻击者说的话，我仍细细体会，如果能令我心服，我还是加以修正的。

有时友人不客气的责备他说："你何必天天说这些鬼话呢？"他说："我是逢人说人话，逢鬼说鬼话。请问，当今之世，不说鬼话，说什么？但我发表的许多文字，又可说：'人见到了就是人话，鬼见到了就是鬼话。'这样说也没有什么不可以。"如有人对他说："某人对你不起，他如何如何。"他便说："我这个朋友，他当然这样做，如果他不这样做，我的'厚黑学'还讲得通吗？我所发明的是人类的大原则，我这个朋友，当然不能逃脱出这个原则。"

他这样的嬉笑怒骂，毫不顾忌，自然得罪了社会，尤其得罪了以术道自命的大人先生。据说有一位关心世道的官人，首先出来对他声讨罪行，并著作一本《薄白学》，在成都某报纸连续发表，满口道德话，对于"厚黑学"大肆攻击，并且说："李宗吾呀！赶快把你的厚黑学收回去吧！"但他读后置之不理，许多人劝他著文辩驳，他便说："这又何必呢？世间的学问，各人讲各人的，信不信，听凭众人。就好比粮食果木的种子，我说我的好，你说你的好，彼此不须争执，只管把它种在土里，将来看它的收获就是了。"他们说："你不答辩，可见你的理屈，是你的学说被打倒了。我们如今不再奉你为师，要去给他拜门，学'薄白学'去。"他说："你们去向他拜门，是很可以的，但是我要忠告你们几句话，《厚黑经》说：'脸厚心黑的人可以得到一个大国的统治权，如果脸不厚、心不黑，连一碗大米饭、一匙汤都得不到。'将来你们讨饭吃，不要怪我。"后来那位"薄白学"的发明家，因为有依法横暴的事实，他的脑壳被人砍下来挂在成都公园的纪念碑上示众若干天，人人反而大为称快，这真是一件怪事了。

如今我们再反观厚黑教主的品行怎样呢？他认为"薄白学"是可以藏在心里去实行的，不必拿在口头上说；厚黑学也是可以藏在心里去实行的，决不许拿在口头上说。当年王简恒学习厚黑学时说过"做得说不得"的话，宗吾承认是至理名言。但后来宗吾既然把《厚黑学》不仅公然发表了，而且还逢人对人强说不休，于是就又变出了一条公理，那便是，厚黑是"说得做不得"的。所以他自从发表《厚黑学》以来，反而成了天地鬼神，在天空注视，在身旁监察，每想做一件事，刚一动念头，自己就想："像这样去做别人岂不会说我实行厚黑学吗？"因此凡事不放手去做。你想，重庆海关的监督，是何等天字第一号的肥缺啊！但他不肯干，即使有人劝，劝也不干。官产竞卖处和官产清理处的经理处长，也不能不说是发财的机会吧！但前者他要求减薪，后者裁撤时，落得没有归家的路费。于是他自己解嘲地说："我之所以不能成为伟人，根源就在于此。厚黑学呀，厚黑学，你真是把我误了！"

张默生笔下的厚黑教主——李宗吾

目 录

第一篇 厚黑学

自序

我于民国元年，曾写一文曰《厚黑学》，此后陆陆续续写了些文字，十六年汇刻一册，名曰《宗吾臆谈》，中有一文，曰《解决社会问题之我见》。十七年扩大之为一单行本，曰《社会问题之商榷》。近年复有些新感想，乃将历年所作文字，拆散之，连同新感想，用随笔体裁，融合写之，名曰《厚黑丛话》。自民国二十四年八月一日起，每日写一二段，在成都《华西日报》发表，以约有二万字为一卷，每两卷印一单行本，现已写满六卷。我本是闲着无事，随意写来消遣，究竟写若干长，写至何时止，我也无一定计划，如心中高兴，就长期写去，如不高兴，随时都可终止。惟文辞过于散漫，阅者未免生厌，而一般人所最喜欢者，是听我讲厚黑学，因将二十三年北平所印《厚黑学》单行本，略有点窜，重行付印，用供众览。

许多人劝我把《宗吾臆谈》和《社会问题之商榷》重印，我觉得二书有许多地方，应该补充，叫我一一修改，又觉麻烦，因于丛话中，信笔写去，读者只读丛话，即无须再读二书，因二书的说法和应该补充之点，业已融化在丛话中了。

十六年刊《宗吾臆谈》，李君澄波，周君雁翔，曾作有序。十七年刊《社会问题之商榷》，吴君毓江，郝君德，姚君勤如，杨君仔耘，均作有序。一并刊列卷首，聊作《厚黑丛话提要》，俾读者知道丛话内容之大概，苟无暇晷，即无须再读丛话。

《宗吾臆谈》和《社会问题之商榷》，业已各检二本，寄存四川图书馆，因忆自非家中尚有数本，撮取来一并邮寄南京、北平及其他图书馆存储，借表现在所写《厚黑丛话》与昔年思想仍属一贯也。

二十五年四月十二日

李宗吾于成都

一 绪 论

我读中国历史，发现了许多罅漏，觉得一部二十四史的成败兴衰和史臣的论断，是完全相反的；律以圣贤所说的道理，也不符合。我很为诧异，心想古来成功的人，必定有特别的秘诀，出于史臣圣贤之外。我要寻它这个秘诀，苦求不得，后来偶然推想三国时候的人物，不觉恍然大悟，古人成功的秘诀，不过是脸厚心黑罢了。

由此推寻下去，一部二十四史的兴衰成败，这四个字确可以包括无遗；我于是乎作一种诙谐的文字，题名《厚黑学》，分为三卷：上卷厚黑学，中卷厚黑经，下卷厚黑传习录。民国元年三月，在成都《公论日报》上披露出来。那个时候，这种议论，要算顶新奇了，读者哗然。中卷还未登完，我受了朋友的劝告就停止了。不料从此以后，“厚黑学”三字，竟洋溢乎四川，成为普通的名词；我到了一个地方，就有人请讲《厚黑学》，我就原原本本的从头细述。听者无不点头领会，每每叹息道：“我某事的失败，就是不讲厚黑学的缘故。”又有人说：“某人声威赫赫，就是由于《厚黑学》研究得好。”有时遇了不相识的人，彼此问了姓名，他就用一种很惊异的声调问我：“你是不是发明厚黑学的李某？”抑或旁人代为介绍道：“他就是发明厚黑学的李宗吾。”更可笑者：学生做国文的时候，竟有用这个名词的，其传播的普遍，也就可以想见了。

当初本是一种游戏的文字，不料会发生这种影响，我自己也十分诧异，心想这种议论，能受众人的欢迎，一定与心理学有关系。我于是继续研究下去，才知道厚黑学是渊源于性恶说，与王阳明的“致良知”渊源于性善说，是相等的。古人说：“仁义是天性中固有之物。”我说：“厚黑是天性中固有之物。”阳明说：“见父自然知孝，见兄自然知弟。”说得头头是道，确凿不移。我说：“小儿见了母亲口中的糕饼，自然会取来放在自己口中，在母亲怀中吃东西的时候，见他哥哥来了，自然会用手推他打

古人说：『仁义是天性中固有之物。』我说：『厚黑是天性中固有之物。』阳明说：『见父自然知孝，见兄自然知弟。』说得头头是道，确凿不移。我说：『小儿见了母亲口中的糕饼，自然会取来放在自己口中，在母亲怀中吃东西的时候，见他哥哥来了，自然会用手推他打他。』

他。”也说得头头是道，确凿不移。阳明讲学，受一般人欢迎，所以《厚黑学》也受一般人欢迎。

有孟子的性善说，就有荀子的性恶说与之对抗，有王阳明的“致知良”三字，这“厚黑学”三字，也可与之对抗；究竟人性是怎样做起的，我很想把他研究出来，寻些宋、元、明、清讲学的书来看，见他所说的道理，大都是支离穿凿，迂曲难通，令人烦闷欲死。我于是乎把这些书抛开，用研究物理学的方法来研究心理学，才知道心理学与力学是相通的。我们研究人性，不能断定它是善是恶，犹之研究水火之性质，不能断定它是善是恶一样。

孟子的性善说，荀子的性恶说，俱是一偏之见，我所讲的《厚黑学》，自然是更偏了，其偏的程度，恰与王阳明“致知良”之说相等。读者如果不明了这个道理，认真厚黑起来，是终归要失败的，个中因由能把我著的《心理与力学》看一下，就自然明白了。但是我们虽不想实行厚黑，也须提防人在我们名下施行厚黑，所以他们的法术，我们不能不知道。

孟子主张人性本善

荀子主张人性本恶

二 厚黑学

我自读书识字以来，就想为英雄豪杰，求之四书五经，茫无所得，求之诸子百家，与夫廿四史，仍无所得，以为古之为英雄豪杰者，必有不传之秘，不过吾人生性愚鲁，寻他不出罢了。穷索冥搜，忘寝废食，如是者有年，一旦偶然想起三国时几个人物，不觉恍然大悟曰：得之矣，得之矣，古之为英雄豪杰者，不过面厚心黑而已。

曹操是一个很有本事的人，他的特长全在心黑

三国英雄，首推曹操，他的特长，全在心黑：他杀吕伯奢，杀孔融，杀杨修，杀董承伏完，又杀皇后皇子，悍然不顾，并且明目张胆地说：“宁我负人，毋人负我。”心子之黑，真是达于极点了。有了这样本事，当然称为一世之雄了。

其次要算刘备，他的特长，全在于脸皮厚：他依曹操，依吕布，依刘表，依孙权，依袁绍，东窜西走，寄人篱下，恬不为耻，而且生平善哭。做三国演义的人，更把他写得维妙维肖，遇到不能解决的事情，对人痛哭一场，立即转败为功，所以俗语有云：“刘备的江山，是哭出来的。”这也是一个本事。他和曹操，可称双绝；当著他们煮酒论英雄的时候，一个心子最黑，一个脸皮最厚，一堂晤对，你无奈我何，我无奈你何，环顾袁本初诸人，卑鄙不足道，所以曹操说：“天下英雄，惟使君与操耳。”

此外还有一个孙权，他和刘备同盟，并且是郎舅之亲，忽然夺取荆州，把关羽杀了，心之黑，仿佛曹操，无奈黑不到底，跟着向蜀请和，其黑的程度，就要比曹操稍逊一点。他与曹操比肩称雄，不相上下，忽然在曹丞驾下称臣，脸皮之厚，仿佛刘备，无奈厚不到底，跟着与魏绝交，其厚的程度也比刘备稍逊一点。他虽是黑不如操，厚不如备，却是二者兼备，也不能不算是一个英雄。他们三个人，把各人的本事施展开来，你不能征服我，我不能服你，那时候的天下，就不能不分而为三。

后来曹操、刘备、孙权，相继死了，司马氏父子乘时崛起，他算是受了曹刘诸人的熏陶，集厚黑学之大成，他能欺人寡妇孤儿，心之黑与曹操一样；能够受巾帼之辱，脸皮之厚，还更甚于刘备；我读史见司马懿受辱巾帼这段事，不禁拍案大叫："天下归司马氏矣！"所以得到了这个时候，天下就不得不统一，这都是"事有必至，理有固然"。

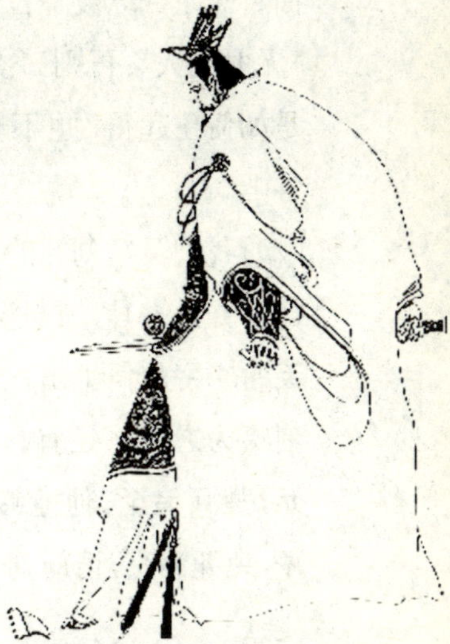

孙权的心黑不过曹操，脸厚不过刘备，但得心黑脸厚两者兼备，也不能不算一个英雄

诸葛武候，天下奇才，是三代下第一人，遇著司马懿还是没有办法，他下了"鞠躬尽瘁，死而后已"的决心，终不能取得中原尺寸之地，竟至呕血而死，可见王佐之才，也不是厚黑名家的敌手。

我把他几个人物的事，反复研究，就把这千古不传的秘诀，发现出来。一部二十四史，可一以贯之："厚黑而已。"兹再举汉的事来证明一下。

项羽拔山盖世之雄。叱咤风云，横扫千军，为什么身死东城，为天下笑！他失败的原因，就是韩信所说的："妇人之仁，匹夫之勇"这两句话包括尽了。妇人之仁，是心有所不忍，其病根在心子不黑；匹夫之勇，是受不得气，其病根在脸皮不厚。鸿门之宴，项羽和刘邦，同坐一席，项庄已经把剑取出来了，只要在刘邦的颈上一划，"太高皇帝"的招牌，立刻可以挂出，他偏偏徘徊不忍，竟被刘邦逃走。垓下之败，如果渡过乌江，卷土重来，尚不知鹿死谁手？他偏偏又说："籍与江东子弟八千人，渡江而西，今无一人还，纵江东父兄，怜我念我，我何

项羽"力拔山兮气盖世"的英雄却最终自刎身死为天下笑

面目见之。纵彼不言，籍独不愧于心乎？”这些话，真是大错特错！他一则曰：“无面见人”；再则曰：“有愧于心。”究竟高人的面，是如何长起得，高人的心，是如何生起得？也不略加考察，反说：“此天亡我，非战之罪”，恐怕上天不能任咎吧。

我们又拿刘邦的本事研究一下，史记载：项羽问汉王曰：“天下匈匈数岁，徒以吾两人耳，愿与汉王挑战决雌雄。”汉王笑谢曰：“吾宁斗智不斗力。”请问笑谢二字从何生出？刘邦见郦生时，使两女子洗脚，郦生责他倨见长者，他立刻辍为之谢。还有自己的父亲，身在俎下，他要分一杯羹；亲生儿女，孝惠鲁元，楚兵追至，他能够为了逃命推他们下车；后来又杀韩信，杀彭越，鸟尽弓藏，兔死狗烹，请问刘邦的心子，是何状态，岂是那“妇人之仁，匹夫之勇”的项羽，所能想到的？太史公著本纪，只说刘邦隆准龙颜，项羽是重瞳子，独于二人的面皮厚薄，心之黑白，没有一字提及，未免有愧良史的称号。

刘邦的心之黑之狠哪是那个“匹夫之勇，妇人之仁”的项羽所能想象得到的

刘邦的面，刘邦的心，比较别人特别不同，可称“天纵之圣”。刘邦对黑字的运用，真是“生和安行，从心所欲不逾矩”，至于厚字方面，还加了点学历，他的业师，就是三杰中的张良，张良的业师是圯上老人，他们的衣钵真传，是彰彰可考的。圯上受书一事，老人种种作用，无非教张良脸皮厚罢了。这个道理，苏东坡的留候论，说得很明白。张良是有夙根的人，一经指点，言下顿悟，故老人以王者师期之。这种无上妙法，断非钝根的人所能了解，所以史记上说：“良为他人言，皆不省，独沛公善之，良曰，沛公殆天授也。”可见这种学问，全是关乎资质，明师固然难得，高徒也不容易寻找。韩信求封齐王的时候，刘邦不肯几乎误事，全靠他的业师张良在旁指点。就像在学校中，教师改正学生习题一般。以刘邦的天资，有时还有错误，这种学问的精深，就此可以想见了。

刘邦天资既高，学历又深，把流俗所传君臣、父子、兄弟、夫妇、朋友五伦关系一一打破，又把礼义廉耻，扫除净尽，所以能够荡平群雄，统一海内。一直经过了四百几十年，他那厚黑的余气，方才消灭。汉家的系统于是乎才断绝了。

楚汉的时候，有一个人，脸皮最厚，心不黑，终归失败，此人为谁？就是人人知道的韩信。胯下之辱，他能够忍受，厚的程度，不在刘邦之下。无奈他对于黑字欠了研究；他为齐王时，果能听蒯通的话当然贵不可言，他偏偏系念著刘邦解衣推食的恩惠，冒冒昧昧地说："衣人之衣者，怀人之忧；食人之食者，死人之事。"后来长乐钟室，身首异处，夷及九族。真是咎由自取，他讥诮项羽是妇人之仁，可见心子不黑，作事还要失败的，这个大原则，他本来也是知道的，但他自己也在这里失败，这也怪韩信不得。

同时又有一个人，心最黑，脸皮不厚，也归失败，此人也是人人知道的，姓范名增。刘邦破咸阳，系子婴，还军坝上，秋毫不犯，范增千方百计，总想把他置之死地，心子之黑，也同刘邦仿佛；无奈脸皮不厚，受不得气，汉用陈平计，间疏楚君王，增大怒求去，归来至彭城，疽后背死，大凡做大事的人，那有动辄生气的道理？"增不去，项羽不亡"，他若能隐忍一下，刘邦的破绽很多，随时都可以攻进去。他忿然求去，把自己的老命，把项羽的江山，一齐送掉，因小不忍，坏了大事，苏东坡还称他为人杰，未免过誉。

据上面的研究，厚黑学这种学问，法子很简单，用起来却很神妙，小用小效，大用大效，刘邦司马懿把它学完了，就统一天下；曹操刘备各得一偏，也能称孤道寡，割据争雄；韩信、范增，也是各得一偏，不幸生不逢时，偏偏与厚黑兼全的刘邦，并世而生，以致同归失败。但是他们在活着的时候，凭其在厚黑上的一得之长，博取王侯将相，炫赫一时，身死之后，史传中也占了一席之地，后人谈到他们的事迹，大家都津津乐道，可见厚黑学终不负人。

司马懿集厚黑学经验于一身，是厚黑学大师

上天生人，给我们一张脸，而厚即在其中，给我们一颗心，而黑即在其中。从表面上看去，广不数寸，大不盈掬，好象了无奇异，

> 上天生人，给我们一张脸，而厚即在其中，给我们一颗心，而黑即在其中。从表面上看去，广不数寸，大不盈掬，好象了无奇异，但，若精密的考察，就知道它的厚是无限的，它的黑是无比的，凡人世的功名富贵、宫室妻妾、衣服车马，无一不从这区区之地出来，造物生人的奇妙，真是不可思议。

但，若精密的考察，就知道它的厚是无限的，它的黑是无比的，凡人世的功名富贵、宫室妻妾、衣服车马，无一不从这区区之地出来，造物生人的奇妙，真是不可思议。钝根众生，身有至宝，弃而不用，可谓天下之大愚。

厚黑学共分三步功夫，第一步是“**厚如城墙，黑如煤炭**”。起初的脸皮，好象一张纸，由分而寸，由尺而丈，就厚如城墙了。最初心的颜色，作乳白状，由乳色而炭色、而青蓝色，再进而就黑如煤炭了。到了这个境界，只能算初步功夫；因为城墙虽厚，轰以大炮，还是有攻破的可能；煤炭虽黑，但颜色讨厌，众人都不愿挨近它。所以只算是初步的功夫。

第二步是“**厚而硬，黑而亮**”。深于厚学的人，任你如何攻打，他一点不动，刘备就是这类人，连曹操都拿他没办法。深于黑学的人，如退光漆招牌，越是黑，买主越多，曹操就是这类人，他是著名的黑心子，然而中原名流，倾心归服，真可谓“心子漆黑，招牌透亮”，能够到第二步，固然同第一步有天渊之别，但还露了迹象，有形有色，所以曹操的本事，我们一眼就看出来了。

《史记》里说尧帝“其仁如天，其知如神，就之如日，望之如云”

第三步是“**厚而无形，黑而无色**”。至厚至黑，天上后世，皆以为不厚不黑，这个境界，很不容易达到，只好在古之大圣大贤中去寻求。有人问：“这种学问，哪有这样精深？”我说：“儒家的中庸，要讲到‘**无声无臭**’方能终止；学佛的人，要讲到‘**菩提无树，明镜非台**’，才算正果；何况厚黑学是千古不传之秘，当然要做到‘**无形无色**’，才算止境”。

总之，由尧舜禹以至于今，王侯将相，豪杰圣贤，不可胜数，苟其事之有成，无一不出于此；书册俱在，事实难诬，读者倘能本我指示的途径，自去搜寻，自然左右逢源，头头是道。

三 厚黑经

上天生人，给我们一张脸，而厚即在其中，给我们一颗心，而黑即在其中。从表面上看去，广不数寸，大不盈掬，好象了无奇异，但，若精密的考察，就知道它的厚是无限的，它的黑是无比的，凡人世的功名富贵，宫室妻妾、衣服车马，无一不从这区区之地出来，造物生人的奇妙，真是不可思议。

李宗吾曰：“不薄之谓厚，不白之谓黑。厚者天下之厚脸皮，黑者天下之黑心子。此篇乃古人传授心法，宗吾恐其久而差也，故笔之于书，以授世人。其书始言厚黑，中散为万事，末复合写厚黑。放之则弥六合，卷之则退藏于面与心。其味无穷，皆实学也。善读者玩索而有得焉，则终身用之，有不能尽者矣。”

“天命之谓厚黑，率厚黑之谓道，修厚黑之谓教；厚黑也者，不离须臾离也，可离非厚黑也。是故君子戒慎乎其所不厚，恐惧乎其所不黑，莫险乎薄，莫危乎白，是以君子必厚黑也。喜怒哀乐皆不发谓之厚，发而无顾忌，谓之黑。厚也者，天下之大本也；黑也者，天下之达道也。致厚黑，大地畏焉，鬼神惧焉。”

在第一章，宗吾述古人不传之秘以立言，首明厚黑之本原出于天而不可易，其实厚黑备己于而不可离，次言存养厚黑之要，终言厚黑功化之极。盖欲学者于此，反求诸身而自得之，以去大外诱之仁义，而充其本然之厚黑。所谓一篇之体要是也。以下各章，杂引宗吾之言，以终此章之义。

宗吾曰：“厚黑之道，易而难。夫妇之愚，可以与知焉；及其至也，虽曹、刘亦有所不知焉。夫妇之不肖，可以能行焉，及其至也，虽曹、刘亦有所不能焉。厚黑之大，曹刘犹有所憾，而况于世人乎！”

宗吾曰：“人皆曰予黑，驱而纳诸煤炭之中，而不能一色也；人皆曰予厚，遇乎炮弹，而不能不破也。”

宗吾曰：“厚黑之道，本诸身，征诸众人，考诸三王而不缪，建诸天地而不悖，质诸鬼神而无疑，百世以俟圣人而不惑。”

宗吾曰：“君子务本，本立而道生。厚黑也者，其为人之本与？”

宗吾曰：“三人行，必有我师焉。择其厚黑者而从之，其不厚黑者而改之。”

宗吾曰:“天生厚黑于予,世人其如予何?”

宗吾曰:“十室之邑,必有厚黑如宗吾者焉,不如宗吾之明说也。”

宗吾曰:“君子无终食之间违厚黑,造次必于是,颠沛必于是。”

宗吾曰:“如有项羽之才之美,使厚且黑,刘邦不足观也已!”

以项羽那样高超的才能,如果他能脸厚心黑,那刘邦又能算得了什么呢

宗吾曰:“厚黑之人,能得千乘之国;苟不厚黑,箪食豆羹不可得。”

宗吾曰:“五谷者,种之美者也,苟为不熟,不如荑稗;夫厚黑亦在乎熟之而已矣。”

宗吾曰:“道学先生;厚黑贼也。居之似忠信,行之似廉洁,众皆悦之,自以为是,而不可与入曹刘之道,故曰:厚黑之贼也。”

宗吾曰:“无惑乎人之不厚黑也!虽有天下易生之物也,一日暴之,十日寒之,未有能生者也。吾见人讲厚黑亦罕矣!吾退而道学先生至矣!吾其如道学先生何哉?今夫厚黑之为道,大道也,不专心致志,则不得也。宗吾发明厚黑学者也,使宗吾诲二人厚黑,其一人专心致志,惟宗吾之为听,一人虽听之,一心以为有道学先生将至,思窃圣贤之名而居之,则虽与之俱学,弗若之矣!为其资质弗若欤?曰:非也。”

宗吾曰:“有失败之事于此,君子必自反也,我必不厚;其自反而厚矣,而失败犹是也,君子必自反也,我必不黑;其自反而黑矣,其失败犹是也,君子曰:反对我者,是亦妄人也已矣!如此则与禽兽奚择哉!用厚黑以杀禽兽,又何难焉?”

宗吾曰:“厚黑之道,高矣美矣?宜若登天然,而未尝不可几及也。譬如行远,必自迩,譬如登高,必自卑;身不厚黑,不能行于妻子,使人不以厚黑,不能行于妻子。”

我著厚黑经,意在使初学的人便于诵读,以免遗忘。不过有些道理,太深奥了,我就于经文上下加以说明。

宗吾曰:“不曰厚乎,磨而不薄;不曰黑乎,洗而不白。”后来我改为:“不曰厚乎，越磨越厚；不曰黑乎，越洗越黑。”有人问我：“世间哪有这种东西？”我说：“手足的茧疤，是越磨越厚；沾了泥土尘埃的煤炭，是越洗越黑。”人的面皮很薄，慢慢的磨练，就渐渐地加厚了；人的心，生来是黑的，遇着讲因果的人，讲理学的人，拿些道德仁义蒙在上面，才不会黑，假如把他洗去了，黑的本体自然出现。

宗吾曰：“厚黑者，非由外铄我也，我固有之也。天生庶民，有厚有黑，民之秉彝，好是厚黑。”这是可以试验的。随便找一个当母亲的，让她抱着亲生孩子吃饭，小孩见了母亲手中的碗，就伸手去拖，如不提防，碗就会被小孩打烂；母亲手中拿着糕饼，孩子一见就伸手来拿，如果母亲不给他，把糕饼放在自己口中，他就会伸手把母亲口中糕饼取出，放在他自己的口中。又如小孩坐在母亲的怀中吃奶或者吃饼的时候，哥哥走上前来，小孩就要用手推他打他。这些事都是“不学而能，不虑而知”的，这即是“良知良能”了。把这种“良知良能”扩充出去，就可建立惊天动地的事业。唐太宗杀他的哥哥建成，杀他的弟弟元吉，又把建成和元吉的儿子全行杀死，把元吉的妃子纳入后宫，又逼着父亲把天下让与他。他这种举动，全是把当小孩时，抢母亲口中糕饼和推哥哥、打哥哥那种“良知良能”扩充出来的。普通人，有了这种“良知良能”不知道扩充。惟有唐太宗把它扩充了，所以他就成为千古的英雄。故宗吾曰：“口之于味也，人同嗜焉；耳之于声也，人同听焉；目之于色也，人同美焉。于至而与心，独无所同然乎？心之所同然者，何也？谓厚也，黑也。英雄特扩充我面与心之所同然耳。”

唐太宗是运用厚黑之学的明君

厚黑这个道理，很明白的摆在面前，不论什么人都可见到，不过刚刚一见到，就被感应篇、阴骘文或道学先生的学说压伏下去了。故宗吾曰：“牛山之木尝美矣，斧斤伐之，非无萌蘖之生焉；牛羊又从而牧之，是以若彼其濯濯也。虽存乎人者，岂无厚与黑哉！其所以摧残其厚黑者，亦犹斧斤之于木也，旦旦而伐之，则其厚黑不足以存。厚黑不足以存，则欲为英雄也难矣！人见其不能为英雄也，而以为未尝有厚黑焉，是岂人之情也哉？故苟得其养，厚黑日长；苟失其养，厚黑日消。”

宗吾曰：“小孩见母亲口中有糕饼，皆知抢而夺之矣，人能充其抢母亲口中糕饼之心，而厚黑不可胜用也，足以为英雄为豪杰。是之谓‘大人者，不失其赤子之心者也。’苟不充之，不足以保身体，是之谓‘自暴自弃’。”

有一种天资绝高的人，他自己明白这个道理，就实力奉行，秘不告人。又有一种人资质鲁钝的人，已经走入这个途径，自己还不知道。故宗吾曰：“行之而不著焉，习矣而不察焉，终身由之，而不知厚黑者众也。”

世间学说，每每误人，惟有厚黑学绝不会误人，就是走到了山穷水尽，当乞丐的时候，讨口，也比别人多讨点饭。故宗吾曰：“自大总统以至于乞儿，一是皆以厚黑为本。”

厚黑学博大精深，有志此道者，必须专心致志，学过一年，才能应用，学过三年，才能大成。故宗吾曰：“苟有学厚黑者，期月而已可也，三年有成。”

四 厚黑传习录

有人问我道:“你发明厚黑学,为什么你做事每每失败,为什么你的学生的本领还比你大,你每每吃他们的亏?”我说:“此话差矣。凡是发明家,都不可登峰造极。儒教是孔子发明的,孔子登峰造极了,颜、曾、思、孟去学孔子,他们的学问,就比孔子低一层;周、程、朱、张去学颜、曾、思、孟,学问又低一层;后来学周、程、朱、张的,更低一层,愈趋愈下,其原因就是教主的本领太大了。西洋的科学则不然,发明的时候很粗浅,越研究越精深。发明蒸汽的人,只悟得汽冲壶盖之理;发明电气的人,只悟得死蛙运动之理。后人继续研究下去,造出种种的机械,有种种的用途,这是发明蒸汽、电气的人万万没想到的。可见西洋科学,是后人胜过前人,学生胜过先生;我的“厚黑学”与西洋科学相类。我只能讲点汽冲壶盖、死蛙运动,中间许多道理,还望后人研究,我的本领当然比学生小,遇着他们,当然失败;将来他们传授些学生出来,他们自己又被学生打败。一辈胜过一辈,厚黑学自然就昌明了!”

我的本领当然比学生小,遇着他们,当然失败;将来他们传授些学生出来,他们自己又被学生打败。一辈胜过一辈,厚黑学自然就昌明了!』

又有人问道:“你把厚黑学讲得这样神妙,为什么不见你做出一些轰轰烈烈的事情?”我说道:“我试问:你们的孔夫子,究竟做出了多少轰轰烈烈的事情?”他讲的为政为邦,道千乘之国,究竟实行了几件?曾子著一部《大学》,专讲治国平天下,请问他治的国在哪里?平的天下在哪里?子思著了一部《中庸》,说了些中和位育的话,请问他中和位育的局面实际安在?你不去质问他们,反来质问我,明师难遇,至道难闻,这种‘无上甚深微妙法,百千万劫难遭遇。’的法子,你听了还要怀疑,未免自误。

曾子著《大学》,专讲治国的大道理

我把厚黑学发表出来,一般人读了,都说道:

“你这门学问，博大精深，难于领悟，请指示一条捷径。”我问他：“想做什么？”他说：“我想弄一个官来做，并且还要轰轰烈烈的做些事，一般人都认为是大政治家。”我于是传他求官六字真言，做官六字真言和办事二妙法。

（一）求官六字真言

求官六字真言：“空、贡、冲、捧、恐、送”。此六字俱是仄声，其意义如下：

1.空，即空闲之意，分两种：一指事务而言，求官的人，定要把一切事放下，不工不商，不农不贾，书也不读，学也不教，一心一意，专门求官。二指时间而言，求官的人要有耐心，不能着急，今日不生效，明日又来，今年不生效，明年又来。

2.贡，这个字是借用的，是四川的俗语，其意义等于钻营的钻字，“钻进钻出”可以说“贡进贡出”。求官要钻营，这是众人知道的，但是定义很不容易下。有人说：“贡字的定义，是有孔必钻。”我说：“错了！只说得一半，有孔才钻，无孔者其奈之何？”我下的定义是：“有孔必钻，无孔也要入。”有孔者扩而大之；无孔者，取出钻子，新开一孔。

3.冲，普通所谓之“吹牛”，四川话是“冲帽壳子”。冲的工夫有两种：一是口头上，二是文字上的。口头上又分普通场所及上司的面前两种；文字上又分报章杂志及说贴条陈两种。

4.捧，就是捧场的捧字。戏台上魏忠贤出来了，那华歆的举动，便是绝好的模范。

5.恐，是恐吓的意思，是及物动词。这个字的道理很精深，我不妨多说几句。官之为物，何等宝贵，岂能轻易予人？有人把捧字做到十二万分，还不生效，这就是少了恐字的工夫；凡是当权诸公，都有软处，只要寻着他的要害，轻轻点他一下，他就会大吃一惊，立刻把官送来。学者须知，恐字与捧字，是互相为用的，善恐者捧中有恐，旁观之人，看他在上司面前说的话，句句是阿谀逢迎，其实是暗击要害，上司听了，汗流浃背。善捧者恐之中有捧，旁观的人，看他傲骨棱棱，句句话责备上司，其实受之者满心欢喜，骨节皆酥。“神而明之，存乎其人”，“巧匠能予人规矩，不能予人巧”，此需求官之人细心体会。最要紧处，用恐字的时候，要有分寸，如用过度了，大人们老羞成怒，作起对来，岂不就与求官的宗旨大相违背？这又何苦？非到无可奈何之时，恐字不能轻用。

6.送，即是送东西，分大小二种：大送，把银元钞票一包一包的拿去送；小送，如春茶、火肘及请吃馆子之类。所送的人分两种，一是手握取舍之权者，二是手无取舍之权而能予我以助力者。

这六字做到了，包管字字发生奇效，所谓大人物，独坐而深思时，自言自语说：某人想做官，已经说了许多次（这是空字的效用），他和我有某种关系（这是贡字的效用），其人很有点才智（这是冲字的效用），对我很好（这是捧字的效用）。但此人有点歪才，如不安置，未必不捣乱（这是恐字的效用），想到这里，回头看见桌上黑压压地，或者白亮亮地堆了一大堆（这是送字的效用），也就无话可说，挂出牌来：某缺着某人担任。

求官到此，可谓功行圆满了。于是走马上任，实行做官六字真言。

（二）做官六字真言

做官六字真言："空、恭、绷、凶、聋、弄"。此六字俱是平声，其意义如下：

1.空，即空洞的意思。一是文字上，凡是批呈词、出文告，都是空空洞洞的，其中奥妙，我难细说，请到军政各机关，把壁上的文字读完，就可恍然大悟；二是办事上，随便办什么事情，都是活摇活动，东倒也可，西倒也可，有时办得雷厉风行，其实暗中藏有退路，如果见势不佳，就从那条路抽身走了，绝不会把自己牵连着。

2.恭，就是卑躬折节，胁肩谄笑之类，分直接、间接两种，直接是指对上司而言，间接是指对上司的亲戚朋友、丁役及姨太太等类而言。

3.绷，即俗语所谓绷劲，是恭字的反面字，指对下属及老百姓而言。分两种：一是仪表上，赫赫然大人物，凛然不可犯；二是言谈上，俨然腹有经纶，槃槃大才。恭字对饭甑子所在地而言，不必一定是上司；绷字对非饭甑子所在地而言，不必一定是下属和老百姓，有时甑子之权，不在上司，则对上司亦不妨绷；有时甑子之权，操诸下属或老百姓，又当改而为恭。此道原是活泼，运用之妙，存乎一心。

4.凶，只要能达到我的目的，他人亡身灭家，卖儿贴妇，都不必顾忌；但有一层应当注意，凶字上面，定要蒙一层道德仁义。

5.聋，就是耳聋："笑骂由他笑骂，好官我自为之。"但，聋字中包含有瞎子的意义，文字上的谩骂，闭着眼睛不看。

6.弄,即弄钱之弄,川省俗语读作平声。千里来龙,此处结穴,前面的十一个字,都是为了这个字而设的。弄字与求官之送字是对照的,有了送就有弄。这个弄字,最要注意,是要能够在公事上通得过才成功。有时通不过,就自己垫点腰包里的钱,也不妨;如果通得过,任他多少,也就不用客气了。

以上十二个字,我不过粗举大纲,许多的精义,都没有发挥,有志于为官者可按门径,自行研究。

(三)办事二妙法

1.锯箭法。有人中了箭,请外科医生治疗,医生将箭杆锯下,即索谢礼。问他为什么不把箭头取出?他说:那是内科的事,你去寻内科好了。这是一段相传的故事。

现在各军政机关,与成大事者,都是用的这种方法。譬如批呈词:“据某某所呈之情,实于法不合,特令该县知事,查明严办。”“于法不合”这四个字是锯箭杆,“该县知事”是内科,抑或“转呈上司核办”,那“上司”就是内科。又如有人求我办一件事情,我说:“这个事情我很赞成,但是,还要同某人商量。”“很赞成”三字是锯箭杆,“某人”是内科。又或说:“我先把某部分办了,其余的以后办。”“先办”是锯箭杆,“以后”是内科。此外有只锯箭杆,并不命其寻找内科的,也有连箭杆都不锯,命其径直寻内科的,种种不同,细参自悟。

2.补锅法。做饭的锅漏了,请补锅匠来补。补锅匠一面用铁片刮锅底煤烟,一面对主人说:“请点火来我烧烟。”他乘着主人转背的时候,用铁锤在锅上轻轻的敲几下,那裂痕就增长了许多,及主人转来,就指与他看,说道:“你这锅裂痕很长,上面油腻了,看不见,我把锅烟刮开,就现出来了,非多补几个钉子不可。”主人埋头一看,很惊异的说:“不错!不错!今天不遇着你,这个锅子恐怕不能用了!”及至补好,主人与补锅匠,皆大欢喜而散。

郑庄公纵容共叔段,使他多行不义,才举兵征讨,这就是补锅法了。历史上这类事情是很多的。有人说:“中国变法,有许多地方是把好肉割坏了来医。”这是变法诸公用的补锅法。在前清宦场,大概是用锯箭法,民国以来,是锯箭、补锅二者互用。

上述二妙法,是办事的公例,无论古今中外,合乎这个公例的就成功,违反这个公例的即失败。管仲是中国的大政治家,他办事就是用这两种方法。狄人伐卫，齐国按兵不动，等到狄人把卫绝了，才出来做“兴灭国、继绝世”的义举，这是补锅法。召陵之役，不责楚国僭称王号，只责他包茅不贡，这是锯箭法。那个时候，楚国的实力，远胜齐国，管仲敢于劝齐桓公兴兵伐楚，可说是锅敲烂了来补。及到楚国露出反抗的态度，他立即锯箭了事。召陵一役，以补锅法始，以锯箭法终，管仲把锅敲烂了能把它补起，所以称为“天下奇才”。

管仲是中国的大政治家

明末武臣，把李自成围住了，故意放他出来，本是用的补锅法，后来制他不住，竟至国破君亡，把锅敲烂了补不起，所以称为“误国庸臣”。岳飞想恢复中原，迎回二帝，他刚刚才起了取箭头的念头，就遭杀身之祸。明英宗也先被捉去，于谦把他弄回来，算是把箭头取出了，仍然遭杀身之祸，何以故？违反公例故。

晋朝王导为宰相，有一个叛贼，他不去讨伐。陶侃责备他，他复信说：“我遵养时晦，以待足下。”侃看了这封信笑说：“他无非是‘遵养时贼’罢了。”王导“遵养时贼”以待陶侃，即是留着箭头，专等内科。诸名士在新亭流涕，王导变色曰：“当共戮力王室，克复神州，何至作楚囚对泣？”他义形于色，俨然手执铁锤，要去补锅，其实说两句漂亮话就算完事，二帝陷在北边，永世不返，箭头永未取出。王导这种举动，略略有点像管仲，所以历史上称他为“江左夷吾”。读者如能照我说的方法去实行，保其成为管子而后的第一个大政治家。

岳飞“才起取箭之意就遭杀身之祸，”是违反公例的缘故

五 结论

说了一大堆的话，在这收头结大瓜的时候，不妨告诉读者一点秘诀：厚黑的施用，定要在表面糊一层仁义道德，不能把它赤裸裸的表现出来。王莽的失败，就是由于露出了厚黑的原故。如果终身不露，恐怕王莽至今还在孔庙里吃冷猪肉。韩非子说："阴用其言而显弃其身。"这个法子，也是定要的。即如我著这本《厚黑学》，你们应当秘藏枕中，不可放在桌上。假如有人问你："你认识李宗吾吗？"你就要做一种很庄严的面孔说："这个人坏极了，他是讲厚黑学的，我认他不得。"口虽这样说，但，心里应当供一个"大成至圣先师李宗吾之位。"你们能够这样做去，生前的事业，一定惊天动地，死后一定入孔庙吃冷猪肉无疑。所以我每听见人骂我，我非常高兴，说道："吾道大行矣。"

地，顺势而为，而里子的厚黑二字，则万变不离其宗。有志斯学者，细细体会！

王莽的失败，就是由于露出了厚黑的缘故

还有一点，我前面说："厚黑上面，要糊上一层仁义道德。"这是指遇着道学先生而言。假如遇着讲性学的朋友，你同他讲仁义道德，岂非自讨没趣？这个时候，应当糊上"恋爱神圣"四个字。若遇着了讲马克思的朋友，就糊上"阶级斗争，劳工专政"八个字，难道他不喊你是同志吗？总之，面子上应当糊以什么东西，是在学者因时因地，顺势而为，而里子的厚黑二字，则万变不离其宗。有志斯学者，细细体会！

第二篇　厚黑原理

自序一

民国元年，我在成都《公论日报》上发表一文，题曰《厚黑学》，谓：古今成功之英雄，无一非面厚心黑者。这本是一种游戏文字，不料自此以后，厚黑学三字，遂传播四川，成一普通名词。我自己也莫名其妙，心想：此等说法，能受一般人欢迎，一定与心理学有关系，继续研究下去，始知厚黑学是渊源于性恶说，在学理上是有根据的，然私心终有所疑。遍寻中外心理学诸书读之，均不足解我之疑，乃将古今人说法尽行扫去，另用物理学的规律来研究心理学觉得人心之变化，处处是跟着力学规律走的。从古人事迹上、今日政治上、日用琐事上、自己心坎上、理化数学上、中国古书上、西洋学说上、四面八方，印证起来，处处可通，乃创一臆说："心理依力学规律而变化。"民国九年，写一文曰《心理与力学》，藏之箧中，未敢发表，十六年方刊入拙著《宗吾臆谈》内。兹特重加整理，扩大为一单行本。

我这《心理与力学》一书，开始于民国九年，今为民国二十七年，历时十八年，而此书渊源于厚黑学。我研究厚黑学，始于满清末年，可说此书之成，经过30年之久。记得唐朝贾岛做了两句诗，"独行潭底影，数息树边身。"自己批道："二句三年得，一吟双泪流。"我今日发表此书，真有他那种感想。

贾岛"两句三年得，一吟双泪流。知音如不赏，归卧故山秋"之意正合宗吾先生创作经历相合

我的思想，好比一株树；厚黑学是思想之出发点，等于树根；因厚黑学而生出一条臆说："心理依力学规律而变化"，等于树身；其他所写《社会问题之商榷》、《考试制度之商榷》、《中国学术之趋势》，与夫最近所写的《制宪与抗日》等文，都是以"心理依力学规律而变

我的思想，好比一株树；厚黑学是思想之出发点，等于树根；因厚黑学而生出一条臆说：『心理依力学规律而变化』，等于树身；其他所写《社会问题之商榷》、《考试制度之商榷》、《中国学术之趋势》，与夫最近所写的《制宪与抗日》等文，都是以『心理依力学规律而变化』这条臆说为根据，等于树上生出的枝叶花果。

化”这条臆说为根据，等于树上生出的枝叶花果。故我所写，虽种种不同，实是一贯。

去岁遇川大教授福建江超西先生，是专门研究物理的，并且喜欢研究易学，是博通中外的学者。我把稿子全部拿与他看，把所有疑点提出请教。承蒙一一指示，认为我这种说法讲得通，并赐序一篇，我是非常感激。然而我终不敢自信，请阅者不吝赐教。

我研究这个问题，已经闹得目迷五色，文中种种说法，对与不对，自己无从知道。我重在解释心中疑团：阅者指驳越严，我越是感激，绝不敢答辩一字。诸君赐教的文字，可在任何报章杂志上发表，发表后，请惠赠一份，交成都《华西日报》转交，以便改正。

二十七年一月十三日

富顺李宗吾于成都

自序二

我发表此书后，得着不少的批评，使我获益匪浅，至为感谢。除全部赞成和全部否认者外，其有认为大致不差，某某点尚应该改者，我已遵照修改。有些地方，虽经指示，而我认为尚应商酌者，则暂仍其旧，请阅者再加指正。所有赐教文字，请交重庆《国民公报》转交，以便加以修改。

读者常驳我道："人之心理，变化不测，哪里会有规律？"我说：物理也是变化不测，何以又有规律？今之科学家，研究物理，可谓极精了。我们试取一瓷杯，置之地上，手执一铁锤，请问：此锤击下去，此杯当成若干块？每块形状如何？恐怕聚世界科学家研究之，无一人能预知，所可知者，铁锤击下，此杯必破裂而已。何也？杯子内部分子之构造，无从推测也，我们不能因此就说，物理变化，无有规律。人藏其心，不可测度，与瓷杯之分子相同，所以心理变化，如珠走盘，横斜曲直，不可得知，所可知者，必不出此盘而已。人持弓箭，朝东射，朝西射，我们不能预知，但一射出来，其箭必依抛物线进行，这即是力之规律。我所谓心理变化有规律可寻者，亦就是也。

牛顿英国伟大的物理学家、数学家、天文学家。他发现万有引力定律，建立了经典力学

我说"心理依力学规律而变化"，原是一种臆说，不能说是公例。公例者，无一例外之谓也。当初牛顿发明万有引力，定出三例，许多人都不承认，后来逐渐证明，逐渐承认，最后宇宙各种现象，俱合牛顿规律，惟天王星不合，有此例外，仍不能成为公例。直到1846年，有天文家将天王星合牛顿规律这部分提出，将其不合规律之部分

加以研究，断定天王星之外，另有一行星，其形状如何，位置如何，加入此星之引力，天王星即合规律了。此说一发表出来，众天文家，依其说以搜求之，立把海王星寻出，果然丝毫不差错，牛顿之说，乃成为公例。心理之变化，较物理更复杂，更奇妙。我之说法，不为一般人所承认者，概例外之事太多也。我不认为我之臆说有错，而认为人心中之海王星太多。我们亦能只握着大原则，以搜求各人心中之海王星耳。

有人说：你想把人事与物理沟通为一，从前许多人都做过这种工作，无奈这条路走不通。我说：苏伊士运河，从前许多人都说凿不通，卒之凿通。巴拿马运河，许多人都说凿不通，卒之也凿通。我认为自然界以同一原则生人生物，物理上之规律，必可适用于人事，不过我个人学识不够，不能把他沟通为一罢了。学术者，世界公物，当合全世界研究之，非一人之力所能胜也。尚望读者诸君共同研究，如我这种方式走不通，希望读者另用他种方式把他弄通。我研究这个问题，如坠五里雾中，诸君其亦怜我之愚，而有以教之乎！

物理纷繁极矣，牛顿寻出规律，纷繁之物理，厘然就诸，而科学因之大进步。世界纷乱极矣，我们在人事上如能寻出规律，则世界学说，可归一致，人世之纠纷，可以免除，而文明自必大进步。此著者所为希望诸君共同研究者也。

物理纷繁极矣，牛顿寻出规律，纷繁之物理，厘然就诸，而科学因之大进步。世界纷乱极矣，我们在人事上如能寻出规律，则世界学说，可归一致，人世之纠纷，可以免除，而文明自必大进步。此著者所为希望诸君共同研究者也。

三十一年十月八日

李宗吾于陪都

一 性灵与磁电

科学上许多定理，最初都是一种假设，根据这种假设，从各方试验，都是符合的，这假设就成为定理了。即如地球这个东西，自开辟以来就有的，经过了若干万万年，人民生息其上，视为固然，于地球之构成，不求甚解，距今二三百年前，出了一个牛顿，发现万有引力，说："地心有引力，把泥土沙石吸成一团，成为一个地球。"究竟地心有无引力，无人看见，牛顿这个说法，本是假定的。不过根据他的说法，任如何试验，俱是合的，于是他的假说，就成了定理。从此一般人都知道：凡是有形有体之物，都要受引力的吸引。到爱因斯坦出来，发明相对论，把牛顿之说扩大之，说："太空中的星球发出的光线，经过其他星球，也要受其吸引，由于太空中众星球互相吸引之故，于是以直线进行之光线，就变成弯弯曲曲的形状。"这也是一种假说，然经过实践检验，证明不错，因此也成了定理。从此一般人又知道：有形无体之乐线，也要受引力之吸引。我们研究心理学，何妨把爱因斯坦之说再扩大之，说："我们的心中，也有一种引力，能把耳闻目睹，无形无体之物吸引来成为一个心，心之构成，与地球之构成相似。"我们这样的设想，则牛顿三例和爱因斯坦的相对论，就可适用到心理学方面，而人事上一切变化，就可本力学规律去考察他了。

通常所称的心，是由于一种力，经过五官出去，把外边的事物牵引进来，集合而成的。例如有一物在我面前，我注目视之，即是一种力从目透出去，与那个物连结。我将目一闭，能够回忆那物的形状，即是此力把那物拖进来缩住了。由于这种方式，把耳闻目睹，与夫身所经历的事项，一一拖进来，集合为一团，就成为一个心，所以心之构成，与地球之构成，完全相似。

一般人都说：自己有一个心，佛氏出来，力辟此说，说：人莫得心，通常所谓心，是假的，乃是六尘的影子。圆觉经曰："一切众生，无始以来，种种颠倒，妄认四大，为自身相，六尘缘影，为自心相。"我们试思：假使心中莫得引力，则六尘影子之经过，亦如雁过长空，影落湖心一般，雁一去，影即不留了。而我们见雁之过，能记忆雁之影相者，即是心中有一种引力，能把雁影缩住的原故。

佛家说：“**六尘影子，落在八识田中，成为种子，永不能去。**”这正如谷子豆子落在田土中，成为种子一般。我们知：谷子豆子，落在田土中，是由于地心有引力，即知六尘影子落在八识田中，是由于人心有引力。因为有引力缩住，所以谷子豆子落在田土中，永不能去，六尘影子，落在八识田中，也永不能去。

我们如把心中所有知识，一一考察其来源，即知无一不从外面进来，其经过路线，不外眼耳鼻舌身，虽说人能发明新理，然仍靠外面收来的知识作基础，犹之修房子者，必须购买外面的砖瓦木料，才能建筑新房子一样。我们如把心中各种知识的来源，一一清出来，从目进来者，仍令从目退出去，从耳进来者，仍令从耳退出去，其他一一从来路退出去，此心即空无所有了。人的心，果然能够空无所有，对于外物无贪恋，无嗔恨，有如湖心雁影，过而不留，这即是佛家所说，还我本来面目。

人的心，分知、情、意三者，意是知与情合并而成，其元素只有知、情二者。磁电同性相推，异性相引，其相推相引，有似吾人之情，其能够判别同性异性，更是显然有知，足见磁电这个东西，具有知、情，与人之心理相同。

地球之构成，源于引力，意识之构成，源于种子。试由引力再进一步，推究到天地未有以前，由种子再进一步，推究到父母未生以前，则只有所谓寂兮寥兮的状况，而二者就会归于一了。由寂兮寥兮生的引力，而后有地球，而后有物。由寂兮寥兮生出种子，而后有意识，而后有人。我们这样的研究，觉得心之构成，与地球之构成相似，而物理学的规律，就可适用于人事了。

我们把物体加以分析，就得原子，把原子加以分析，就得电子。电子是一种力，这是科学家业已证明了的。人是物中之一，我们的身体，是电子集合而成，身与心本是一物，所以我们的心理，不能逃磁电学的规律，不能逃力学的规律。

心的现象，与磁电的现象，是很相似的。人有七情，大别之，只有好恶二种，心所好的东西，就引之使近，心所恶的东西，就推之使远，这种现象，岂不与磁电相似吗？

人的心，分知、情、意三者，意是知与情合并而成，其元素只有知、情二者。磁电同性相推，异性相引，其相推相引，有似吾人之情，其能够判别同性异性，更是显然有知，足见磁电这个东西，具有知、情，与人之心理相同。

阳电所需要的是阴电，忽然来了一个阳电，要分他的阴电，他当然要把他推开;阴电所需要的是阳电,忽然来了一个阴电,要分他的阳电,他当然也要把他推开。这就像小孩食乳食糕饼的时候,见哥哥来了,用手推他打他一般,所以成了同性相推的现象。至于磁电异性相引,犹如人类男女相爱,更是不待说的。由此知磁电现象,与心理现象,完全相同。

佛说:"真佛法身,映物现形。"宛然磁电感应现象。又说:"性灵本融,周遍法界。"宛然磁电中和现象。又说:"不生不灭,不增不减。"简直是物理学家所说:"能力不灭"。因此之故,我们用力学规律去考察人性,想来不会错。

物质不灭,能力不灭,是科学上之定律。吾身之物质,是从地球之物质转变而来,身死埋之地中,物质退还地球。物质不灭之说,算是讲得通,独是吾人之性灵,是一种能力,请问此种能力,生从何处来?死往何处去?我们要答复这个问题。可以创一臆说,曰:"人之性灵从地球之磁电转变而来。"吾人一死,身体化为地球之泥土,同时性灵化为地球之磁电,如此则性灵生有自来,死有所去,能力不灭之说,就讲得通了。世言成仙成佛者,或许是用一种修养力,能将磁电凝聚不散耳。俗云"冤魂不散",当是一种嗔恨心,将磁电凝住,迨至冤仇已报,嗔恨心消失,磁电无从凝聚,其鬼即归消灭。

有了"性灵由磁电转变而来"这条臆说,则灵魂存灭问题,就可以答复了。吾人一死,身上的物质,退还地球,性灵化为磁电,则灵魂即算消灭。然而吾身虽死,物质尚存,磁电尚存,亦可谓之灵魂尚存。此庄子所说:"天地与我并生,万物与我为一"也。

禅家最重"了了常知"四字,吾人静中,此心明明白白,迨至事务纷乘,此明明白白之心,消归乌有。学力深者,事务纷剩,此心仍所明明白白,是谓"动静如一"。然而白昼虽明明白白,晚间梦寐中,则复昏迷。学力更深者,梦寐中亦明明白白,是谓"寤寐如一"。学力极深者,死了亦明明白白,是谓"死生如一"。到了死后明明白白,则谓之灵魂永存可也。

楞严经曰:"如来从胸卐字,涌出宝光,其光昱昱,有千百色,十方微尘,普佛世界,一时周遍。"此宝光,盖即电光也。阿难白佛言:"我见如来,三十二相,胜妙殊绝,形体映彻,犹如琉璃。尝自思惟,此相非是欲爱所生,何以故?欲气粗浊,腥臊交遘,脓血杂乱,不能发生胜净妙明,紫金光聚。"释迦修养功深,已将血肉之躯变而为磁电凝聚体,故能发出宝光,遍达十方世界。佛氏有天眼

释迦牟尼是佛教创始人

通、天耳通之说，今者无线电发明，已可证明其非诬。释迦本身即是一无线电台，将来电学进步，必能证明释迦所说，一一不虚，而“性灵由磁电转变而来”之臆说，或亦可证明其不虚。

老子言道，屡以水为喻，佛氏说法，亦常以水为喻，我们不妨以空气为喻，所谓不生不灭、不垢不净、不增不减，无古今、无边际、无内外，种种现象，空气是具备了的。倘进一步，以中和磁电为喻，尤为确切。若更进一步，假定：“人之性灵，由磁电转变而来。”用以读老佛之书，觉得处处迎刃而解。

吾人自以为高出万物，这不过人类自己夸大的话，实则人与物，同是从地球生出来的，身体之原素，无一非地球之物质。自地球视之，人与物并无区别，仿佛父母生二子，长子曰人，次子曰物，不过长子聪明，次子患瘫病而又哑聋罢了。我们试验理化，温度变更或参入一种物品，形状和性质都要改变。吾人遇天气大变，心中就烦躁，这是温度的关系；饮了酒，性情也会改变，这是参入一种药品，起了化学作用。从此等处考察，人与物有何区别？

人身的物质和地球的物质，都是电子构成的，吾人有灵魂，地球亦有灵魂，磁电者地球之灵魂也，通常所说地心吸力者，即是磁电吸力之表现。地球的物质化为植物，同时地球的磁电，即变为植物的生机。吾人食植物，物质变为吾身的毛发骨肉，同时磁电即变为吾人的性灵。由泥土沙石变而为植物，变而为毛发骨肉，愈变愈高等。同时由地球的磁电变而为植物的生机，变而为吾人的性灵，也是愈变愈高等。虽经屡变，而本来之性质仍在，故吾身之原素，与地球之原素相同，心理之感应，与磁场之感应相同，所以本书第二章甲乙丙图，其现象与磁场相同，与地心吸力相同。然既经屡变，吾身之毛发骨肉，与地球之泥土沙石不同，吾人之性灵，也与地球之磁电不同，何也？在地球为死物，在吾身则为活物也。所以用力学规律以考察人事，我们当活用之，而不能死用之。

老子曰:“**有物混成,先天地生,寂兮寥兮,独立而不改,周行而不殆,可以为天下母。吾不知其名,字之曰道,强为之名曰大。**”老子所谓道,即释氏所谓真如也。释氏谓:山河大地,日月星辰,内身外器,都是由真如不守自性,变现出来的,其说与老子正同。真如者,空无所有也(实则非空非不空)。忽焉真如不守自性,而变现为中和磁电,由是而变现为气体,回旋太空中,几经转变,而地球生焉。由是而生植物,生动物,生人类。佛氏所谓阿赖耶识的状态,与中和磁电的状态绝肖。二者都是冲漠无朕,万象森然,也即是寂然不动,感而遂通。我们可以说:真如变现出来,在物为中和磁电,在人为阿赖耶识,犹之同一物质,在地球为泥土沙石,在人则为毛发骨肉也。今人每谓人之性灵,与磁电迥不相同,犹之无科学知识之人,见毛发骨肉,即认泥土沙石,迥不相同也。中和磁电,是真如最初变现出来之物,真如不可得见,我们读佛老之书,姑以中和磁电,作为道与真如形态,觉得处处可通。

老子著书,开端即曰:“**道可道,非常道。**”释迦说法四十九年,结果自认未说一字,归之于不可道,不可说而已。苏子由曰:“夫道不可言,可言皆其似者也,达者因似以识真,而昧者执似以陷于伪。”道与真如,不可思议者也,阿赖耶识,与中和磁电,可思议者也,借可思议者,以说明不可思议者,此所谓言其似也。

老子曰:“**道生一,一生二,二生三,三生万物。**”我们可解之曰,道者空无所有也,一者中和磁电也,中和磁电发动出来,则有相推相引两作用,所谓二也。由这两种作用,生出第三种作用,由是而辗转相生,千千万万之事物出焉。老子曰:“抱一以为天下式。”又曰:“天下有始,以为天下母,既得其母,以知其子,既知其子,复守其母。”一也,母也,都是指中和磁电,在人则为阿赖耶识。故曰:“恍兮惚兮,窈兮冥兮。”又曰:“渊兮似万物之宗。”老子专守阿赖耶识,故著出之书,可以贯通周秦诸子,可以贯通赵宋诸儒,可以贯通易经,贯通佛学,又为后世神仙方士所依托,据严又陵批,又可以贯通西洋学说(其说具

老子是我国古代的哲学家。他是道家学派的创始人

见拙著《中国学术之趋势》)。《道德经》一书之无所不包者，正因阿赖耶识之无所不有也。佛氏则打破此说，而为大圆镜智，以“空无所有”为立足点。此由于佛氏立教，重在出世，故以“空无所有”为立足点。老子立教，重在将入世出世打成一片，故以阿赖耶识为立足点。由阿赖耶识而向内追寻，则可到大圆镜智，而空诸所有。由阿赖耶识而向外工作，则可诚意、正心、修身、齐家、治国，平天下。此二氏立足点，所由不同也。

我们假定“人之性灵，由磁电转变而来”，则佛告波斯匿王及阿难诸语，与夫宋儒所谓“如鱼在水，外面水便是肚里水，鳜鱼肚里水，与鲤鱼肚里水，只是一样”，明儒所谓“盖天地皆心也”等等说法，都可不烦言而解。《中庸》曰：“喜怒哀乐皆不发，谓之中。”六祖曰：“不思善，不思恶，正与么时，那个是胆上座本来面目。”广成子曰：“至道之精，窈窈冥冥，至道之极，昏昏默默。”庄子曰：“心不忧乐，德之至也，一而不变，静之至也。”都是阿赖耶识现象，也即是磁电中和现象，中和磁电，发动出来，呈相推相引之作用，而纷纷纭纭之事物起矣。

所以我们要研究人世事变，当首造一臆说曰：“性灵由磁电转变而来。”研究磁电，离不得力学，我们再造一臆说曰：“心理依力学规律而变化。”有这两个臆说，纷纷纭纭之事物，就有轨道可循，而世界分歧之学说，可汇归为一，中、西、印三方学说，也可汇归为一。

佛谓：山河大地及人世一切事物，皆是幻相，牛顿造出三例，所以研究物理之幻相也；我们造出两个臆说，所以研究人事之幻相也。本章所说种种，乃是说明造此臆说之理由。第二章以下，即依据这两个臆说，说明人世事变，不复涉及本体。佛言本体，我们言现象，鸿沟为界。著者对于佛学及科学，根本是外行。所有种种说法，都是想当然耳，心中有了此种想法，即把他写出，自知纯出臆断，以佛学科学律之，当然诸多不合，我不过姑妄言之，读者亦姑妄听之可耳。

二 孟荀言性争点

孟子之性善说，荀子之性恶说，是我国学术史上，未曾解除之悬案，两说对峙了二千多年，抗不相下。孟子说：人性皆善，主张仁义化民；宋儒承袭其说，开出理学一派，创出不少迂廖的议论。荀子生在孟子之后，反对其说，谓人之性恶，主张以礼制裁之；他的学生韩非，以为礼之制裁力弱，不若法律之制裁力强，遂变而为刑名之学，其弊流于刻薄寡恩。于是儒法两家，互相诋斥，学说上、政治上生出许多冲突。究竟孟荀两说，孰得孰失？我们非把他彻底研究清楚不可。

孟子认为，人具有一种先验的善性，人性中的善是与生俱来的。这是孟子全部思想的基础

孟子谓："孩提之音，无不知爱其亲也，及其长也，无不知敬其兄也。"这个说法，是有破绽的。我们任喊一个当母亲的，把他亲生孩子抱出来，当众试验，母亲抱着他吃饭，他就伸手来拖母亲之碗，如不提防，就会落地打烂。请问这种现象，是否爱亲？又母亲手中拿一糕饼，他见了，就伸手来拖，如不给他，放在自己口中，他立刻会伸手从母亲口中取出，放在他的口中。又请问这种现象，是否爱亲？小孩在母亲怀中，食乳食糕饼，哥哥走近前，他就用手推他打他。请问这种现象，是否敬兄？五洲万国的小孩，无一不如此。事实上，既有了这种现象，孟子的性善说，岂非显有破绽；所有基于性善说发出的议论，颁布的法令制度，就不少流弊。

然则孟子所说"孩提爱亲，少长敬兄"，究竟从什么地方生出来？我们要解释这个问题，只好用研究物理学的法子去研究。盖人之天性，以我为本位，我与母亲相对，小儿只知有我，故从母亲口中把糕饼取出，放在自己口中。母亲是乳哺我的人，哥哥是分乳吃，分糕饼吃的人，母亲与哥哥相对，小儿就很爱母亲，把哥哥打开推开。长大了点，出而在外，与邻人相遇，哥哥与邻人相对，小儿就很爱哥哥。走到异乡，邻人与异乡人相对，则爱邻人。走到外省，本省人与外省人相对，就爱本省人。走到外国，本国人与外国人相对，就爱本国人。我们细加研究，即知孟子所说爱亲敬兄，都是从为我之心流露出来的。

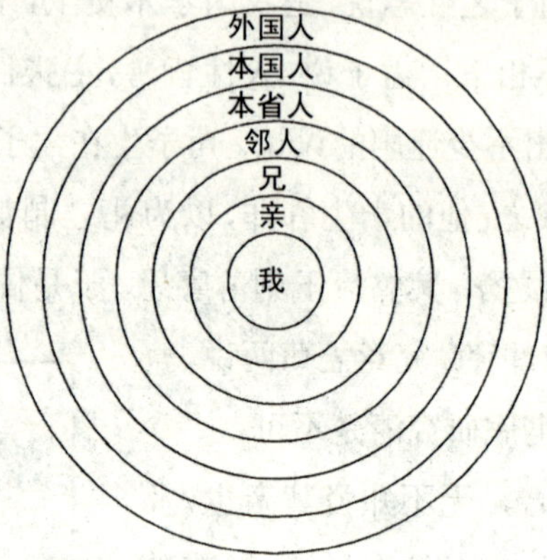

甲图　孟子的性善图

如甲：第一圈是我，第二圈是亲，第三圈是兄，第四圈是邻人，第五圈是本省人，第六圈是本国人，第七圈是外国人。细玩此圈，即可寻出一定的规律："距我越近，爱情越笃，爱情与距离成反比例。"其规律与地心吸力相似，并且这种现象，很像磁场现象。由此知：人之性灵，与磁电相同，与地心吸力相同，故牛顿所创的公例，可适用于心理学。上面所绘甲图，是否正确，我们还须再加考验：假如暮春三月，我们约着二三友人出外游玩，见着山明水秀，心中非常愉快，走到山水粗恶的地方，心中就不免烦闷，这是什么原故呢？因为山水是物，我也是物，物我本是一体，所以物类好，心中就愉快，物类不好，心中就不愉快。我们又走至一个地方，见地上许多碎石，碎石之上，落花飘零，我心对于落花，不胜悲感，对于碎石，则不甚注意，这是什么原故呢？因为石是无生之物，花与我同是有生之物，所以常常有人作落花诗、落花赋，而不作碎石歌、碎石行。古今诗词中，吟咏落花，推为绝唱者，无一不是连同人生描写的。假如落花之上，卧一将毙之犬，哀鸣宛转，入耳惊心，立把悲感落花之心打断，这是甚么原故呢？因为花是植物，犬与我同是动物，故不知不觉，对于犬特表同情。又假如归途中见一狰狞恶犬，拦着一人狂噬，那人持杖乱击，当此人犬相争之际，我们只有帮人之忙，断不会帮犬之忙，这是甚么原故呢？因为犬是兽类，我与那人同是人类，故不知不觉，对于人更表同情。我同友人分手归家，刚一进门，便有人跑来报道，先前那个友人，走在街上，同一个人打架，正在难解难分。我闻之立即奔往营救，本来是与人打架，因为友谊的关系，故我只能营救友人，不能营救那人。我把友人带至我的书房，询他打架的原因，我倾耳细听，忽然屋子倒下来，我几步跳出门外，回头转来喊友人道：你还不跑呀？请问一见房子倒下，为甚么不先喊友人跑，必待自己跑出门了，才回头来喊呢？这就是人之天性，以我为本位的证明。

我们把上述事实绘图如（乙）。第一圈是我，第二圈是友，第三圈是他人，第四圈是犬，第五圈是花，第六圈是石，其规律是“距我越远，爱情越减，爱情与距离成反比例。”与甲图是一样的。乙图所设的境界，与甲图全不相同，而得出的结果，完全一样，足证天然之理，实是如此。兹再总括言之：凡有二物，同时呈于吾前，我心不假安排，自然会以我为本位，视距我之远近，定爱情之厚薄，与地心吸力、电磁吸力无有区别。

力有离心同心二种，甲图层层向外发展，是离心力现象；乙图层层向内收缩，是向心力现象。孟子站在甲图里面，向外看去，见得凡人的天性，都是孩提爱亲，稍长爱兄，再进则爱邻人，爱本省人，爱本国人，层层放大；如果再放大，还可放至爱人类爱物类为止，因断定人之性善。故曰：“老吾老，以及人之老，幼吾幼，以及人之幼。”又曰：“举斯心，加诸彼。”总是叫人把这种固有的性善扩而充之。孟子喜言诗，诗是宣导人的意志的，凡人只要习于诗，自然把这种善性发挥出来，这即是孟子立说之本旨。所以甲图可看为孟子之性善图。

荀子站在乙图外面，向内看去，见得凡人的天性，都是看见花就忘了石，看见犬就忘了花，看见人就忘了犬，看见朋友，就忘了他人，层层缩小，及至房子倒下来，赤裸裸的只有一个我，连至好的朋友都忘去了，因断定人之性恶。故曰：“妻子具而存衰于亲，嗜欲得而信衰于友，爵禄盈而忠衰于君。”又曰：“拘木待栝蒸矫然后直，钝金待砻厉然后利。”总是叫人把这种固有的恶性抑制下去。荀子喜言礼，礼是范围人的行为的，凡人只要习于礼，这种恶性自然不会发现出来。这就是荀子立说之本旨。故乙图可看为荀子之性恶图。

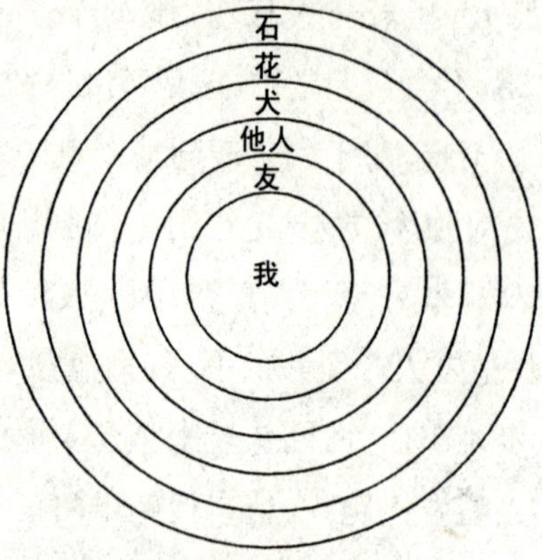

乙图 荀子的性恶图

甲乙二图，本是一样，自孟子荀子眼中看来，就成了性善性恶，极端相反的两种说法，岂非很奇的事吗？并且有时候，同是一事，孟子看来是善，荀子看来是恶，那就更奇了。例如我听见我的朋友同一个人打架，我总愿我的朋友打胜，请问这种心理是善是恶？

假如我们去问孟子，孟子一定说道：这明明是性善之表现，何以言之呢？友人与他人打架，与你毫无关系，而你之愿其打胜者，此乃爱友之心，不知不觉，从天性中自然流出，古圣贤明胞物与，无非基于一念之爱而已。所以你这种爱友之心，务须把他扩充起来。

假如我们去问荀子，荀子一定说道：这明明是性恶之表现，何以言之呢？你的朋友是人，他人也是人，你不救他人而救友人，此乃自私之心，不知不觉，从天性中自然流出。威廉第二，造成世界第一次大战，德意日造成第二次世界大战，无非起于一念之私而已。所以你这种自私之心，务须把它抑制下去。

上面所举，同是一事，而有极端相反之两种说法，两种说法，都是颠扑不灭，这是甚么道理呢？我们要解释这个问题，只须绘图一看，就自然明白了。如图：第一圈是我，第二圈是友，第三圈是他人，请问友字这个圈，是大是小？孟子在里面画一个我字之小圈，与之比较，就说他是大圈。荀子在外面画一个人字之大圈，与之比较，就说他是小圈。若问二人的理由，孟子说：友字这个圈，乃是把画我字小圈的两脚规张开来画成的，怎么不是大圈？顺着这种趋势，必会越张越大，所以应该扩充之，使他再画大点。荀子说道：友字这个圈，乃是把

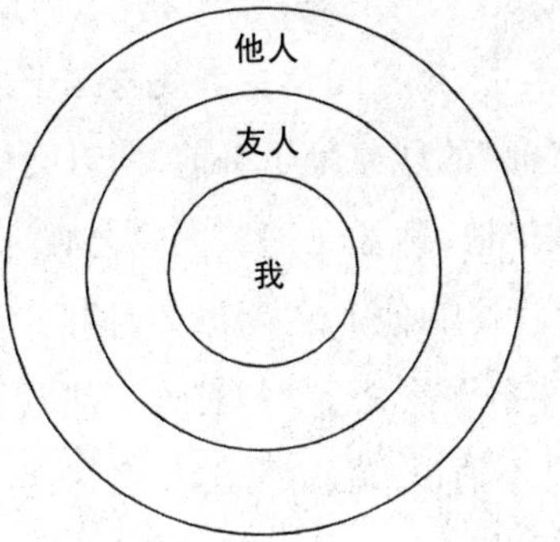

荀、孟争论图

人字大圈的两脚规收拢来画成的，怎么不是小圈？顺着这种趋势，必定越收越小，所以应该制止之，不使之再画小。孟荀之争，如是如是。

营救友人一事，孟子提个我字，与友字相对，说是性善之表现；荀子提个人字，与友字相对，说是性恶之表现。我们绘图观之，友字这个圈，只能说他是个圈，不能说他是大圈，也不能说他是小圈。所以营救友人一事，只能说是人类天性中一种自然现象，不能说他是善，也不能说他是恶。孟言性善，荀言性恶，乃是一种诡辩，二人生当战国，染得有点策士诡辩气习，我辈不可不知。

荀子而后，主张性恶者很少。孟子的性善说，在我国很占势力，我们可把他的学说再加研究。他说："今人乍见孺子将入于井，皆有怵惕恻隐之心。"这个说法，也是性善说的重要根据。但我们要请问：这章书，上文明明是怵惕恻隐四字，何以下文只说"无恻隐之心，非人也"，"恻隐之心，仁之端也"，平空把怵惕二字摘来丢了，是何道理？性善说之有破绽，就在这个地方。

怵惕是惊惧之意，譬如我们共坐谈心的时候，忽见前面有一人，提一把白亮亮的刀，追杀一人，我们一齐吃惊，各人心中都要跳几下，这即是怵惕。因为人人都有畏死之天性，看见刀，仿佛是杀我一般，所以心中会跳，所以会怵惕。我略一审视，晓得不是杀我，是杀别人，登时就把畏死之念放大，化我身为被追之人，对乎他起一种同情心，想救护他，这就是恻隐。由此知：恻隐是怵惕之放大形。孺子是我身之放大形，莫得怵惕，即不会有恻隐，可以说：恻隐二字，仍是发源于我字。

见孺子将入井的时候，共有三物：一曰我，二曰孺子，三曰井，绘之为图，第一圈是我，第二圈是孺子，第三圈是井。我与孺子，同是人类，井是无生物。见孺子将入井，突有一"死"的现象呈于吾前，所以会怵惕，登时对于孺子表同情，生出恻隐心，想去救护他。故孟子曰："恻隐之心，仁之端也。"我们须知：怵惕者自己畏死也，恻隐者怜悯他人之死也，故恻隐可谓之仁，怵惕不能谓之仁，所以孟子把怵惕二字摘下来丢了。但有一个问题，假令我与孺子同时将入井，请问此心作何状态？不消说：这刹那间，只有怵惕而无恻隐，只能顾及我之死，不能顾及孺子。非不爱孺子也，变生仓卒，顾不及也。必我身出了危险，神志略定，恻隐心才能发出。惜乎孟子当日，未把这一层提出来研究，留下破绽，遂生出宋儒理学一派，创出许多迂谬的议论。

孟子所说的爱亲敬兄，所说的怵惕恻隐，内部俱藏有一个我字，但他总是从第二圈说起，对于第一圈之我，则略而不言。杨子为我，算是把第一圈明白揭出了，但他却专在第一圈上用功，第二以下各圈，置之不管；墨子摩顶放踵，是抛弃了第一圈之我，他主张爱无差等，是不分大圈小圈，统画一极大之圈了事。杨子有了小圈，就不管大圈；墨子有了大圈，就不管小圈。他们两家，都不知道：天然现象是大圈小圈，层层包裹的。孟荀二人，把层层包裹的现象看见了，但孟子说是层层放大，荀子说是层层缩小，就不免流于一偏了。我们取杨子的我字，作为中心点，在外面加一个差等之爱，就与天然现象相合了。

墨子提倡"兼爱非攻"、"摩顶放踵，利天下为之"

我们综孟荀之说而断之曰：孟子所说"孩提之童，无不知爱其亲也，及其长也，无不知敬其兄也"一类话，也莫有错，但不能说是性善，只能说是人性中的天然现象；荀子所说"妻子具而孝衰于亲，嗜欲得而信衰于友"一类话，也莫有错，但不能说是性恶，也只能说是人性中的天然现象。然则学者奈何？曰：我们知道：人的天性，能够孩提爱亲，稍长敬兄，就把这种心理扩充之，适用孟子"老吾老，以及人之老，幼

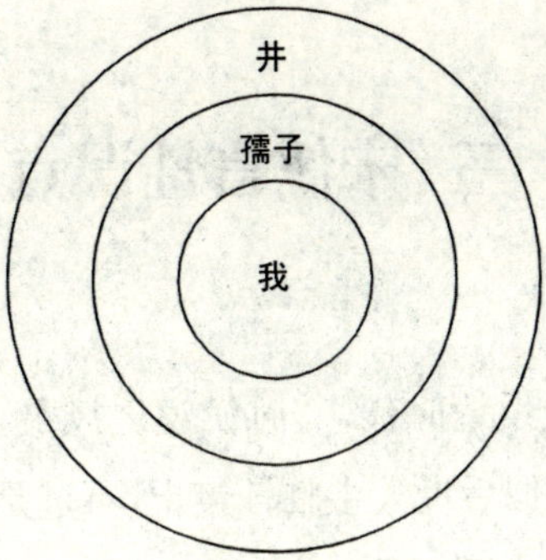

孺子入井图

吾幼，以及人之幼”的说法。我们又知道：人的天性，能够孝衰于亲，信衰于友，就把这种心理纠正之，适用荀子“拘木待栝蒸矫然后直，钝金待砻厉然后利”的说法。

孟荀之争，只是性善性恶名词上之争，实际他二人所说的道理，都不错，都可见诸实用。我以为我们无须问人性是善是恶，只须创一条公例：“心理依力学规律而变化。”把牛顿的吸力说，爱因斯坦的相对论，应用到心理学上，心理物理，打成一片而研究之，岂不简便而明确吗？何苦将性善性恶这类的名词，哓哓然争论不休。

孟荀之争，只是性善性恶名词上之争，实际他二人所说的道理，都不错，都可见诸实用。我以为我们无须问人性是善是恶，只须创一条公例：『心理依力学规律而变化。』把牛顿的吸力说，爱因斯坦的相对论，应用到心理学上，心理物理，打成一片而研究之，岂不简便而明确吗？

三 宋儒言性误点

战国是我国学术最发达时代，其时游说之风最盛，往往立谈而取卿相之荣，其游说各国之君，颇似后世人主临轩策士，不过是口试，不是笔试罢了。一般策士，习于揣摹之术，先用一番工夫，把事理研究透彻了，出而游说，总是把真理蒙着半面，只说半面，成为偏激之论，愈偏激则愈新奇，愈足耸人听闻。苏秦说和六国，讲出一个理，风靡天下；张仪解散六国，反过来讲出一个道理，也是风靡天下。孟荀生当其时，染有此种气习，本来人性是无善无恶，也即是“可以为善，可以为恶。”孟子从整个人性中截半面以立论，曰性善，其说新奇可喜，于是在学术界遂独树一帜；荀子出来，把孟子遗下的那半面，揭而出之曰性恶，又成一种新奇之说，在学术界，又树一帜。从此性善说和性恶说，遂成为对峙之二说。宋儒笃信孟子之说，根本上就误了。然而孟子尚不甚误，宋儒则大误，宋儒言性，完全与孟子违反。

苏秦说和六国，只讲出一个理，就风靡天下

请问：宋儒的学说乃是以孟子所说(1)“孩提之童，无不知爱其亲”；(2)“乍见孺子将入于井，皆有怵惕恻隐之心”，两个根据为出发点，何至会与孟子之说完全违反？兹说明如下：

小孩与母亲发生关系，共有三个场所：(1)一个小孩，一个母亲，一个外人，同在一处，小孩对乎母亲，特别亲爱，这个时候，可以说小孩爱母亲；(2)一个小孩，一个母亲，同在一处，小孩对乎母亲依恋不舍，这个时候，可以说小孩爱母亲；(3)一个小孩，一个母亲，同在一处，发生了利害冲突，例如有一块糕饼，母亲吃了，小孩就莫得吃，母亲把他放在口中。小孩就伸手取来，放在自己口中。这个时候，断不能说小孩爱母亲。孟子言性善，舍去第三种不说，单说前两种，讲得头头是道。荀子言性恶，舍去前两种不说，单说第三种，也讲得头头是道。所以他二人的学说，本身上是不发生冲突的。宋儒把前两种和第三种同剂讲之，又不能把他贯通为一，于是他们的学说，本身上就发生冲突了。

宋儒笃信孟子孩提爱亲之说，忽然发见了小孩会抢母亲口中糕饼，而世间小孩，无一不是如此，也不能不说是人之天性，求其故而不得，遂创一名词曰："气质之性。"假如有人问道：小孩何以会爱亲？曰此"义理之性"也。问：即爱亲矣，何以会抢母亲口中糕饼？曰此"气质之性"也。好好一个人性，无端把他剖而为二，因此全部宋学，就荆棘丛生，迂谬百出了。……朱子出来，注孟子书上天生民一节，简单明了地说道："程子之说，与孟子殊，以事理考之，程子为密。"他们自家即这样说，难道不是显然违反孟子吗？

孟子知道：凡人有畏死的天性，见孺子将入井，就会发生怵惕心，跟着就会把怵惕心扩大，而为恻隐心，因教人把此心再扩大，推至于四海，此孟子立说之本旨也。怵惕是自己畏死，不能谓之仁，恻隐是怜悯他人之死，方能谓之仁，故下文摘去怵惕二字，只说"恻隐之心，仁之端也"。在孟子本莫有错，不过文字简略，少说了一句"恻隐是从怵惕扩大出来的"。不料宋儒读书不求甚解，见了"恻隐之心，仁之端也"一句，以为人之天性一发出来，即是恻隐，忘却上面还有怵惕二字，把凡人有畏死的天性一笔抹杀。我们试读宋儒全部作品，所谓语录也，文集也，集注也，只是发挥恻隐二字，对于怵惕二字置之不理，这是他们最大的误点。

然而宋儒毕竟是好学深思的人，心想：小孩会夺母亲口中糕饼，究竟是甚么道理呢？一旦读礼记上的乐记，见有"人生而静，天之性也，感于物而动，性之欲也"等语，恍然大悟道：糕饼者物也，从母亲口中夺出者，感于物而动也。于是创出："去物欲"之说，叫人切不可为外物所诱。

宋儒又继续研究下去，研究我与孺子同时将入井，发出来的第一念，只是赤裸裸一个自己畏死之心，并无所谓恻隐，遂诧异道，明明看见孺子将入井，为甚恻隐之心不出来，反发出一个自己畏死之念？要说此念是物欲，此时并莫有外物来诱，完全从内心发出，这是甚么道理？断而又悟道：畏死之念，是从为我二字出来的，抢母亲口中糕饼，也是从为我二字出来的，我者人也，遂用人欲二字代替物欲二字。告其门弟子曰：人之天性，一发出来，即是恻隐，尧舜和孔孟诸人，满腔子是恻隐，无时无地不然，我辈有时候与孺子同时将入井，发出来的第一念，是畏死之心，不是恻隐之心，此气质之性为之也，人欲蔽之也，你们须用一番"去人欲存天理"的工夫，才可以为孔孟，为尧舜。天理者何？恻隐之心是也，即所谓仁也。这种说法，即是程朱全部学说之主旨。

于是程子门下，第一个高足弟子谢上蔡，就照着程门教条做去，每日危阶上跑来跑去，练习不动心，以为我不畏死，人欲去尽，天理自然流行，就成为满腔子是恻隐了。像他们这样的"去人欲，存天理"，明明是"去怵惕，存恻隐"。试思：恻隐是怵惕的放大形，孺子是我身的放大形，怵惕既无，恻隐何有？我身既无，孺子何有？我既不畏死，就叫我自己入井，也是无妨，见孺子入井，哪里会有恻隐？

程子的门人，专做"去人欲"的工作，即是专做"去怵惕"的工作。门人中有吕原明者，乘轿渡河坠水，从者溺死，他安坐轿中，漠然不动，他是去了怵惕的人，所以见从者溺死，不生恻隐心。程子这派学说传至南渡，朱子的好友张南轩、其父张魏公，苻离之战，丧师十数万，终夜鼾声如雷，南轩还夸其父心学很精。张魏公也是去了怵惕的人，所以死人如麻，不生恻隐心。

孟子曰："**同室之人斗者救之，虽被发缨冠而救之可也**。"吕原明的从者、张魏公的兵士，岂非同室之人？他们这种举动，岂不是显违孟子家法？大凡去了怵惕的人，必流于残忍。杀人不眨眼的恶贼，往往身临刑场，谈笑自若，是其明证。程子是去了怵惕的人，所以发出"妇人饿死事小，失节事大"的议论。故戴东原曰：宋儒以理杀人。

有人问道：怵惕心不除去，遇着大患临头，我只有个畏死之心，怎能干救国救民的大事呢？我说：这却不然，在孟子是有办法的，他的方法，只是集义二字，平日专用集义的工夫，见之真，守之笃，一旦身临大事，义之所在，自然会奋不顾身的做去。所以说："生，亦我所欲也，义，亦我所欲也，二者不可得兼，舍生而取义者也。"孟子平日集义，把这种至大至刚的浩气养得完完全全的，并不像宋儒去人欲，平日身蹈危阶，把那种畏死之念去得干干净净的。孟子不动心，宋儒亦不动心。孟子之不动心，从积极的集义得来；宋儒之不动心，从消极的去欲得来，所走途径，完全相反。

韩昌黎曰："臣罪当诛兮，天王圣明"

孟子的学说：以我字为出发点，所讲的爱亲敬兄和怵惕恻隐，内部都藏有一个我字。其言曰："老吾老，以及人之老，幼吾幼，以及人之幼。"又曰："人人亲其亲长其长，而天下平。"吾者我也，其者我也，处处不脱我字，孟子因为重视我字，才有"民为贵君为轻"的说法，才有"君之视臣如草芥，则臣视君如寇仇"的说法。程子倡"去人欲"的学说，专作剥削我字的工作，所以有"妇人饿死事小，失节事大"的说法。孟子曰："**贼仁者谓之贼，贼义者谓之残，残贼之人谓之一夫。闻诛一夫纣矣，未闻弑君也。**"这是孟子业已判决了的定案。韩昌黎曰："臣罪当诛兮，天王圣明。"程子极力称赏此语。公然推翻孟子定案，岂非孟门叛徒？他们还要自称承继孟子道统，真百思不解。

孔门学说，"**已欲立而立人，已欲达而达人，利己利人，合为一事。**"杨子为我，专讲利己，墨子兼爱，专讲利人。这都是把一个整道理，蒙着半面，只说半面。学术界公例："学说愈偏则愈新奇，愈受人欢迎。"孟子曰："**天下之言，不归杨，则归墨。**"孔子死后，未及百年，他讲学的地方，全被杨墨夺去，孟子攘臂而起，力辟杨墨，发挥孔子推己及人的学说。在我们看来，杨子为我，只知自利，墨子兼爱，专门利人，墨子价值，似乎在杨子之上。乃孟子曰"逃墨必归于杨，逃杨必归于儒"，反把杨子放在墨子之上，认为去儒家为近，于此可见孟子之重视我字。

孔子的学说就是把利己利人，合为一事

杨子拔一毛而利天下不为也，极端尊重我字，然杨子同时尊重他人之我。其言曰:“智之所贵,存我为贵,力之所贱,侵物为贱。”不许他人拔我一毛,同时我也不拔他人一毛,其说最精,故孟子认为高出墨子之上。然由杨子之说,只能做到利己而无损于人,与孔门仁字不合。仁从二人,是人与我中间的工作。杨子学说,失去人我之关联,故为孟子所斥。

墨子摩顶放踵以利天下,其道则为损己利人,与孔门义字不合。义字从羊从我,故义字之中有个我字在;羊者祥也,美善二字皆从羊。由我择其最美最善者行之,是之谓义。事在外,择之者我也,故曰义内也。墨子兼爱,知有人不知有我,故孟子深斥之。然墨子之损我,是牺牲我一人,以救济普天下之人,知有众人之我,不知自己之我,此菩萨心肠也。其说只能行之于少数圣贤,不能行之于人人,与孔门中庸之道,人己两利之旨有异,自孟子观之,其说反在杨子之下。何也?因其失去甲乙二图之中心点也。孟子曰:“天之生物也,使之一本。”一本者何?中心点是也。

综而言之：孟子言性善，宋儒亦言性善，实则宋儒之学说，完全与孟子违反，其区分之点曰：『孟子之学说，不损伤我字，宋儒之学说，损伤我字。』

墨子之损我,是我自愿损之,非他人所得干预也;墨子善守,公输九攻之,墨子九御之,我不欲自损,他人固无如我何也。墨子摩顶放踵,与“腓无胈,胫无毛”之大禹何异?与“栖栖不已,席不暇暖”之孔子何异?孟子之极口诋之者,无非学术上门户之见而已。然墨子摩顶放踵,所损者外形也,宋儒去人欲,则损及内心矣,其说岂不更出墨子下?孔门之学,推己及人,宋儒亦推己及人,无如其所推而及之者,则为我甘饿死以殉夫,遂欲天下之妇人,皆饿死以殉夫,我甘诛死以殉君,遂欲天下之臣子,皆诛死以殉君,仁不如墨子,义不如杨子。孟子已斥杨墨为禽兽矣,使见宋儒,未知作何评语?

韩非曰:“仓颉作书,自环者谓之私,背私谓之公。”所以说,私就是把自己放在一个圈子里

综而言之:孟子言性善,宋儒亦言性善,实则宋儒之学说,完全与孟子违反,其区分之点曰:“孟子之学说,不损伤我字,宋儒之学说,损伤我字。”

再者宋儒还有去私欲的说法,究竟私是个什么东西?去私是怎么一回事?也非把他研究清楚不可。私字的意义,许氏说文,是引韩非的话来解释的。韩非原文:“仓颉作书,自环者谓之私,背私谓之公。”环即是圈子,私字古文作厶，篆文作厶，画一个圈。公字从八从厶，八是把一个东西破为两块的意思，故八者背也。“背私谓之公”，即是说：把圈子打破了，才谓之公。假使我们只知有我，不顾妻子，环吾身画一个圈，妻子必说我徇私，我于是把我字这个圈撤去，环妻子画一圈；但弟兄在圈之外，又要说我徇私，于是把妻子这个圈撤去，环弟兄画一个圈；但邻人在圈之外，又要说我徇私，于是把弟兄这个圈撤去，环邻人画一个圈；但国人在圈之外，又要说我徇私，于是把邻人这个圈撤去，环国人画一个圈；但他国人在圈之外，又要说我徇私，这只好把本国人这个圈子撤了，环人类画一个大圈，才可谓之公。但还不能谓之公，假使世界上动植矿都会说话，禽兽一定说：你们人类为甚么要宰杀我们？未免太自私了。草木问禽兽道：你为甚么要吃我们？你也未免自私。泥土沙石问草木道：你为甚么要在我们身上吸收养料？你草木未免自私。并且泥土沙石可以问地心道：你为甚么把我们向你中心牵引？你未免自私。太阳又可问地球道：我牵引你，你为甚么不拢来，时时想向外逃走，并且还暗暗的牵引我？你地球也未免自私。再反过来说，假令太阳怕地球说它徇私，他不牵引地球，地球早不知飞往何处去了。地心怕泥土沙石说他徇私，也不牵引了，这泥土沙石，立即灰飞而散，地球就立即消火了。

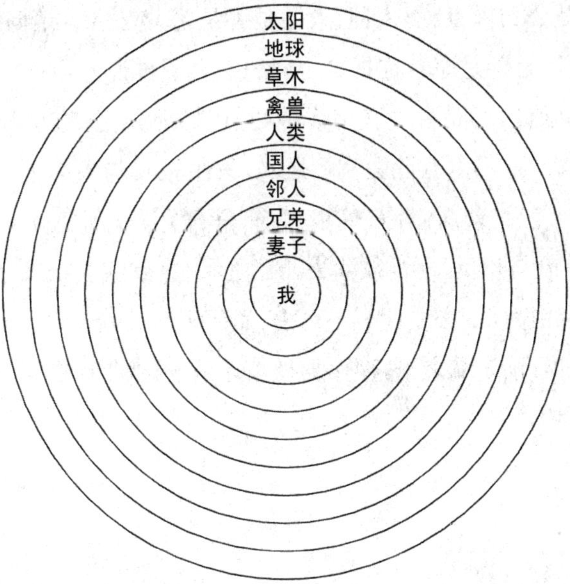

私与公的推演图

我们这样的推想，即知道：遍世界寻不出一个公字，通常所谓公，是画了范围的，范围内人谓之公，范围外人仍谓之私。又可知道：人心之私，通于万有引力，私字之除不去，等于万有引力之除不去，如果除去了，就会无人类，无世界。宋儒去私之说，如何行得通？

请问私字既是除不去，而私字留着，又未免害人，应当如何处治？应之曰：这是有办法的。人心之私，既是通于万有引力，我们用处治万有引力的法子，处治人心之私就是了。本章(丙)图，与第二章(甲)(乙)两图，大圈小圈，层层包裹，完全是地心吸力现象，厘然秩然。我们应当取法之，把人世一切事安排得厘然秩然，像天空中众星球相维相系一般，而人世就相安无事了。

人类相争相夺，出于人心之私；人类相亲相爱，也出于人心之私。阻碍世界进化，固然由于人有私心；却是世界能够进化，也全靠人有私心。由渔佃而游牧，而耕稼，而工商，造成种种文明，也全靠人有私心，在暗中鼓荡。我们对于私字，应当把他当如磁电一般，熟考其性质，因而利用之，不能徒用铲除的法子。假使物理学家，因为电气能杀人，朝朝日日，只研究除去电气的法子，我们哪得有电话电灯来使用？私字之不可去，等于地心吸力之不可去，我们只好承认其私，使人人各遂其私，你不妨害我之私，我不妨害你之私，这可说是私到极点，也即是公到极点。有人问：人性是善是恶？应之曰：请问地心吸力是善是恶？请问电气是善是恶？你把这个问题答复了再说。

孟子全部学说，乃是确定我字为中心点，扩而充之，层层放大，亲亲而仁民，仁民而爱物。他不主张除去利己之私，只主张我与人同遂其私：我有好货之私，则使居者有积仓，行者有裹粮；我有好色之私，则使内无怨女，外无旷夫。宋儒之学，恰与相反，不惟欲除去一己之私，且欲除去众人之私，无如人心之私，通于万有引力，欲去之而卒不可去，而天下从此纷纷矣。读孟子之书，蔼然如春风之生物；读宋儒之书，凛然如秋霜之杀物。故曰：宋儒学说，完全与孟子违反。

四 告子言性正确

人性本是无善无恶，也即是可以为善，可以为恶。告子的说法，任从何方面考察，都是合的。他说：“性犹湍水也。”湍水之变化，即是力之变化。我们说：“心理依力学规律而变化。”告子在二千多年以前，早用“性犹湍水也”五字把他包括尽了。

> 人性本是无善无恶，也即是可以为善，可以为恶。告子的说法，任从何方面考察，都是合的。他说：『性犹湍水也。』湍水之变化，即是力之变化。我们说：『心理依力学规律而变化。』告子在二千多年以前，早用『性犹湍水也』五字把他包括尽了。

告子曰：“性犹湍水也，决诸东方则东流，决诸西方则西流。”意即曰：导之以善则善，诱之以恶则恶。此等说法，即是《大学》上“尧舜率天下以仁而民从之，桀纣率天下以暴而民从之”的说法。孟子之驳论，乃是一种诡辩，宋儒不悟其非，力诋告子。请问《大学》数语，与告子之说有何区别？孟子书上，有“民之秉夷，好是懿德”之语，宋儒极口称道，作为他们学说的根据，但是《大学》于尧舜桀纣数语下，却续之曰：“其所令，反其所好，而民不从。”请问，民之天性，如果只好懿德。则桀纣率之以暴，是为反其所好，宜乎民之不从了，今既从之，岂不成了“民之秉夷，好是恶德”？宋儒力诋告子，而于《大学》之不予驳正，岂足服人？

孟子全部学说都很精粹，独性善二字，理论未圆满。宋儒之伟大处，在把中国学术与印度学术沟通为一，以释氏之法治心，以孔氏之法治世，入世出世，打成一片，为学术上开一新纪元，是千古不磨之功绩（其详具见拙著《中国学术之趋势》一书）。宋儒能建此种功绩，当然窥见了真理，告子所说，是颠扑不破之真理，何以反极口诋之呢？其病根在误信孟子。宋儒何以会误信孟子？则由韩昌黎启之。

昌黎曰：“尧以是传之舜，舜以是传之禹，禹以是传之汤，汤以是传之文武周公，文武周公传之孔子，孔子传之孟轲，轲之死不得其传焉。”这本是无稽之谈。此由唐时佛教大行，有衣钵真传之说，我们阅《五灯会元》一书，即知昌黎所处之世，正是此说盛行时代，他是反抗佛教之人，因创此“想当然耳”的说法，意若曰：“我们儒家，也有一种衣钵真传。”不料宋儒信以为真，创出道统五

韩愈昌黎为文，喜欢戛戛独造

说，自己欲上承孟子；告子、荀子之说，与孟子异，故痛诋之。曾子是得了孔子衣钵之人，传之子思，转授孟子，故《大学》之言，虽与告子相同，亦不驳正。

昌黎为文，喜欢戛戛独造。伊川曰："轲之死不得其传，似此言语，非是蹈袭前人，又非凿空撰得，必有所见。"即曰："非是蹈袭前人。"是为无稽之谈。既曰"必有所见"，是为"想当然耳"。昌黎之语，连伊川都寻不出来源，宋儒道统之说，根本上发生动摇，所以创出的学说，不少破绽。

程明道立意要寻"孔子传之孟轲"那个东西，初读儒书，茫无所得，求之佛老几十年，仍无所得，返而求之六经，忽然得之。请问明道所得，究竟是甚么东西？我们须知："人心之构成，与地球之构成相似：地心有引力，能把泥土沙石，有形有体之物，吸收来成为一个地球；人心也有引力，能把耳闻目睹，无形无体之物，吸收来成为一个心。"明道出入儒释道三教之中，不知不觉，把这三种原素吸收胸中，融会贯通，另成一种新理。是为三教的结晶体，是最可宝贵的东西。明道不知为创获的至宝，反举而归诸孔子，在六经上寻出些词句，加以新解，借以发表自己所获之新理，此为宋学全部之真相。宋儒最大功绩在此，其荆棘丛生也在此。

孟子言性善，还举出许多证据，如孩提爱亲，孺子入井，不忍衅钟等等。宋儒则不另寻证据，徒在四书五经上寻出些词句来研究，满纸天理人欲，人心道心，义理之性，气质之性等名词，闹得人目迷五色，不知所云。我辈读宋元学案，明儒学案诸书，应当用披沙拣金的办法，把他这类名词扫荡了，单看他内容的实质，然后他们的伟大处才看得出来，谬误处也才看得出来。

孟子的性善说和荀子的性恶说，合而为一，就合乎宇宙真理了。二说相合，即是告子性无善无不善之说。人问：孟子的学说怎能与荀子相合？我说：孟子曰"人少则慕父母，知好色则慕少艾，有妻子则慕妻子。"荀子曰："妻子具而孝衰于亲。"二人之说，岂不是一样？孟子曰："大孝终身慕父母，五十而慕者，予于大舜见之矣。"据孟子所说：满了五十岁的人，还爱慕父母，他眼睛只看见大舜一人。请问：人性的真相，究竟是怎样？难道孟荀之说，不能相合？

由此知：孟荀言性之争点，只在善与恶的两个形容词上，至于人性之观察，二人并无不同。

据宋儒的解释，孩提爱亲，是性之正，少壮好色，是形气之私，此等说法，未免流于穿凿。孩提爱亲，非爱亲也，爱其乳哺我也。孩子生下地，即交乳母抚养，则只爱乳母，不爱生母，是其明证。爱乳母与慕少艾，慕妻子，心理原是一贯，无非是为我而已。为我是人类天然现象，不能说他是善，也不能说他是恶，告子性无善无不善之说，最为合理。告子曰："食、色，性也。"孩提爱亲者，食也；慕少艾、慕妻子者，色也。食、色为人类生存所必需，求生存者，人类之天性也。故告子又曰："生之谓性。"

告子观察人性，既是这样，则对于人性之处置，又当怎样呢？告子设喻以明之曰："性犹湍水也，决诸东方则东流，决诸西方则西流。"又曰："性犹杞柳也，义犹也，以人性为仁义，犹以杞柳为。"告子这种说法，是很对的，人性无善无恶，也即是可以为善，可以为恶。譬如深潭之水，平时水波不兴，看不出何种作用，从东方决一口，可以灌田亩，利行舟，从西方决一口，可以淹禾稼，漂房舍，我们从东方决口好了。又譬如一块木头，可制为棍棒以打人，也可制为碗盏以装食物，我们制为碗盏好了。这种说法，真可合孟荀而一之。

孟子书中，载告子言性者五：曰性犹杞柳也，曰性犹湍水也，曰性之谓性，曰食色性也，曰性无善无不善也，此五者原是一贯的。朱子注食色章曰："告子之辩屡屈，而屡变其说以求胜。"原书俱在，告子之说，始终未变，而孟子亦卒未能屈之也。朱子注杞柳章，谓告子言仁义，必待矫揉而后成，其说非是。而注公都子章，则曰："气质所禀，虽有不善，而不害性之本善，性虽本善，而不可以无省察矫揉之功。"忽又提出矫揉二字，岂非自变其说乎！

朱子注"生子谓性"章说道：杞柳湍水之喻，食色无善无不善之说，纵横缪戾，纷纭舛错，而此章之误，乃其本根。殊不知告子言性者五，俱是一贯说下，并无所谓"纵横缪戾，纷纭舛错"。"生之谓性"之生字，作生存二字讲。生存为人类重心，是世界学者所公认的。告子言性，以生存二字为出发点，由是而有"食色性也"之说，有"性无善无不善"之说，又以杞柳湍水为喻，其说最为精确，而宋儒反认为根本错误，此朱子之失也。然朱子能认出"生之谓性"一句为告子学说根本所在，亦不可谓非特识。

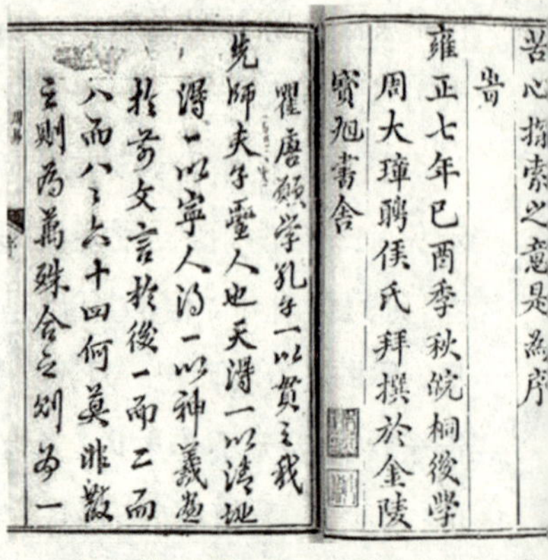

孔子赞《周易》说："天地之大德曰生

告子不知何许人，有人说是孔门之徒，我看不错。孔子赞周易，说："天地之大德曰生。"朱子以生字言性，可说是孔门嫡传。孟子学说，虽与告子微异，而处处仍不脱生字，如云："菽粟如水火，而民焉有不仁者乎？"又云："内无怨女，外无旷夫，于王何有？"仍以食色二字立论，窃意孟子与告子论性之异同，等于子夏子张论交之异同，其大旨要不出孔氏家法。孟子曰："告子先我不动心。"心地隐微之际亦知之，二人交谊之深可想。其论性之争辩，也不过朋友切磋，互相质证。宋儒有道统二字，横亘在心，力诋告子为异端，而自家之学说，则截去生字立论，叫妇人饿死，以殉其所谓节，叫臣子无罪受死，以殉其所谓忠，孟子有知，当心引告子为同调，而摈程朱于门墙之外也。

宋儒崇奉儒家言，力辟释道二家之言，在《尚书》上寻得"人心惟危，道心惟微，惟精惟一，允执厥中"四语，诧为虞廷十六字心传，遂自谓生于一千四百年以后，得不传之学于遗经。嗣经清朝阎百诗考出，这四句是伪书，作伪者采自荀子，荀子又是引用道经之语。阎氏之说，在经学界中，算是已定了的铁案，这十六字是宋儒学说的出发点，根本上就杂有道家和荀学的原素，反欲借孔子以排老子，借孟子以排荀子，遂无往而不支离穿凿。朱子曰："气质所禀，虽有不善，而不害性之本善，性虽本善，而不可以无省察矫揉之功。"请问：所禀既有不善，尚得谓之本善乎？既本善矣，安用矫揉乎？此等说法，真可谓"纵横缪戾，纷纭舛错"。以视告子扼定生存二字立论，明白简易，何啻天渊！

宋儒谓人心为人欲，盖指饮食男女而言，谓道心为天理，盖指爱亲敬兄而言。朱子中庸章句序曰："人莫不有是形，故虽上智不能无人心。"无异于说：当小孩的时候，就是孔子也会抢母亲口中糕饼；我与孺子同时，将入井，就是孔子也是只有怵惕而无恻隐。假如不是这样，小孩生下地即不会吸母亲身上之乳，长大来，看见井就会跳下去，世界上还有人类吗？道理本是对的，无奈已侵入荀子范围去了。并且"人生而静"数语，据后儒考证，是文子引老子之语，河间献王把他采入《乐记》的。《文子》一书，有人说是伪书，但也是老氏学派中人所著，可见宋儒天理人欲之说，不但侵入告子荀子范围，简直是发挥老子的学说。然则宋儒错了吗？曰不惟莫有错，反是宋儒是大功绩。假使他们立意要将孔孟的学说与老荀告诸人融合为一，反看不出宇宙真理，惟其极力反对老荀告诸人，而实质上乃与诸人融合为一，才足证明老荀告诸人之学说不错，才足证明宇宙真理实是如此。

朱子中庸章句序又曰："必使道心常为一身之主，而人心每听命焉。"主者对仆而言，道心为主，人心为仆；道心者为圣为贤之心，人心者好货好色之心；听命者，仆人职供奔走，惟主人之命是听也。细绎朱子之语，等于说：我想为圣为贤，人心即把货与色藏起，我想吃饭，抑或想及"男女居室，人之大伦"，人心就把货与色献出来，必如此，方可曰："道心常为一身之主，而人心每听命焉。"然而未免迂曲难通矣。总之，宇宙真理，人性真相，宋儒是看清楚了的，只因要想承继孟子道统，不得不拥护性善说。一方面要顾真理，一方面要顾孟子，以致触处荆棘，愈解释，愈迂曲难通。我辈厚爱宋儒，把他表面上这些渣滓扫去了，里面的精义，自然出现。

告子曰："**食色性也，仁内也，非外也，义外也，非内也。**"下文孟子只驳他义外二字，于食色二字，无一语及之，可见"食色性也"之说，孟子是承认了的。他对齐宣王说道："王如好货，与民同之，于王何有？""王如好色，与民同之，于王何有？"并不叫他把好货好色之私除去，只叫他推已及人，使人人遂其好货好色之私。后儒则不然，王阳明传习录曰："无事时，将好货好色好名等私，逐一追究搜寻出来，定要拔去病根，永不复起，方始为快。常如猫之捕鼠，一眼看着，一耳听着，才有一念萌动，即与克去，斩钉截铁，不可姑容，与他方便，不可窝藏，不可放他出路，方能扫除廓清。"这种说法，仿佛是：见了火会烧房子，就叫人以后看见一星之火，立

王阳明是极有涵养的人，平日讲学，任如何问难，总为勤勤恳恳的讲说，何以门人这一问，他就动气，始终未把道理说出？我们要仔细研究研究

即扑灭，断绝火种，方始为快，律以孟子学说，未免大相径庭了。

传习录又载："一友问：欲于静坐时，将好色好货等根逐一搜寻出来，扫除廓清，恐是剜肉做疮否？先生正色曰：这是我医人的方子，真是去得人病根。更有大本事人，过了十余年，亦还用得着，你如不用，且放起，不要作坏我的方法。是友愧谢。少间曰：此量非你事，必吾门稍知意思者，为此说以误汝。在坐者悚然。"我们试思：王阳明是极有涵养的人，平日讲学，任如何问难，总为勤勤恳恳的讲说，何以门人这一问，他就动气，始终未把道理说出？又何以承认说这话的人，是稍知意思者呢？这就很值得研究了。

怵惕与恻隐，同是一物，天理与人欲，也同是一物，犹之烧房子者是火，煮饭者也是火，宋明诸儒，不明此理，把天理人欲看为截然不同之二物。阳明能把知行二者合而为一，能把明德亲民二者合而为一，能把格物致知诚意正心修身五者看作一事，独不能把天理人欲二者看作一物，这是他学说的缺点，门人这一问，正击中他的要害，所以就动起气来了。

究竟剜肉做疮四字，怎样讲呢？肉喻天理，疮喻人欲，剜肉做疮者，误天理为人欲，去人欲即伤及天理也。门人的意思，即是说："我们如果见了一星之火，即把他扑灭，自然不会有烧房子的事，请问拿甚么东西来煮饭呢？换言之，把好货之心连根去尽，人就不会吃饭，岂不饿死吗？把好色之心连根去尽，就不会有男女居室之事，人类岂不灭绝吗？"这个问法，何等利害！所以阳明无话可答，只好忿然作色。此由阳明沿袭宋儒之说，力辟告子，把"生之谓性"和"食色性也"二语，欠了体会之故。

阳明研究孟荀两家学说，也未彻底。传习录载阳明之言曰："孟子从源头上说来，荀子从流弊上说来。"我们试拿孟子所说"怵惕恻隐"四字来研究，由怵惕而生出恻隐，怵惕是"为我"之念，恻隐是"为人"之念，"为我"扩大，则为"为人"。怵惕是源，恻隐是流。荀子学说，从为我二字发出，孟子学说从为人二字发出。荀子所说，是否流弊，姑不深论，怵惕之上，是否尚有源头，我们也不必深考，惟孟子所说恻隐二字，确非源头。阳明说出这类话，也是由于读孟子书，忘却恻隐上面还有怵惕二字的原故。

传习录是阳明早年讲学的语录，到了晚年，他的说法，又不同了。《龙溪语录》载，钱绪山谓"无善无恶心之体，有善有恶意之动，知善知恶是良知，为善去恶是格物”四语，是师门定本。王龙溪谓：“若悟得心是无善无恶之心，亦即是无善无恶之意，知即是无善无恶之知，物即是无善无恶之物。”时阳明出征广西，晚坐天泉桥上，二人因质之。阳明曰：汝中（龙溪字）所见，我久欲发，恐人信不及，徒增躐等之弊，故含蓄到今，此是傅心秘藏，颜子问道所不敢言。今既说破，亦是天机该发泄时，岂容复秘！阳明至洪都，门人三百余人来请益，阳明曰：“吾有向上一机，久未敢发，以待诸君之自悟，近被王汝中拈出，亦是天机该发泄时。”明年广西平，阳明归，卒于途中。龙溪所说，即是将天理人欲打成一片，阳明直到晚年，才揭示出来。因此知：门人提出剜肉做疮之问，阳明正色斥之，并非说他错了，乃是恐他躐等。

钱德洪极似五祖门下之神秀，王龙溪极似慧能。德洪所说，即神秀“时时勤拂拭”之说也，所谓渐也。龙溪所说，即慧能“本来无一物”之说也，所谓顿也。阳明曰：“汝中须用德洪工夫，德洪须透汝中本旨，二子之见，止可相取，不可相病。”此顿悟渐修之说也。龙溪语灵，所讲的道理，几于六祖坛经无异。此由心性之说，惟佛氏讲得最精，故王门弟子，多归佛氏，程门高弟，如谢上蔡、杨龟山诸人，后来也归入佛氏。佛家言性，亦谓之无善无恶，与告子之说同。宇宙真理，只要研究得彻底，彼此虽不相师，而结果是相同的。阳明虽信奉孟子性善说，卒之倡出“无善无恶心之体”之语，仍走入告子途径。儒家为维持门户起见，每日“无善无恶，是为至善”。这又流于诡辩了，然则我们何尝不可说：“无善无恶，是为至恶”呢？

有人难我道：告子说：“性无善无不善。”阳明说：“无善无恶心之体。”一个言性，一个言心之体，何为混为一谈？我说道：性即是心之体，有阳明之言可证。阳明曰：“心统性情，性心体也，情心用也，夫体用一源也。知体之所以为用，则知用之所以为体矣。”性即是心之体，这是阳明自己加的解释，所以我说：阳明的说法，即是告子的说法。

吾国言性者多矣，以告子无善无不善之说最为合理。以医病喻之，“生之谓性”和“食色性也”二语，是病源，杞柳湍水二喻，是治疗之方。孟荀杨墨申韩诸人，俱是实行疗病的医生，有喜用热药的，有喜用凉药的，有喜用温补的，药方虽不同，用之得宜，皆可起死回生。我们平日把病源研究清楚，各种治疗技术俱学会，看病情如何变，施以何种治疗即是了。

治国者，首先用仁义化之，这即是使用孟子的方法，把一般人可以为善那种天性诱导出来。善心生则恶心消，犹之治水者，疏导下游，自然不会有横溢之患。然人之天性，又可以为恶，万一感化之而无效，敢于破坏一切，则用申韩之法严绳之，这就等于治水者之筑堤防。治水者疏导与堤防二者并用，故治国者仁义与法律二者并用。**孟子言性善，是劝人为善；荀子言性恶，是劝人去恶。为善去恶，原是一贯的事，我们会通观之可也。**

持性善说者，主张仁义化民；持性恶说者，主张法律绳民。孟子本是主张仁义化民的，但他又说道："徒痒不足以为政，徒法不能以自行。"则又是仁义与法律二者并用，可见他是研究得很彻底的，不过在讲学方面，想独树一帜，特标性善二字以示异罢了。我们读孟子书，如果除去性善二字，再除去诋杨墨为禽兽等语和告子论性数章，其全部学说，都粹然无疵。

世界学术，分三大支，一中国，二印度，三西洋。最初印度学术，传入中国，与固有学术发生冲突，相推相荡，经过了一千多年，程明道出来，把他打通为一，以释氏之法治心，以孔子之法治世，另成一种新学说，即所谓宋学。这是学术上一种大发明。不料这种学说，刚一成立，而流弊跟着发生，因为明道死后，他的学说，分为两派，一派为程（伊川）朱，一派为陆王。明道早死，伊川享高寿，宋学中许多不近人情的议论，大概属乎伊川这一派。

朱子发现了一个道理，不敢说是自己发现的，只好就《大学》"格物致知"四字解释一番

中国是尊崇孔子的国家，朱子发见了一个道理，不敢说是自己发见的，只好就《大学》"格物致知"四字解释一番，说我这种说法，是为孔门真传。王阳明发见了一个道理，也不敢说是自己发见的，乃将《大学》"格物致知"四字加一番新解释，说道：朱子解释错了，我的说法，才是孔门真传。所以我们研究宋明诸儒的学说，最好的办法，是把我们所用名词及一切术语扫荡了，单看他的内容。如果拿浅俗的话来说，宋明诸儒的意思，都是说：凡人要想为圣为贤，必须先将心地弄好，必须每一动念，即自己考察，善念即存着，恶念即克

去，久而久之，心中所存者，就纯是善念了。关于这一层，宋明诸儒的说法，都是同的。惟是念头之起，是善是恶，自己怎能判别呢？在程朱这一派人说道：你平居无事的时候，每遇一事，就细细研究，把道理融会贯通了，以后任一事来，你都可以分别是非善恶了。陆王这一派说道：不需那么麻烦，你平居无事的时候，把自家的心打扫得干干净净，如明镜一般，无纤毫渣滓，以后任一事来，自然可以分别是非善恶。这就是两派相争之点。在我们想来，一面把自家心地打扫得干干净净，一面把外面的事研究得清清楚楚，岂不是合程朱陆王而一之？然而两派务必各执一词，各不相下。此正如孟荀性善性恶之争，于整个道理中，各截半面以立论，即成对峙之两派，是之谓门户之见。

孙中山先生曾说：马克思信徒，进一步研究发明了“生存为历史重心”的说法，而告子在二千多年以前，已有“生之谓性”一语，这是值得研究的。达尔文生存竞争之说，合得到告子所说“生之谓性”。达尔文学说，本没有错，错在因生存竞争而倡言弱肉强食，成了无界域之竞争，已经达到生存点了，还竞争不已，驯至欧洲列强，掠夺弱小民族生存的资料，以供其无厌之欲壑。尼采则由达尔文之说更推进一步，倡超人主义，谓爱他为奴隶道德，谓剿灭弱者为强者天职，因而产出德皇维廉第二，造成第一次世界大战；产出墨索里尼、希特勒和日本军阀，又造成第二次世界大战。推原祸始，实由达尔文对于人生欠了研究之故。假使达尔文多说一句曰：“竞争以达到生存点为止。”何至有此种流弊？

孙中山先生曾说过，告子在二千多年以前有“生之谓性”一语和马克思主义者“生存为历史重心”的说法是一致的

中国之哲学家不然，告子“食色性也”的说法，孟荀都是承认了的，荀子主张限制，不用说了，孟子对于食字，只说到不饥不寒，养生丧死无憾为止，对于色字，只说到无怨女无旷夫为止，达到生存点，即截然止步，虽即提倡礼义，因之有“衣食足而礼义兴”的说法，这是中国一贯的主张，绝莫有西洋学说的流弊。

进化论的提出者达尔文

欲世界文明，不能于西洋现行学说中求之，当于我国固有学说中求之。我国改革经济政治，与夫一切制度，断不能师法欧美各国。即以宪法一端而论，美国宪法，算是制得顶好的了，根本上就有问题。美国制宪之初，有说人性是善的，主张地方分权，有说人性不能完全是善，主张中央集权，两派之争执，经过许久，最终后一派战胜，定为中央集权（详见孙中山先生民权主义），此乃政争上之战胜，非学理上之战胜，岂足为我国师法？据我们的研究，人性乃是无善无恶的，应当把地方分权与中央集权融合为一，制出来的宪法，自地主看之，则为地方分权，自中央看之，则为中央集权，等于浑然的整个人性，自孟子看之，则为性善，自荀子看之，则为性恶。

古今中外，讨论人性者，聚讼纷如，莫衷一是，惟有告子性无善无不善之说，证以印度佛氏之说，是合的。他说："生之谓性。"律以达尔文生存竞争之说是合的，律以马克思信徒"生存为历史重心"之说，也是合的。至于他说："食色性也。"现在的人，正疯狂一般向这二字奔去，更证明他的观察莫有错。我们说："心理依力学规律而变化。"而告子曰："性犹湍水也。"水之变化，即是力之变化，我们这条臆说，也逃不出他的范围。性善性恶之争执，是我国二千多年未曾解决之悬案，我们可下一断语曰：告子之说是合理的。

五 心理依力学规律而变化

宇宙之内，由离心向心两力互相作用，才生出万有不齐之事事物物，表面上看去，似乎参差错乱，其实有一定不移之轨道。人与物，造物是用一种大力，同样鼓铸之，故人事与物理相通。离心力与向心力，二者互相为变，所以世上有许多事，我们强之使合，他反转相离，有时纵之使离，他双自行结合了。疯狂的人，想逃走的心，与禁锢的力成正比例，越禁锢得严，越是想逃走，有时不禁锢他，他反不想逃走了。父兄约束子弟，要明白这个道理，官吏约束百姓，也要明白这个道理。

疯狂的人，想逃走的心，与禁锢的力成正比例，越禁锢得严，越是想逃走，有时不禁锢他，他反不想逃走了。父兄约束子弟，要明白这个道理，官吏约束百姓，也要明白这个道理。

秦政苛虐，群盗蜂起，文景宽大，民风反转浑朴起来，其间确有规律可寻，并非无因而至。我们手搓泥丸，是增加向心力，越搓越紧，若是紧到极点，即是向心力到了极点，再用大力搓之，泥丸立即破裂，呈一种离现象。水遇冷则收缩，是向心现象，越冷越收缩，到了摄氏四度，再加冷也呈离心现象，越冷越膨胀，可知离心向心，本是一力之变。比方我们持一针向纸刺去，愈前进距纸愈近，这是向心现象，刺破了纸，仍前进不止，即愈前进距纸愈远，变为离心现象，此针进行之方向，并未改变，却会生出两种现象。因为凡物都有极限，水以摄氏四度为极限，纸以纸面为极限，过了极限，就会生反对的现象，父兄约束子弟，官吏约束百姓，须察知极限点之所在。

由上面之理推去，地球之成毁，也就可知了，地球越冷越收缩，到了极限点，呈反对现象，自行破裂，散为飞灰，迷漫太空，现在的地球，于是告终。又由引力的作用，历若干年，又生出新地球。我们身体上之物质，将业是要由现在这个地球介绍到新地球去的。人身体的物质，世世生生，随力学规律旋转，所以往古来今的人的心理，都是随力学规律旋转。

万物有引力，万物有离力，引力胜过离力，则其物存，离力胜过引力，则其物毁。目前存在之物，都是引力胜过离力的，故有万有引力之说，其离力胜过引力之物，早已消灭，无人看见，所以万有离力一层，无人注意。

地球是现存之物，故把地面外的东西向内部牵引，心是现存之物，故把六尘缘影向内部牵引，小儿是求生存之物，故看见外面的东西，即取来放入自己口中。人类是求生存之物，故见有利己之事，即牵引到自己身上去。天然的现象，无一不向内部牵引，地球也，心也，小儿也，人类也，将来本是要由万有离力作用，消归乌有的，但是未到消灭的时候，他那向内部牵引之力，无论如何，是不能除去的，宋儒去私之说，怎能办得到？

人心之私，既不能除去，我们只好承认其私，把人类画为一大圈，使之各遂其私，人人能够生存，世界才能太平。我们人类，当同心协力，把圈外之禽兽草木地球（如本书第三章丙圈）当作敌人，搜取他的宝物，与人类平分，这才是公到极点。也可以说是私到极点。如其不然，徒向人类夺取财货，世界是永不得太平的。

心理之变化，等于水之变化，水可以为云雨，为霜露，为冰雪，为江湖，为河海，时而浪静波恬，时而崩腾澎湃，变化无方，几于不可思议，而科学家以力学规律绳之，无不一一有轨道可循。

人的心理，不外相推相引两种作用，自己觉得有利的事，就引之使近，自己觉得有害的事，就推之使远。人类因为有此心理，所以能够相亲相爱，生出种种福利；又因为有此心理，所以会相争相夺，生出种种惨祸。主持政教的人，当用治水之法，疏凿与堤防二者并用。得其法，则行船舟，灌田亩，其利无穷，不得其法，则漂房舍，杀人畜，其害也无穷。宋儒不明此理，强分义理之性，气质之性，创出天理人欲种种说法，无异于说，行船舟，灌田亩之水，其源出于天，出于理，漂房舍杀人畜之水，出于人，出于气。我不知一部宋元明清学案中，天人理气等字，究竟是什么东西，只好说他迂曲难通。

我们细察己心，种种变化，都是依着力学规律走的，狂喜的时候，力线向外发展，恐惧的时候，力线向内收缩。遇意外事变，欲朝东，东方有阻，欲朝西，西方有碍，力线转折无定，心中就呈慌乱之状。对于某种学说，如果承认他，自必引而受之，如果否认他，自必推而去之，遇一种学说，似有理，似无理，引受不可，推去不能，就成孤疑态度。

我心推究事理，依直线进行之例，一直前进，推至甲处，理不可通，即折向乙处，又不可通，即折向丙处，此心之曲折，与流水之迂回相似。水本是以直线进行的，虽是迂回百折，仍不外力学规律。我们的心，也是如此。此外尚有种种现象，细究之，终不外推之引之两种作用。有时潜心静坐，万缘寂灭，无推引者，亦无被推引者，如万顷深潭，水波不兴，即呈一种恬静空明之象。此时之心，虽不显何作用，其实千百种作用，都蕴藏在内。人之心理，与磁电相通，电气中和的时候，毫无作用，一作用起来，其变态即不可思议。我们明白磁电的理，人的心理，就可了然了。

水虽是以直线进行，但把他放在器中，它就随器异形，器方则方，器圆则圆，人的心理，也是如此。人有各种嗜欲，其所以不任意发露者，实由于有一种拘束力，把他制住。拘束力各人不同，有受法律的拘束，有受清议的拘束，有受金钱的拘束，有受父兄师长朋友的拘束，有受因果报应及圣贤学说的拘束，种种不同，只要把他心中的拘束力除去，他的嗜欲，立时呈露，如贮水之器，有了罅漏，即向外流出一般。

贪财好色之人，身临巨祸，旁人看得清清楚楚，而本人则茫然不知。因为他的思想感情，依直线进行公例，直线在目的物上，两旁的事物，全不能见。譬如寒士想做官，做了官还嫌小，要做大官，做了大官，还是向前不止；袁世凯做了大总统，还想做皇帝。秦皇汉武，做了皇帝，在中国称尊，还嫌不足，要起兵征伐四夷，四夷平服了，又要想做神仙。这就是人类嗜欲依直线进行的明证。

袁世凯做了大总统，还想做皇帝。这就是人类嗜欲依直线进行的明证

耶教志在救人，以博爱为主旨，其教条是："有人批我左颊者，并以右颊献上。"乃新旧教之争，酿成血战惨祸，处置异教徒，有焚烧酷刑，竟与教旨显背，请问这是甚么道理？法国革命，以自由平等博爱相号召，乃竟杀人如麻，稍有反对的或形迹可疑的，即加诛戮，与所标主旨全然违反，这又是甚么道理？我们要解释这个理由，只好求之力学规律。

卢梭坚持自然神论，反对无神论，唯心主义是他哲学思想的主要倾向

耶稣、卢梭的信徒，只知追求他心中之目的物，热情刚烈，犹如火车开足了马力向前奔走一般，途中人畜无不被其碾毙。凡信各种主义的人，都可本此公例求之。

凡事即都有变例，如本书乙甲两图，是指常例而言，是指静的现象而言，是指未加外力而言，若以变例言之，则有帮助外人攻击其兄者，则有爱花，爱石，爱山水，而忘其身命者。语云："忠臣不事二君，烈女不嫁二夫。"心中加了一个忠字、烈字，往往自甘杀身而不悔。又云："慷慨赴死易，从容就义难。"慷慨者，动的现象也，从容者，静的现象也。中日战争，我国许多无名战士，身怀炸弹，见日本坦克车来，即奔卧道上，己身与敌人同尽，彼其人既不为利，复不为名，而有此等举动，其故何哉？孟子曰："所欲有甚于生者，所恶有甚于死者。"盖我之外，另有一物，为其视线所注也。耶稣、卢梭信徒，求达目的，忘却信条，吾国志士，求达目的，忘却己身，此其间确有一定的轨道，故老子曰："民不畏死，奈可以死惧之。"目的可以随时转变，其表现出来者，遂有形形色色之不同，然而终不外力学规律。我们悟得此理，才可以处理事变，才可以教育民众。

老子曰："民不畏死，奈可以死惧之"

人的思想感情，本是以直线进行，便表现出来，却有许多弯弯曲曲、奇奇怪怪的状态，其原因出于人群众多，力线交互错综，相推相引，又加以境地时时变迁，各人立足点不同，观察点不同，所以明明是直线，转变成曲线。例如：我们取一块直线板，就在黑板上，用白墨顺着直线板画一线，此线当然是直线，假使画直线之时，黑板任意移动，结果所画之线，就成为曲线了。我们如把爱因斯坦的相对论运用到人事上，就可把这个道理解释明白。

人人有一心，即人人有一力线，各力线俱向外发展，宜乎处处冲突，何以平常时，冲突之事不多见？因为力线有种种不同：有力与力不相交的，此人做甲事，彼人做乙事，各不相涉。有力与力相消的，例如有人起心，想害某人，旋想他的本事也大，我怕敌他不过，因而中止。有力与力相合的，例如抬轿的人，举步快慢，自然一致。有力与力相需的，例如卖布的和缝衣匠，有布无人缝，有人缝无布卖，都是不行，相需为用，自然彼此相安。又有大力制止了小力的，例如小孩玩得正高兴的时候，父母命他作某事，他心中虽是不愿，仍不能不作，是父母之力把他的反对力制服了。又如交情深厚的朋友，小有违忤，能够容忍，因为彼此间的凝结力很大，小小冲突之力，不能表现。诸如此类，我们下细考察，即知人与人相接，力线交互错综，如网一般，有许多线，不惟不冲突，反是相需相成，人类能够维系，以生存于世界，就是这个原因。

通常的人，彼此之力相等，个个独立，大本事人，其力大，能够把他前后左右几个人吸引来成一个团体，成了团体以后，由合力作用，其力更大，又向外面吸引，越吸引越大，其势力就遍于天下。东汉党人，明季党人，就是这种现象。如果同时有一人，力量也大，不受他的吸引，并且把自己前后左右几个人吸引成一团体，也是越吸引越大，就成了对峙的两党。宋朝王安石派的新党，司马光派的旧党，是这种现象，程伊川统率的洛党，苏东坡统率的蜀党，也是这种现象，现在各党之对峙，也是这种现象。两党相遇，其力线之轨道，与两人相遇一样。凡当首领的人，贵在把内部冲突之力取消，一致对外，如其不然，他那团体，就会自行解散。有些团体，越受外界压迫，越是坚固，有些一受压迫，即行解体，其原因即在那当首领的人，能否统一内部力线，不关乎外力之大小。

有人说：群众心理，与个人心理不同，个人独居的时候，常有明了的意识，正当的情感，一遇群众动作，身入其中，此种意识情感，即完全消失，随众人之动作为动作。往往有平日温良谦让的人，一入群众之中，忽变而为犷厉嚣张，横不依理的暴徒。又有平日柔懦卑鄙的人，一入群众之中，忽变而为热心公义，牺牲身命的志士。法人黎朋著《群众心理》一书，历举事实，认为群众心理，不能以个人心理解释之，其实不然，我们如果应用力学规律，就可把这个道理说明。

人人有一心，即人人有一力，一人之力，不敌众人之力，群众动作，身入其中，我一己之力，被众人之大力相推相荡，不知不觉，随同动作，以众人的意识为意识，众人的情感为情感，自己的脑筋，就完全失去自主的能力了。因为有这个道理，所以当主帅的人，才能驱千千万万的平民效命疆场，当首领的人，才能指挥许多党徒为杀人放火的暴行。

个人独居的时候，以自己之脑筋为脑筋，群众动作，是以首领之脑筋为脑筋。当首领的人，只要意志坚强，就可指挥如意。史称："李光弼入军，号令一施，旌旗变色。"欲语说："强将手下无弱兵"，就是这个道理。

水之变化，依力学规律而变化，吾人心理之变化，也是依力学规律而变化，每每会议场中，平静无事，忽有一人登台演说，慷慨激昂，激情立即奋发，酿成重大事变，此会议场中的众人，犹如深潭的水一般，堤岸一崩，水即汹涌而出，漂房舍，杀人畜，势所不免。所以我们应付群众暴动的方法，要取治水的方法，其法有三：(1)如系堰塘之水，则登高以避之，等他流干了，自然无事；(2)如系有来源之水，则设法截堵，免其横流；(3)或疏通下游，使之向下流去。水之动作，即是力之动作，我们取治水之法，应付群众，断不会错。

两力平衡，才能稳定，万事万物以平为归，水不平则流，物不平则鸣，资本家之对于劳工，帝国主义之对于弱小民族，不平太甚，可断定他终归失败。处顺利之境，心要变危，处忧危之境，又要有一种迈往之气，使发散收缩二力保其平衡，才不失败。达而在上的人，态度要谦逊，穷而在下的人，志气要高亢，不如此则不平。倘若在上又高亢，我们必说他骄傲，在下又谦逊，我们必说他卑鄙。此由我们的心，是一种力结成的，力以平为归，所以我们的心中，藏得有一个平字，为衡量万事万物的标准，不过自己习而不察罢了。心中之力，与宇宙之力，是相通的，故我之一心，可以衡量万物，王阳明的学说，就是从这个地方生出的。

六 人事变化之轨道

我们既说“心理依力学规律而变化”，力之变化，可用数学来说明，故心理之变化，也可用数学来说明。力之变化，可绘出图来，寻求他的轨道。一部二十五史，是人类心理留下的影像，我们取历史上的事，本力学规律，把他绘出图来，即知人事纷纷扰扰，皆有一定的轨道。作图之法，例如心中念及某事，即把那作为一个物体。心中念及他，即是心中发出一根力线，与之连结。心中喜欢他，即是想把他引之使近，如不喜欢，即是想把他推之使远，从这相推相引之中，就可把轨道寻出来。

一部二十五史，是人类心理留下的影像，我们取历史上的事，本力学规律，把他绘出图来，即知人事纷纷扰扰，皆有一定的轨道。

孙子曰：“吴人越人相恶也，当其同舟共济而遇风，其相救也，如左右手。”这是舟将沉下水，吴人越人，都想把舟拖出水来，成了方向相同的合力线，所以平日的仇人都会变成患难相救的好友。凡是历史上的事，都可本此法把他绘图研究。

韩信背水阵，置之死地而后生，是汉兵被陈馀之兵所压迫，前面是大河，是死路，惟有转身去，把陈馀之兵推开，才有一条生路。人人如此想，即成了方向相同之合力线，所以乌合之众，可以团结为一。其力线之方向，与韩信相同，所以韩信就坐收成功了。

张耳、陈馀，称为刎颈之交，算是至好的朋友。后来张耳被秦兵围了，求陈馀救之，馀畏秦兵强，不肯往，二人因此结下深仇。这是张耳将秦兵向陈馀方面推去，陈馀又将秦兵向张耳方面推来，力线方向相反，所以至好的朋友，会变成仇敌，卒之张耳帮助韩信，把陈馀杀死水之上。

孙子曰：“吴人越人相恶也，当其同舟共济而遇风，其相救也，如左右手

嬴秦之末，天下苦秦苛政，陈涉振臂一呼，山东豪俊，一齐响应，陈涉并未派人去联合，何以会

陈涉振臂一呼，山东豪俊，一齐响应

一齐响应呢？这是众人受秦的苛政久了，人人心中，都想把他推开，利害相同，心理相同，就成了方向相同之合力线，不消联合，自然联合。

刘邦项羽，起事之初，大家志在灭秦，目的相同，成了合力线，所以异姓之人，可以结为兄弟。后来把秦灭了，目的物已去，现出了一座江山，刘邦想把他抢过来，项羽也想把他抢过来，力线相反，异姓兄弟就血战起来了。

再以高祖与韩彭诸人的关系言之，当项羽称霸的时候，高祖心想：只要把项羽杀死，我就好了。韩彭诸人也想：只要把项羽杀死，我就好了。思想相同，自然成为合力线，所以垓下会师，立把项羽杀死。项羽既灭，他们君臣，无合力之必要，大家的心思，就趋往权利上去了。但是权利这个东西，你占多了，我就要少占点，我占多了，你就要少占点，力线是冲突的，所以高祖就杀起功臣来了。

唐太宗取隋事成之后弟兄之间相互残杀

唐太宗取隋，明太祖取元，起事之初，与汉朝一样，事成之后，唐则弟兄相杀，明则功臣族灭，也与汉朝无异。大凡天下平定之后，君臣力线，就生冲突，君不灭臣，臣就会灭君，看二力之大小，定彼此之存亡。李嗣源佐唐庄宗灭梁灭契丹，庄宗之力，制他不住，就把庄宗的天下夺去了。赵匡胤佐周世宗破汉破唐，嗣君之力，制他不住，也把周之天下夺去了。这就是刘邦不杀韩彭诸人的反面文字。

光武平定天下之后，邓禹、耿诸人，把兵权交出，闭门读书，这是看清了光武的路线，自己先行走开。宋太祖杯酒释兵权，这是把自己要走的路线明白说出，叫他们自家让开，究其实，汉光武、宋太祖的心理，与汉高祖的心理是一样，我们不能说汉高祖性情残忍，也不能说汉光武、宋太祖度量宽宏，中能说是一种力学公例。

岳飞想把中原挽之使南，秦桧想把中原推之使北，岳飞想把徽钦挽之使南，高宗想把徽钦推之使北，高宗与秦桧，成了方向相同之合力线，其方向恰与岳飞相反，岳飞一人之力，不敌高宗、秦桧之合力，故三字冤成，岳飞不得不死。

岳飞只懂军事，不懂政治

历史上凡有阻碍路线的人，无不遭祸，刘先帝杀张裕，诸葛亮请其罪，先帝曰："芳兰生门，不得不锄。"芳兰何罪？罪在生非其地。赵太祖伐江南，徐铉乞缓师，太祖曰："卧榻之侧，岂容他人酣睡。"酣睡何罪？罪在睡非其地。古来还有件奇事：狂裔华士、昆弟二人，上不臣天下，下不友诸侯，耕田而食，凿井而饮，这明明是空谷幽兰，酣睡自家榻上，宜乎可以免祸了；太公至营丘，首先诛之，这是甚么道理呢？因为太公在那个时候，挟爵禄以驱遣豪杰，偏偏有两个不受爵禄的，横亘前面，这仍是阻了路线，如何容他得过？太公是圣人，狂裔华士是高士，高士阻了路线，圣人也容他不过，这可说是普通公例了。

逢蒙杀羿，是先生阻了学生之路，吴起杀妻，是妻子阻了丈夫之路，高祖分羹，是父亲阻了儿子之路，乐羊子食羹，是儿子阻了父亲之路，周公诛管蔡，唐太宗诛建成、元吉，是兄阻弟之路、弟阻兄之路。可见力线冲突了，就是父子兄弟夫妇，都不能幸免的。王猛明白这个道理，见了桓温，改仕苻秦；殷浩不然，即遭失败。范蠡明白这个道理，破了吴国，泛舟五湖；文种不然，即被诛戮。此外如韩非囚秦，子胥伏剑，嵇康见诛，阮籍免祸，我们试把韩非诸人的事实言论考一下，又把杀韩非的李斯，杀子胥的夫差，和容忍阮籍、诛戮嵇康的司马昭各人心中注意之点寻出，考他路线之经过，即知道：或冲突，或不冲突，都

王安石“天变不足畏，人言不足恤，祖宗不足法。”这话盛气凌人，难免有人会不舒服了

有一定的公例存乎其间。

王安石说：“**天变不足畏，人言不足恤，祖宗不足法**。”道理本是对的，但他在当日，因这三句话，得了重谤，我们今日读了，也觉得他盛气凌人，心中有点不舒服，假使我们生在当日，未必不与他冲突。陈宏谋说：“是非审之于己，毁誉听之于人，得失安之于数。”这三句话的意义，本是与王安石一样，而我们读了，就觉得这个人和蔼可亲。这是甚么道理呢？因为王安石仿佛是横亘在上，凡有“天变”、“人言”、“祖宗”从路上经过，都被他拒绝转去。陈宏谋是把己字、人字、数字，列为三根平行线，彼此不相冲突。我们听了王安石的话，不知不觉，置身“人言不足恤”那个人字中，听了陈宏谋的话，不知不觉，置身“毁誉听之于人”那个人字中，我们心中的力线，也是喜欢他人相让，不喜欢他人阻拦，所以不知不觉，对于王陈二人的感情就不同了。我们如果悟得此理，应事接物，有无限受用。

力学中有偶力一种，也值得研究。宋朝王安石维新，排斥旧党，司马光守旧，排斥新党，两党主张相反，其力又复相等。自力学言之：“两力线平行，强度相等，方向相反，是为偶力作用。”磨子之旋转不已，即是此种力之表现。宋自神宗以来，新旧两党，迭掌政权，相争至数十年之久，宋室政局遂如磨子一般，旋转不已，致令金人侵入，酿成南渡之祸。我国辛亥而后，各党各派，抗不相下，其力又不足相胜，成了偶力作用，政局也如磨子般旋转，日本即乘之而入。

人世一切事变，乃是人与人接触发生出来的，一个人，一个我，我们可假定为数学上之二元，一个 Y，一个 X，依解析几何，可得五线：(1)二直线；(2)圆；(3)抛物线；(4)椭圆；(5)双曲线。人事千变万化，总不外人与人相接，所以任如何逃不出这五种轨道。本章前面所举诸例，皆属乎二直线，第二章甲乙两图，第三章之丙图，则属乎圆，此外还有抛物、椭圆、双曲线三种，叙述如下：

甚么是抛物线呢？我们向外抛出一石，这是一种离心力，地心吸力，吸引此石，是一种向心力，石之离心力，冲不破地心吸力，终于下坠，此石所走之路线，即是抛物。弱小民族，对于列强所走路线，是抛物线。例如：高丽人民想独立，这是对于日本生出一种离心力，而日本用强力把它制伏下去。冲不破日本的势力范围，等于抛出之石，冲不破地心吸力，终于坠地一般。

我们抛出之石，假定莫得地面阻挡，此石会绕过地心，仍回到我之本位，而旋绕不已，成为地球绕日状态。这种路线，名曰椭圆，是离心力和向心力二者结合而成。自数学上言之，有一点至两定点之距离，其和恒等，此点之轨迹，名曰椭圆，其和恒等者，即其值恒等之谓也。买卖之际，顾客交出金钱，店主交出货物，二者之值相等，即可看作一物。这是顾客抛出一物，绕过店主，回到他的本位，在店主方面看来，也是抛出一物，绕过顾客，回到他的本位，成一种椭圆形，买卖二家，就心满意足了。顾客有金钱，必定向某店购买，这是离心力，但他店中的货物，足以引动顾客，又具有引力。店主有货物，必定卖与某客，这是离心力，但他怀中的金钱，足以引动店主，又具有引力。由引力离力的结合，顾客出金钱，店主出货物，各遂所欲，交易遂成，是为椭圆状态。

又如自由结婚，某女不必嫁某男，而某男这爱情，足以系引他，某男不必定娶某女，而某女之爱情，足以系引他，引力离力，保其平衡，也系椭圆状态。

地球绕日，引力和离力，两相平衡，成为椭圆状态，故宇宙万古如新。社会上一切组织，必须取法这种状态，才能永久无弊。我国婚姻旧制，由父母主持，一与之齐，终身不改，缺乏了离力，所以男女两方，有时常感痛苦。外国资本家专横，工人不入工厂做工，就会饿死，离不开工厂，缺乏了离力，所以要社会革命。至若有离力而无引力，更是不可，上古男女杂交，子女知有母而不知有父，这是缺乏了引力。我国各种团体，有如散沙，也是缺乏了引力，所以政治家创一制度，不可不把离心向心二力配置均平。

有一点至两定点之距离，其差恒等，此点之轨迹，名曰双曲线，其形状，有点像两张弓反背相向一般。凡两种学说，成两种行事，背道而驰，可称为走入双曲线轨道。例如性善说和性恶说，二者恰相反对，对方俱持之有故，言之成理，越讲得精微，相差越远，犹如双曲线越引越长，相离越远一样，究其实，无非性善恶之差，是谓其差恒等。又如入世间法，和出世间法，二者是背道而驰的，利己主义，和利人主义，二者也是背道而驰的，凡此种种，皆属乎双曲线。椭圆绘出图来，有两个心，双曲线绘出图来，也有两个心，椭圆之图，是两心相向，双曲线之图，是两心相背，所以我与人走入椭圆轨道，彼此相需相成，若走入双曲线轨道，心理上就无在不背道而驰。我们把各种力线详加考察，即知我与人相安无事之路线有四：(1)不相交之线。我与人目的物不同，路线不同，各人向着目的物进行，彼此不生关系。平行线，是永远不相交，有时虽不平行，而尚未接触，亦不生关系；(2)合力线。我与人利害相同，向着同一之目的进行，如前面所说吴越人同舟共济是也；(3)圆形宇宙事事物物，天然是排得极有秩序的。详玩甲乙丙三图，即知凡事都有一定范围，我与人有一定的界限，倘能各守界线，你不侵我之范围，我不侵你之范围，彼此自然相安；(4)椭圆形。前面所说自由贸易、自由结婚等是也。凡属权利义务相等之事，皆属乎此种。

四线中，第一、第三两种线的结果，是利己而无损于人，或利人而无损于己。第二、第四两种线的结果，是人己两利。我们每遇一事，当熟察人己力线之经过，如走此四线，人与我绝不会生冲突。

我们把上述四种线求出，就可评判各家学说和各种政令之得失。我国古人有所谓“万物并育而不相害，道并行而不相悖”者，合得到第一种线，有所谓“通功合作”者，合得到第二种线，有所谓君君臣臣，父父子子者，合得到第三种线，有所谓“通功易事”者，合得到第四种线，西人谓：人人自由，以他人之自由为界限，合得到第三种线，都是对的。尼采的超人主义，其病在损人，托尔斯泰的无抵抗主义，其病在损己，律以四种，俱不合，故俱不可不行。

刘备杀张裕，诸葛亮请其罪，刘备曰：“芳兰生门，不得不锄。”历史上凡有阻碍路线的人，无不遭祸

二直线也，圆也，抛物线也，椭圆也，双曲线也，五者，是人与人相遇之路线，而此五线是变动不居的，只要心理一变，其线即变。例如：吴之孙权，蜀之刘备，各以荆州为目的物，孙权把荆州向东拖，刘备把荆州向西拖，力线相反，故郎舅决裂，夫妇生离，关羽见杀，七百里之连营被烧，吴蜀二国，俨成不共戴天之仇。后来诸葛亮提出魏为目的物，约

定共同伐魏，就成了方向相同之合力线，二国感情，立即融洽，合作到底，后来司马昭伐蜀，吴还起兵相救，听说刘禅降了，方才罢兵。这就是心理改变，力线即改变之明证。

我国从前闭关自守，不与外国相通，是不相交之二直线，五口通商而后，受帝国主义之压迫，欲脱其势力范围而不能，是走的抛物线，一旦起而抗战，与帝国主义成一反对形势，彼此背道而驰，即为两心相背之双曲线。我们联合被侵略者，向之进攻，即成为合力线。帝国主义，经过一番重惩之后，翻然悔悟，工业国和农业国，通功易事，以其所有，易其所无，就成为两心相向之椭圆状态。将来再进化，世界大同了，合全球而为一个国家，就成为一个圆心之圆形了。所以这几种线的轨道，是随时可以改易的，只看各人心理如何罢了。

性善说、性恶说，二者背道而驰，是双曲线状态，倘知人性是浑然一体，无所谓善，无所谓恶，即成为浑然之圆形了。入世法和出世法，背道而驰，利己主义和利人主义，背道而驰，这都是双曲线，倘能把他融会贯通，入世出世，原是一理，利己利人，原是一事，则又成为圆形了。

我们做一切事，与夫国家制定法令制度，定要把路线看清楚，又要把引力离力二者支配均平，才不至发生窒碍。我们详考世人的行事和现行的法令制度，以力学规律绳之，许多地方都不合，无怪乎纷纷扰扰，大乱不止。

孟子说：“**规矩，方圆之至也，圣人，人伦之至也。**”**第一句是对的，第二句就不对。我们执规以画圆，执矩以画方，聚五洲万国之人而观之，不能说不圆，不能说不方。惟圣人则不然，孔子、释迦、耶稣、穆罕默德，皆所谓圣人也，诸圣人定下的规律，各不相同，以此圣人之规律，绳彼圣人之信徒，立生冲突，其故何哉？**盖圣人之规律，乃尺也、斗也、秤也，非画圆之规，画方之矩也；诸圣人之尺斗秤，长短大小轻重，各不相同，只在本铺适用。今者世界大通，天涯比邻，一市之中，有了几种尺斗秤，此世界文化所由冲突也。所以法令制度，如果根据圣人的学说制定出来，当然不能通行世界。力学规律，为五洲万国所公认，本章所述五种线，是从力学规律出来的，是规矩，不是尺斗秤，依以制定法令制度，一定通行五洲万国。

七 世界进化之轨道

人世一切事变，从人类行为生出来的，人类行为，从心理生出来的，而人之心理，依力学规律而变化，故世界进化，逃不出力学规律。

行为方面，都是依着力学规律，以直线进行，然其结果，所表现者，乃是曲线，不是直线，这是甚么道理呢？因为向前进行之际，受有他力牵引，而两力又相等，遂成为圆形。

世界进化，乃是一种力在一个区域内动作，经过长时间所成之现象也。其间共有三物，一曰力，二曰空间，三曰时间。我们可认为是数学上之三元，其最显著者，为摆线式与螺旋式。古人说："天道循环无端，无往不复。"今人说："人类历史，永无重复。"我们把两说合并起来，就成为摆线式与螺旋式。

凡人无论思想方面或行为方面，都是依着力学规律，以直线进行，然其结果，所表现者，乃是曲线，不是直线，这是甚么道理呢？因为向前进行之际，受有他力牵引，而两力又相等，遂成为圆形。古人说："循环无端。"环即圈子即是说：宇宙一切事物之演进，始终是循着一个圈子，旋转不已。这个说法，可举例来说明：假如我们在地球上面，无论东西南北，任取一直线向前进行，无丝毫偏斜，结果仍回到原来之地点，因为我们站在地面，是被地心力吸着的，开步向前走，是摆脱地心吸力，而以离心力向前进行，然而仍被地心力吸着。由离心力向心力两相结合，其路线遂成为圆形，而回到原来之地点，任走若干遍，俱是如此，是之谓"循环无端"。然而世界之进化，则不为圆周形，而为摆线形或螺旋线形。

甚么是摆线呢？我们取一铜元，在桌上滚起走，其圆周所成之线，即是摆线。铜元能滚者，力也，滚过的地方，空间也，不断的滚者，时间也。铜元旋转不已，周而复始，是谓"循环无端"。其路线，一起一伏，对直前进，是谓"永无重复"。宇宙事物之演进，往往有此种现象，如日往月来，寒往暑来，周流不息，是为"循环无端"，然而日月递更，寒暑代运，积之则为若干万万年，虽是循环不已，实是前进不已，这算是摆线式的进化。

有人说:“人的意志为物质所支配。”又有人说:“物质为人的意志所支配。”殊不知:物质与意志,是互相支配的。欧洲机器发明而后,工业大兴,人民的生活情形,随之而变,固然是物质支配了人的意志,但机器是人类发明的,发明家费尽脑力,机器才能出现,工业才能发达,这又是人的意志支配了物质。这类说法,与英雄造时势、时势造英雄是一样的。有了物理数学等科,才能产生牛顿;有了牛顿,物理数学等科,又生大变化。有了咸、同的时势,才造出曾、左诸人;有了曾、左诸人,又造出一个时势,犹如鸡生蛋,蛋生鸡一般,看起来是辗转相生,其实是前进不已。后之蛋,非前之蛋,后之鸡,非前之鸡,物质支配人的意志,人的意志,又支配物质,时势造英雄,英雄又造时势,而世界就日益进化了。鸡与蛋和心与物,都是一物体之两方面,鸡之外无蛋,蛋之外无鸡,心之外无物,物之外无心,二者之进化,都等于一个铜元在桌上滚起走,有点像摆线式的进化。

我们细加研究,即知日往月来,寒往暑来,和鸡生蛋,蛋生鸡这类现象,是纯粹的摆线式进化,因为日月也,寒暑也,鸡与蛋也,状态始终如一,等于一个铜元之状态始终如一,其画出之线,一起一伏,也始终如一。惟英雄造出的时势,较造英雄的时势,更为进步,物质与意志,辗转支配,也是后者较前者为进步。其现象则为历时愈久,社会文明愈进步,而政治家和科学家之智能,亦愈进步,其形式与摆线式微异,而为螺旋线的进化。

甚么是螺旋线呢?我们手执一块直角三角板,以长边为轴,旋转一周,所成体积,即是圆锥体。假如用圆锥体的钻子去钻木头,这钻子所走的路线,即是螺旋线,竖的方面越深,横的方面越宽,世界即是以此种状态而进化的。我们取一截竹子,用一针在竹上横起画一圈,此针本是以直线进行,然而始终是在这个圈上旋转不已,是之谓“循环无端”。假设此针进行之际,有人暗中把竹子轻轻拖起走,则此针画出之线,绝不能与经过之路线重合,是之谓“永无重复”。针之进行是力,画出之圈是空间,其拖起走,则属乎时间,但世界进化,不是在竹子上画,乃是在笋子画圈,乃是从尖笋画起走,有人持笋尖拖之,其线越画越长,圈子越画越大,因笋子即圆锥形也。

禹会诸侯于涂山,执玉帛者万国,成汤时三千国,周武王时一千八百国,春秋时二百四十国,旧中国时,只有七国,到了秦始皇时,天下就一统了。其现

周武王在位时天下有一千八百个国家

象是：历时越久，国之数目越少，其面积越大，这即是竖的方面越深，横的方面越宽，是为螺旋式进化。竖的方面者，时间也；横的方面者，空间也。现在五洲万国的形势，绝像我国春秋战国时代，由进化趋势看去，终必至全球混一而后止。所异者，从前是君主时代，嬴秦混一，有一个皇帝高踞其上，现在是民主时代，将来全球混一，是十八万万人共同做皇帝。

宇宙事事物物之演变，都是离心力和向心力互相作用生出来的，有一力以直线进行，同时又有一相反之力牵制之，遂不得不作回旋状态，而又前进不已，即成为摆线状态或螺旋线状态，日月迭更，寒暑代运，鸡与蛋辗转相生，是未参有人类意志的，只是循着自然之道而行，故依摆线式进化，始终如一，机器与时势，是参有人类意志，而人类天性，是力求进步的，故依螺旋式进化，历时愈久，路线愈扩大。国际之关系，全是人类的意志作用，所以依螺旋式进化，必至全球混一而后止。人类是日求进步的，社会是日益文明的，全球混一，特文明进步之一幕耳。全球混一后，社会文明，又依螺旋式前进，而无有终止，其现象亦犹日月迭更，寒暑代运，依摆线式前进，而无有终止也。

统一六国的秦始皇

人事千变万化，都是由离心向心二力生出来的，离心者，力之向外发展也，向心者，力之向内收敛也，发展到极点，则收敛，收敛到极点又能发展，此即古人所说，盈虚消长，循环无端也。以虚为起点，由是而发展则为长，发展到极点则为盈，到了极点即收敛而为消，收敛到极点则为虚，由虚而又为长，为盈，为消，为虚，是之谓“循环无端”。春夏秋冬，即盈虚消长之现象也。春者长也，夏者盈也，秋者消也，冬者虚也。一部易经和老子道德经，俱是发明此理，所谓物极必反也。所以宇宙间事事物物，都是正负二力，互为消长，此古人治国，所以有一张一弛之说也。嬴秦苛虐，汉初则治之以黄老，刘璋暗弱，孔明则治之以申韩，都是顺应此种趋势的。

我们合古今事变观之，大约可分三个时期：以婚姻制度言之，上古时男女杂交，生出之女子，知有母而不知有父，这个时候的婚制，离心力胜过向心力，是为第一时期。后来制定婚制，子女婚姻，由父母主持，一与之齐，终身不改，向心力胜过离心力，是为第二时期。现在已入第三时期了，某女不必定嫁某男，而某男之爱情，足以系引她，某男不必定娶某女，而某女之爱情，足以系引他，离心向心二力，保持平衡，就成第三时期的自由婚制。此种婚制，本带得有点回旋状态，许多青年，看不清此种趋势，以为应该回复到上古那种杂交状态，就未免大错了。

人民的自由，也可分三个时期。上古人民，穴居野处，纯是一盘散沙，是为第一时期。后来受君主之压制，言论思想，极不自由，是为第二时期。经过一番革命，政府干涉的力量与人民自由的力量保持平衡，是为第三时期。自力学方面言之，第一时期，离心力胜过向心力，第二时期，向心力胜过离心力，第三时期，向心离心二力，保持平衡。第三时期中，参得有第一时期的自由，带得有点回旋状态。卢梭生当第二时期之末，看见此种回旋趋势，误以为应当回复第一时期，所以他的学说，完全取第一时期之制以立论，以返于原始自然为第一要义。他说："自然之物皆善，一入人类之手，乃变而为恶。"他的学说，有一半合真理，有一半不合真理。因其有一半合真理，所以当时备受一般人之欢迎。因其有一半不合真理，所以法国革命实行他的学说，酿成非常的骚乱，结果不得不由政府加以干涉，卒至政府之干涉与人民之自由保持平衡，法国方能安定。

民主主义流行久了，法西斯主义之独裁，因而出现，这都是正负二力互为消长之表现。自墨索里尼倡出法西斯主义后，希特勒和日本军阀，相继仿效，因而造成世界第二次大战，其独裁制度，已越过时势之需要，可断言：此种独裁制，不久必将倒毙，另有一种制度代之。此种制度，一定是民主主义和独裁主义两种结合而成的。

人类分配货财的方法，也分三个时期。上古时人民浑浑噩噩，犹如初生小儿，不知欺诈，不知储蓄，只有公共的赀财，并无个人的私财，这是有公而无私，是为第一时期。再进化，人类智识进步，自私自利之心，日益发达，把公共的赀财攘为个人私有，这是有私而无公，是为第二时期。再进化，人类智识更进步，公私界限，有明了认识，把公有的赀财归之社会，私有的赀财归之个人，公与私并行不悖，是为第三时期。我们现在所处的时代，是第二时期之末，第三时期之始。关于经济方面，应该把公私界限划分清楚，公者归之公，私者归之私，社会才能相安无事。

中国从前，自诩为声明文物之邦，以为周公的制度和孔孟的学说好到极点，鄙视西欧，不值一顾，此为第一时期。自甲午、庚子两役而后，骤失自信力，以为西洋的制度和学说，无一不好到极点，鄙视中国，不值一顾，此为第二时期。至今则入第三时期了，既不高视西洋，也不鄙视中国，总是平心考察，是者是之，非者非之，这是折衷于第一时期和第二时期之间。我国初与欧人接触，庞然自大，以为高出外国之上。自从两次战败，遂低首降心，屈处列强之下。到了第三时期，我国与列强立于平等线上，这也是折衷于第一时期和第二时期之间。

总之，世界进化，都是正负二力互为消长，处在某一时期，各种现象，都是一致，犹如天寒则处处皆寒，天热则处处皆热。现在帝国主义盛行，同时资本主义也盛行，而工商界也就有汽车大王、煤油大王、钢铁大王、银行大王等等出现，民族间就有自夸大和民族是最优秀民族，日耳曼民族是最优秀民族，凡此种种都是第二时期残余之说。跟着就入第三时期，帝国主义消灭，资本主义消灭，工商界某某大王和某某最优秀民族，这类名词也消灭，这是必然的趋势。所以主持国家大计者，必须看清世界趋势，顺而应之，如其不然，就会受天然之淘汰。

八 达尔文学说之修正

我同友人谈及达尔文，友人规戒我道：“李宗吾，你讲你的厚黑学好了，切不可涉及科学范围。达尔文是生物学专家，他的种源论，是积数十年之实验，把昆虫草木，飞禽走兽，一一考察遍了，证明不错了，才发表出来，是有科学根据的。你非科学家，最好是不涉及他，免闹笑话。”我说道：“达尔文可称科学家，难道我李宗吾不可称科学家吗？二者相较，我的学力，还在达尔文之上，何以故呢？他的种源论，是说明禽兽社会情形，我的厚黑学，是说明人类社会情形，他研究禽兽，只是从旁视察，自身并未变成禽兽，与之同处，于禽兽社会情形，未免隔膜，我则居然变成人，并且与人同处了数十年，难道我的学力，不远在达尔文之上？达尔文在禽兽社会中，寻出一种原则，如果用之于禽兽社会，我们尽可不管，而今公然用到人类社会来了，我们当然可以批驳他，人类社会中，寻得出达尔文这类科学家，禽兽社会中，寻不出达尔文这类科学家，足证两种社会截然不同，故达尔文的学说，不适用于人类社会。”

今人动辄提科学家三家，恐吓我辈普通人，殊不知科学家聪明起来，比普通人聪明百倍，糊涂起来，也比普通人糊涂百倍。牛顿可称独一无二的科学家，他养有大小二猫，有天命匠人在门上开一大小二洞，以便大猫出入大洞，小猫出入小洞。任何人都知道：只开一大洞，大小二猫俱可出入，而牛顿不悟也，这不是比普通人糊涂百倍吗？牛顿说：地心有吸力，我们固然该信从，难道他说“大猫出入大洞，小猫出入小洞”，我们也信得吗？所以我们对于科学家和学说，不能不慎重审择，谨防他学说里面藏牛顿的猫洞。

因为科学家有时比普通人糊涂百倍，所以专家之学说，往往不通，例如，斯密士岂非经济家，而他的学说就不通。我辈之话，不足为证，难道专家之批评，都不可信吗？……呜呼，诸君休矣，举世纷纷扰扰，闹个不休者，皆达尔文、斯密士……诸位科学家之赐也。

达尔文讲竞争，一开口，即是豺狼也，虎豹也，鄙人讲厚黑，一开口，即是曹操也，刘备也，孙权也。曹刘诸人，是千古人杰，其文明程度，不知高出豺狼虎豹若干倍，他且不论，单是我采用的标本，已比达尔文采的标本高得多了。所以基于达尔文的学说造出的世界，是虎狼世界，基于鄙人的学说造出的世界，是极文明的世界，达尔文可称科学家，鄙人当然可称科学家，不过达尔文是生物学的科学家，鄙人是厚黑学的科学家罢了。

达尔文研究生物学数十年，把全世界的昆虫草木，飞禽走兽，都研究完了，独于他实验室中有个高等物，未曾研究，所以他的学说，就留下破绽。请问甚么高等动物？答曰：就是达尔文本身，他把人类社会忽略了，把自己心理和行为忽略了，所以创出的学说，不能不有破绽。

达尔文是伟大的生物学家，他以全新的生物进化论思想推翻了“神创论”，代表作为《物种起源》

达尔文实验室中，有个高等动物，他既未曾研究，我们无妨替他研究，达尔文一生下地，我们就用采集动物标本的法子，把他连儿带母活捉到中国来，用中国的白米饭把他喂大，我们用达尔文研究动物的法子，从旁视察，一直到他老死，就可发见他的学说是自相矛盾的。

达尔文一生下地，就拖着母亲之乳来吃，把母亲的膏血吸入腹中，如不给他吃，他就大哭不止，估着要吃，这可说是生存竞争，从这个地方视察，达尔文的学说莫有错；长大点能吃东西了，母亲手中拿一糕饼，他见了伸手来索，母亲不给他，放在自己口中，留半截在外，他立会伸手，把糕饼从母亲口中取出，放在他的口中。母亲抱着他吃饭，他就伸手来拖母亲之碗，如不提防，即会坠地打烂，这种现象，也是生存竞争，达尔文的学说也莫有错；若是再大点，自家能端碗吃饭了，他一上桌，就递一个空碗，请母亲与他盛饭，吃了又请母亲盛，母亲面前，现放着满满一碗饭，他再不去抢了，竞争的现象，忽然减少，岂非很奇的事吗？再大点，他自己会往甑中盛饭，再不要母亲与他盛，有时甑中饭不够，他未吃饱，守着母亲哭，母亲把自己的饭分半碗与他吃，他才好了，母亲不分与他，他断不能去抢。更大点，饭不够吃，母亲把自己碗中的饭分与他吃，他不要，他自己会拿囊中之钱在街上买食物来吃。到了此时，竞争的现象，一点莫有，岂不更奇吗？这是小孩下地时，只看见母亲身上之乳，大点即看见母亲碗中之饭，再大点即看见甑中之饭，更大点即看见街上之食物；不特此也，达尔文长大成人，学问操好了，当大学教授了，有穷亲友向他告贷，他就慨然给予，后来金钱充裕，还拿钱来做慈善事业或谋种公益，这种现象，与竞争完全相反，岂非奇之又奇？于此我们可以定出一条原则："同是一个人，智识越进步，眼光越远大，竞争就越减少。"达尔文著书立说，只把当小孩时估食母亲之乳抢夺母亲口中糕饼这类事告诉众人，不把他当教授时施舍金钱、周济家人，做慈善事业这类事告诉众人，此达尔文学说之应修正者一。

达尔文当小孩时抢夺食物，有一定的规律，就是："饿了就抢，饱了就不抢。"不推不抢，并且让他吃，他都不吃。但有一个例外，见了好吃的东西，母亲叫他不要多吃，他不肯听，结果多吃了不消化，得下一场大病。由此知食物以饱为限，过饱即有弊害。我们可以定出第二第原则："竞争以适合生存需要为准，超过需要以上，就有弊害。"达尔文只说当小孩时，会抢夺食物，因而长得很肥胖，并不说因为食物多了，反得下病，于是达尔文之竞争，遂成了无界或之竞争，欧入崇信其说，而世界遂纷纷大乱，此达尔文学说之应修正者二。

达尔文说："万物都是互相竞争，异类则所需食物不同，竞争还不激烈，惟有同类之越相近者，竞争越激烈。虎与牛竞争，不如虎与虎竞争之激烈，狼与羊竞争，不如狼与狼竞争之激烈，欧洲人与他洲士人竞争，不如欧洲各国互相竞争之激烈。"他这个说法，证以第一次欧洲大战，诚然不错，但是达尔文创出这种学说，他自己就把他破坏了。达尔文的本传上说："1858年，他的好友荷理士，从南美洲寄来一篇论文，请他代为刊布，达尔文读这篇论文，恰与自己十年来苦力思索得出的结果完全相合，自己非常失望。落在别人，为争名誉起见，一定起嫉妒心，或者会湮没他的稿子，乃达尔文不然，直把这篇论文交与黎埃儿和富伽二人发布。二人知达尔文平日也有这样的研究，力劝他把平日研究所得著为论文，于1858年7月1日，与荷理士论文同时发布，于是全国学者，尽都耸动。"本传之言如此，在替他作传的人，本是极力赞扬他，实际上是攻击他，无异于说：他的学说：根本不能成立。何以故呢？他与荷理士同是欧洲人，较之他洲人更相近，同是英国人，较之其他欧洲人更相近，他二人是相好的朋友，较之其他英人更相近，并且同是研究生物学的人，较之其他朋友更相近，荷理士的著作，宣布出来，足以夺去达尔文之名，于他最有妨害，达尔文不压抑他，反替他宣布，岂不成了同类中越相近越不竞争吗？达尔文是英国人，对于同类，能够这样退让，何以欧战中，那些英国人，竞争那么激烈？我们可以定出第三条原则："同是一国的人，道德低下者，对于同类，越近越竞争，道德高尚者，对于同类，越近越退让。"达尔文不把自己让德可风的事指示众人，偏把他本国侵夺同洲同种的事指示众人，此达尔文学说之应修正者三。

达尔文说："竞争愈激烈，则最适者出焉。"这个说法，又是靠不住的。第一次欧战之激烈，为有史以来所未有，请问达尔文：此次大战结果，哪一国足当最适二字？究其实战败者和战胜者，无一非创痛巨深。他这个说法，岂非毫无征验？乃返观达尔文不与荷理士竞争，反享千古大名，足当最适二字，他这个公例，又是他自己破坏了。他的论文，与荷理士同时发表后，他又继续研究，于一千八百五十九年十一月发布《种源论》，从此名震全球。荷理士之名，几于无人知道，这是由于达尔文返而自奋，较荷理士用力更深之故。我们可以定出第四条原则："竞争之途径有二：进而攻人者，处处冲突，常遭失败：返而自奋者，不生冲突，常占优胜。"达尔文不把自己战胜荷理士之秘诀教导众人，偏把英国掠夺印度的方法夸示天下，此达尔文学说之应修下者四。

有人问：我不与人竞争，别人要用强权竞争的策略，向我进攻，我将奈何？答曰：这是有办法的，我们可以定出第五条原则："凡事以人己两利为主，二者不可得兼，则当利人而无损于己，抑或利己而无损于人。"有了这条原则，人与我双方兼顾，有人来侵夺，我抱定"不损己"三字做去，他能攻，我能守，他又其奈我何？此达尔文学说之应修正者五。

达尔文说，人类进化，是由于彼此相争，我们从各方面考察，觉得人类进化，是由于彼此相让。因为人类进化，是由于合力，彼此能够相让，则每根力线，才能向前直进，世界才能进化。譬如，我要赶路，在路上飞步而走，见有人对面撞来，我当侧身让过，方不耽误行程。照达尔文的说法，见人对面撞来，就应该把他推翻在地，沿途有人撞来，沿途推翻，遇着行人挤做一圈，我就从中间打出一条路，向前而走。请问世间赶路的人，有这种办法吗？我们如果要讲“适者生存”，必须懂得这种相让的道理，才是适者，才能生存。由达尔文的眼光看来，生物界充满了相争的现象，由我们的眼光看来，生特界充满了相让的现象，试入森林一看，即见各树俱是枝枝相让，叶叶相让，所有树枝树叶，都向空处发展，厘然秩然。树木是无知之物，都能彼此相让，可见相让乃是生物界之天然性，因为不相让，就不能发展，凡属生物皆然。深山禽鸟相鸣，百兽聚处，都是相安无事之时多，彼此斗争之时少。我辈朋友往还之际，也是相安无事之时多，彼此斗争之时少。我们可以定出第六条原则：“生物界相让者其常，相争者其变。”达尔文把变例认为常例，似乎莫有对，事势上遇着两相冲突的时候，我们就该取法树枝枝叶，向空处发展。王猛见了桓温，而改仕苻秦，恽寿平见了王石谷之山水，而改习花卉，皆所谓向空处发展也。大宇宙之中，空处甚多，也即是生存之方法甚多，人与人无须互相争夺，此达尔文学说之应修正者六。

依达尔文的说法，凡是强有力的，都该生存，我们从事实上看来，反是强有力者先消灭。洪荒之世，遍地是虎豹，他的力比人更大，宜乎人类战他不过了，何以虎豹反会绝迹？第一次世界大战以前，德皇势务最大，宜乎称雄世界，何以反会失败？袁世凯在中国势力最大，宜乎成功，何以反会失败？有了这些事实，所以达尔文的学说，就发生疑点。我们细加推究，即知虎豹之被消灭，是由全人类都想打他，德皇之失败，是由全世界都想打他，袁世凯之失败，是由全中国都想打他。思想相同，就成为方向相同之合力线，虎豹也，德皇也，袁世凯也，都是被合力打败的。我们可以定出第七条原则：“进化由于合力。”懂得合力的就生存，违反合力的就消灭，懂得合力的就优胜，违反合力的就劣败。像这样的观察，则那些用强权欺凌人的，反在天然淘汰之列。此达尔文学说之应修正者七。

达尔文的误点，可再用比喻来说明：假如我们向人说道：生物进化，犹如小儿身体一天一天的长大。“有人问：”小儿如何会长大？“我们答道：”只要他不死，能够生存，自然会长大。“问”如何才能生存？“答：”只要有饭吃，就能够生存。“问：”如何才有饭吃？“我们还未回答，达尔文从旁答道：”你看见别人有饭，就去抢，自然就有饭吃，越吃得多，身体越长得快。“诸君试看：达尔文的答案，错莫有错？我们这样的研究，即知达尔文说生物进化莫有错，说进化由于生存莫有错，说生存由于食物也莫有错，惟最末一句，说食物由于竞争就错了。”我们只把他最末一句修正一下，就对了。问：“怎样修正？”就是通常所说的：“有饭大家吃。”平情而论，达尔文教人竞争，无有限度，固有流弊，我们教人相让，无有限度，也有流弊。问：如何才无流弊？我们可以定出第八条原则：“对人相让，以让至不妨害我之生存为止，对人竞争，以争至我能够生存即止。”此达尔文学说之应修正者八。

综而言之，人类由禽兽进化而来，达尔文以禽兽社会之公例施之人类，则是返人类于禽兽，这自违进化之说，而况乎禽兽相处，亦未必纯然相争也。他的学说，可分两部分看。他说“生物进化”，这部分是指出事实。他说“生存竞争，弱肉强食”，这部分是解释进化之理由，事实莫有错，理由错了。一般人因为事实不错，遂误以为理由也不错，殊不知：进化之原因多端，相争能进化，相让能进化，不争不让，返而致力于内部，也能进化。又争又让，改而向空处发展，也能进化。其或具备他种条件，如克鲁泡特金所谓互助，我们所谓合力，也未尝不能进化。达尔文置诸种原因于不顾，单以竞争为进化之惟一原因，观察未免疏略。兹断之曰：达尔文发明“生物进化”，等于牛顿发明“地心吸力”，是学术界千古功臣，惟有他说“生存竞争”，因而倡言“弱肉强食”，流弊无穷，我们不得不加以修正。

一般人因为事实不错，遂误以为理由也不错，殊不知：进化之原因多端，相争能进化，相让能进化，不争不让，返而致力于内部，也能进化。又争又让，改而向空处发展，也能进化。

九　克鲁泡特金学说之修正

克鲁泡特金之误点，也与达尔文相同，达尔文是以禽兽社会状况，律之人类社会，故其说有流弊。克鲁泡特金，因为要指驳达尔文之错误，特别在满洲、西比利亚一带，考察各种动物及原始人类状况，发明互助说，以反驳达尔文之互竞说。他能注意到人类，算是比达尔文更进步了。然而原始人的社会，与文明人的社会，毕竟不同，且克鲁泡特金考察原始人，也是从旁观察，并未曾与之共同居处若干年，而我辈则置身文明人社会中，与之共同居处若干年，所以我辈能发现克鲁泡特金之误点，而指出其流弊。

原始人类，无有组织，成为无政府状态，克鲁泡特金的互助说，从原始社会得来，故他提倡无政府主义。所以克鲁泡特金的学说，也可分两部分看，他主张互助不错，因互助而主张无政府主义就错了。

生物之进化，好比小儿一天一天的长大，由昆虫，而禽兽，而野蛮人，而文明人，好比吾人，由婴孩，而少年，而壮年。达尔文研究生物，以动物为主，正如小孩抢夺母亲口中饭物时代，故倡互竞说。克鲁泡特金所研究者，以原始时代人类为主，较动物更进化了，是小孩更大了点，不抢母亲口中食物，只请母亲与他盛饭，故倡互助说。至于长大成人，独立生活的现象，他二人都未看见。

克鲁泡特金是无政府主义的提出者

一个国家之进化，也好比小孩一天一天的长大。我国春秋战国时代，弱肉强食，正是小孩抢夺食物时代。后来进化了，汉弃珠崖，是母亲分饭与他吃，他都不要。再进化，到了明初，郑和下南洋，各国纷纷入贡，希望得中国的赏赐，这是穷亲友来告贷，慨然给予。再进化，到了明季和清朝，把蛮夷之地改土归流，每年还要倒贴若干金钱，等于做慈善事业，把贫人子弟收来，给以衣食，延师训读一般。我国进化程度，历历如绘。

西洋开化，比我国迟二千多年，其进化才至我国春秋战国时代，故其弱肉强食与我国春秋战国极相似，而达尔文之互竞说，遂应运而生。要防小孩抢夺食物，不得不用专制手段，故墨索里尼之治意大利，希特勒之治德意志，与商鞅之治秦绝似，而皆收同一之效果，因其为同一时期之产物故也。秦始皇统一六国了，仍复厉行专制，二世而亡，这是世界更进化了，等于身体长大了，再穿小孩衣服，不得不破裂；文景之世，政尚宽大，号称郅治，这是儿子长大了，父母不加干涉，他能独立成为好人。后来历代常有变乱，这是儿子长大成人，父母过于放纵，遂日流于非的原故。然因其日流于非，而遂欲以待婴孩之法，待长大成人之儿子，则又不可。故今之治国者，如摹仿墨索里尼和希特勒，直是师法商鞅，返吾国于春秋战国时代，是谓违反进化，是谓开倒车。

今人每谓我国无三人以上之团体，很抱悲观，这未免误解。无三人以上之团体，正是人人能独立之表现，此时如用达尔文之互竞主义以治国，则是把人民当如怀中小儿，常常防他抢母亲口中食物，这是不可的。如用克鲁泡特金之互助主义以治国，则是把人民当如才能吃饭之小儿，须母亲与之盛饭，这也是不可的。今即长大成人矣，无三人以上之团体，人人能独立矣，故此时治国者，当采用合力主义。譬如射箭，悬出一个箭垛，支支箭向同一之箭垛射去，是之谓合力。我国无三人以上之团体，当采用此种方式，悬出一定之目的，四万万五千万根力线，根根独立，直向目的物射去，你不妨害我之路线，我也不求助于你，彼此不相冲突，不相依赖，这种办法，才适合我国现情。非然者，崇信达尔文之互竞说，势必压制他人，使他人之力线郁而不伸，而冲突之事以起；崇信克鲁泡特金之互助说，势必借助他人，养成依赖性，而自己不能独立，于我国现情俱不合。

达尔文说：互竞为人类天性，而他自己不与荷理士竞争，这条公例，算是他自己破坏了。克鲁泡特金说：互助为人类天性，这条公例也是克鲁泡特金自己破坏了的。请问：人类天性既是互助，为甚克鲁泡特金，要讲无政府主义，想推翻现政府，而不与政府讲互助？为甚政府要处罚他，推之下狱，而不与克鲁泡特金讲互助？有了这种事实，所以克鲁泡特金的学说，也不能不加以修正。

人类天性既是互助，为甚克鲁泡特金，要讲无政府主义，想推翻现政府，而不与政府讲互助？为甚政府要处罚他，推之下狱，而不与克鲁泡特金讲互助？有了这种事实，所以克鲁泡特金的学说，也不能不加以修正。

古人云："不识庐山真面目，只缘身在此山中。"故考察事物，非置身局外，不能得其真相。我辈是人类，站在人类社会之中，去考察人类，欲得真理，诚有不能。达尔文用的方法，是因人为动物之一，先把动物社会考察清楚了，把他的原则适用于人类社会，论理本是对的，无如动物社会与人类社会毕竟不同，故创出之学说，不无流弊。克鲁泡特金则更进步，从人类社会加以考察，他以为我辈处在现今之社会，不能见庐山真面，乃考察原始人类社会，置身旁观地位，寻出一种原则，以适用于现今之社会，论理也是对的，无如野蛮人之社会与文明人之社会毕竟不同，故创出之学说，也有流弊。

婴儿在母胎，成形之初，其脑髓像鱼蛙之脑，再一二月则像禽鸟之脑，再一二月则像兔犬之脑，再一二月则像猿猴之脑，最后才成为人类之脑，而小儿之脑筋皱纹少，大人则皱纹多，野蛮人之脑筋皱纹少，文明人则皱纹多。小儿下地之初，脑筋与禽兽相去不远，故其抢夺食物，与禽兽相似，稍大点，脑筋之简单类于原始时代的人，故其天真烂漫，也与原始人类相似。然而禽兽之脑筋，与人类有异，故达尔文的学说，不适于人类；原始人类之脑筋，与文明人有异，故克鲁泡特金的学说，不适用于文明社会。

禽兽进化为人类，故人类有兽性，然既名之曰人，则兽性之外，还有一部分人性，达尔文只看见兽性这一部分，未免把人性这一部分忽略了。原始人进化为文明人，故文明人还带有原始人的状态，然既成为文明人，则原始状态之外，还有一部分文明状态，克鲁泡特金只看见原始状态这一部分，未免把文明状态这一部分忽略了。禽兽有竞争，无礼让，人类是有礼让的，达尔文所忽略的，是在这一点。原始人类，浑浑噩噩，无有组织，成为无政府状态，文明人则有组织，有政府，克鲁泡特金所忽略的是在这一点。

我们生在文明社会中，要考察人类心理真相，有两个方法：(1)一部二十五史，是人类心理留下的影像，我们熟察历史事迹，既可发见人类心理真相，这是本书前面业已说明了的；(2)凡物体，每一分子的性质，与全物体的性质是相同的，社会是积人而成的，人身是社会之一分子，我们把身体之组织法运用到社会上，一定成为一个很好的社会。

治国采用互竞主义有流弊，采用互助主义，也有流弊，必须采用合力主义。人身之组织，既是合力主义，身体是许多细胞构成，每一细胞都有知觉，等于国中之人民，大脑等于中央政府，全身神经，都可直达于脑，等于四万万五千万人，每人的力线，都可直达中央，成为合力之政府。目不与耳竞争，口不与鼻竞争，手不与足竞争，双方之间非常调协，故达尔文之互竞主义用不着；目不须耳之帮助而能视，口不须鼻之帮助而能言，手不须足之帮助而能执持，个个独立，自由表现其能力，克鲁泡特金之互助主义，也用不着。目尽其视之能力，耳尽其听之能力，口鼻手足，亦各尽各之能力，把各种能力，集合起来，就成为一个健全之身体，是之谓合力主义。我国古人有曰："以天下为一家，以中国为一人。"已经发见了这个原则。

国有中央政府，有地方政府，人身亦然。我们的脚被蚊子咬了，脚政府报告脑政府，立派右手来，把蚊子打死。万一右手被蚊子咬，自己无法办理，报告脑政府，立派左手来，把蚊子打死。有时睡着了，脑政府失其作用，额上被蚊子咬，延髓脊髓政府代行职务，电知手政府把蚊子打死，脑政府还不知道。耳鼻为寒气所侵，温度降低，各处本救灾恤邻之道，输送血液来救济，于是耳鼻就呈红色。万一天气太寒，输送了许多血液，寒气仍进逼不已，各地方政府协商道："我们再输送血液去，仍无济于事，只好各守防地，把输送到耳的血液，与他截留了。"于是耳鼻就呈青白色。

我说至此处，一定有人起而质问道："你说的救灾恤邻之道，正是克鲁泡特金的互助主义，他的学说，何尝会错？"我说道：他讲的互助不错，错在无政府主义，必须有了政府，才能谈互助，无政府是不能互助的。举例来说：前清时，我们四川对于云贵各省有协饷，这可说是互助了，满清政府一倒，协饷即停止，这即是无政府即不能互助之明证。并且满清政府一倒，川滇黔即互相战争起来，由此知：在无政府之下，只能发生互竞的现象，断不会发生互助的现象。

人身有中央政府，有省县市区各种政府，脑中记忆的事，都由各政府转报而来，各政府仍有档案可查，施催眠术的人，是蒙蔽了中央政府，在省县市区政府调阅旧卷，所以人在催眠中，能将平素所做之事说出，而醒来时又全不知道。疯人胡言乱语，这是脑政府受病，中央政府失了作用，省县市区政府，乱发号令。所以疯人说的话，都是他平日的事，不过莫得中央政府统一指挥，故话不连贯；夜间做梦，是中央政府休职，各处政府的人，跳上中央舞台来了，人一醒，中央政府复职，他们立即躲藏。有时中央政府也能察觉，故梦中的事，也能略记一二。我们可以说：疯狂和做梦，都是讲无政府主义的。

古来亡国之时，许多人说要死节，及到临头，忽然战栗退缩。因为想死节，是出于理智，从脑中发出，是中央政府发的命令；战栗退缩，是肌肉收缩，是全国人民不愿意。文天祥一流人，从容就死，是平日厉行军国民教育，人民与中央政府，业已行动一致了。许多人平日讲不好色，及至美色当前，又情不自禁，因为不好色是脑政府的主张，情不自禁，是身体他部分的主张。我们走路，心中想朝某方走，最初一二步注意，以后即无须注意，自然会向前走去，这回是中央政府发布号令后，人民依着命令做去，如果步步注意，等于地方上事事要劳中央政府，那就不胜其烦了。我们每日有许多无意识的动作，都是这个原因。古人作诗，无意中得佳句，疑有神助。大醉后写出之字，比醒时更好，这是由于中央政府平日把人民训练好了，遇有事来，不需中央指挥，人民自动作出之事，比中央指挥办理还要好些。心理学书上，有所谓“下意识”者，盖指除政府以外其他政府而言。

理智从脑而出，能辨别事理，情欲从五官百骸而出，是盲目的，故目好色，耳好声，身体肌肤好愉快，往往与脑之主张相违反。古代哲学家，如希腊的柏拉图等，和中国的程朱等，都是崇奉理智，抑制情欲。例如程子说：“妇人饿死事小，失节事大。”又把韩昌黎“臣罪当诛，天王圣明”二语，极力称赞，只要脑中自认为真理，就可把五官百骸置之死地，与暴君之专制是一样。所以这样学说昌明时代，也即是君权极盛时代。后来君主打倒了，民主主义出现，同时学说上也盛行情欲主义，纵肆耳目之欲，任意盲动，无所谓理智，等于政治上之暴民专制。我们读历史，看出一种通例：君主时代，政府压制人民，同时哲学家即崇理智而抑情欲，民主时代，人民敌视政府，同时哲学家即重情欲而轻理智。

据上面之研究，可知身体之组织，与国家之组织是很相同的，我们返观吾身，知道脑与五官百骸是很调协的，即知道：我们创设一种学说，必使理智与情欲相调协，不能凭着脑之空想，以虐苦五官百骸，亦不能放纵五官百骸，而不受理智之裁判。建设一个国家，必使政府与人民调协，不能凭着脑政府之威力压制人民；而为人民者，亦不能对政府取敌视行为。吾身之组织，每一神经俱可直达于脑，故脑为神经之总汇处，与五官百骸，不言调协而自然调协。因此每一人民之力线，必使之可以径达中央，中央为全国力线之总汇处，政府与人民，不用调协而自然调协。能这样的办理，即是合力主义，才可以救达尔文和克鲁泡特金两说之弊，而与天然之理相合。

十 我国古哲学说含有力学原理

宇宙之力，是圆陀陀的，周遍世界，不生不灭，不增不减，吾人生存其中，随时都可看见，有人看见一端，即可发明一条定理。例如看见苹果坠地，即发明万有引力，看见壶盖冲动，即发明蒸汽，看见磁铁功用，即发明指南针，看见死蛙运动，即发明电气，种种发明，可说是同出一源。因为苹果坠地，是力之内敛作用，壶盖冲动，是力之外发作用，磁气电气，是力之内敛外发两种作用。达尔文看见此力向外发展，有如水然，能随河岸之曲折，而适应环境，向前流去，故创进化论。又见进化中所得着的东西，能借收敛作用把持不失，故说凡物有遗传性。此外种种科学，与夫哲学上种种议论，都是从那个圆陀陀的东西生出来的。譬如有人在树上摘下一果，有人在树上摘下一花，又有人在树上摘下一枝一叶，为物虽不同，其实都在树上摘下来的。所以百家学说，归于一贯，中西学说，可以相通。

我国周易一书，一般人都说它穷造化之妙，宇宙事事物物，都逃不出易理，这是甚么原因？因为易经所说的道理，包含有力学原理，宇宙事事物物，既逃不出力学规律，所以就逃不出易经所说的道理。

我国周易一书，一般人都说它穷造化之妙，宇宙事事物物，都逃不出易理，这是甚么原因？因为易经所说的道理，包含有力学原理，宇宙事事物物，既逃不出力学规律，所以就逃不出易经所说的道理。我们如就卦爻来解说，读者未免沉闷，兹特另用一个法子来说明：

假定伏羲、文王、周公、孔子四位圣人都是现在的人，我们把他四位请来，对他说道：现在西洋的科学，很进步了，一切物理，都适用力学规律，我们想把力学原理编译成一部书，不惟用在物理上，并且要应用到人事上。我们订有一个编译大纲，你们照此编译。(1)西洋的力字，译作气字，正负二力，译作阴阳二气；(2)发散的现象，用阳字表示，收敛的现象，用阴字表示；(3)正负二力相等时，阴阳二电中和时，俱是寂然不动的，这种现象，译作“太极”。他动作的时候，有发散收缩两种现象，称之曰“两仪”；(4)由内向外发展，称之曰“其动也辟”，辟是开放之意。由外向内收缩，称之曰“其静也翕”，翕是收合之意；(5)凡物运动，都是以直线进行，若不受外力，他是一直永远前进的，因此可下一定例曰“其动也直”，直是不弯曲之意。凡物静止的时候，若不受外力，他是永远静止的，因此可下一定例曰“其静也专”，专是不移易之意；(6)正负二力变化，有八种状态，可把他描画下来，名之曰八卦又把这八卦，错综变化起来，把它所有的变态，穷形尽致的表示出来；(7)每一卦作一说明书，把宇宙事事物物的变态包含其中，使读者能够循着轨道推往知来；(8)这部书言盈虚消长之理，由虚而长而盈，是发散作用，由盈而消而虚，是收缩作用，可定名为易经。易有变易交易两解，经字即常字之意，使人见了易经二字，即知书中所说的，是阴阳二气变化的常理，换言之，即是正负二力变化的规律。以上八条，即是我们所订的编译大纲。他们果然这样做去，把书作成了，各书坊都有发售，阅者试读一部，检查一下，看与编译大纲合不合，即知与力学规律合不合。我们说：周易与力学相通，更可引严又陵之言为证。严复译《天演论》，曾说道：“夫西学之最切实而可以御蕃变者，名数质力四者之学而已。”而吾易则名数以为经，质力以为纬，而合而名之曰易，大宇之内，质力相推，非质无以见力，非力无以呈质，凡力皆乾也，凡质皆坤也。奈顿（即牛顿）之三例，其一曰：“静者不自动，动者不自止，动路必直，速率必均。”此所谓旷古之虑，自其例出，而后天学明人事利者也。而易则曰：“乾，其静也专，其动也直。”后二百年，有斯宾塞尔者，以天演自然言化，著书造论，贯天地人而一理之，此亦晚近之绝作也。其为天演界说曰：“翕以合质，辟以出力，始简易而终杂糅。”而易则曰：“坤，其静也翕，其动也辟。”至于全力不增减之说，则有自强不息为之先。凡动必复之说，则有消息之义居其始，而易不可见，乾坤或几乎息之旨，尤与热力平均、天地乃毁之言相发明也，此岂可悉谓之偶合也耶？严氏之言如此，足为周易与力学相通之明证。

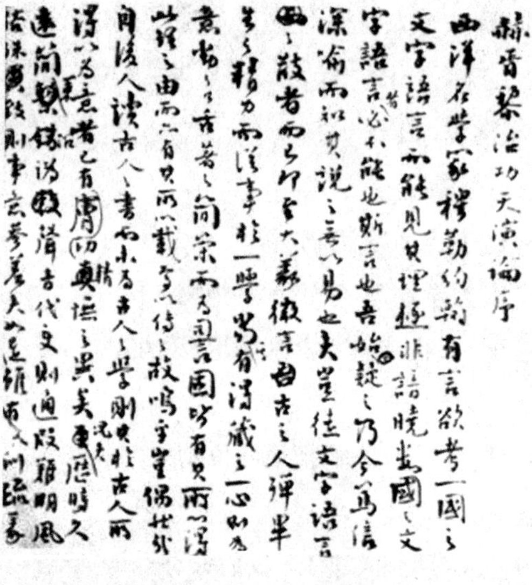

严复最著名的译作是《天演论》(局部)

老子是周秦诸子的开山祖师，他在中国学术界之位置，等于西洋物理学中之牛顿。牛顿看见万物都向内部牵引，因创出万有引力的学说。其实这种现象，老子早已看见了。他说："天得一以清，地得一以宁，神得一以灵，谷得一以盈，万物得一以生，侯王得一以为天下贞。天无以清将恐裂，地无以宁将恐发，神无以灵将恐歇，谷无以盈将恐竭，万物无以生将恐灭，侯王无以贞而贵将恐蹶。"老子的意思，即是说：**天地万物，都有一个东西把他拉着，如果莫得那个东西，天就会破裂，地就会发散，神就会歇绝，谷就会枯竭，万物就会消灭，侯王就会倒下来**。看他连下裂发歇竭灭蹶六个字，都是万有引力那个引字的反面字，也即是离心力那个离字的代名词，可见牛顿所说的现象，老子早已看见。牛顿仅仅用在物理上，老子并且应用到人事上，他的观察力，何等精密！他的理想，何等高妙！

近代的数学，以X代未知数，遇着未知物，也以X代之，如X光线是也。古代的数学，以一代未知，故中国古代的天元数，和西洋古代的借根方，都是以一代未知数，老子看见万物都向内部牵引，不知是个甚么东西，只好名之为一。

老子说："**有物混成，先天地生，寂兮寥兮，独立而不改，周行而不殆，可以为天下母，吾不知其名**。"又说："视之不见名曰夷，听之不闻名曰希，抟之不得名曰微，此三者不可致诘，故混而为一。"又说："湛兮似或存，吾不知谁之子，象帝之先。"这究竟是个甚么东西，值得老子如此赞叹？如今科学昌明了，我们仔细研究，才知他所说的，即是向心离心二力稳定时的现象，也即是阴电阳电中和时的现象。他看见有一个浑然的东西，本来是寂然不动的，一动作起来，就非常奇妙，"一生二，二生三，三生万物。"这一个东西，动作起来，就生出一发散、一收缩两个东西，由这两个东西，就生出第三个东西，由此辗转相生，就生出千万个东西了。

只有老子这样的人你才能和他谈厚黑学

数学上用X或一字代未知数，是变动不居的，可以代此数，又可代彼数，故用一字代未知物，可以代此物，又可代彼物。我们研究老子书中的一字，共有两种。他说："天得一以清"的一字，是指万物向内部牵引之现象而言。他说："一生二，二生三"的一字，是指离心向心二力稳定时之现象，也即是阴阳二电中和时之现象。我们这样的研究，老子书中的一字就有实际可寻了。

西人谈力学，谈电学，都是正负二者，两两对举；老子每谈一事，都是把相反之二者，两两对举。如云："有无相生，难易相成。"有无难易对举。"虚其心，实其腹，弱其志，强其骨。"虚实强弱对举。他如：言静躁，言雌雄，言洼盈等等，无一非两两对举，都是描写发散和收缩两种状态。

正负二力，是互相消长的。老子知道：发散之后，跟着即是收敛，收敛之后，跟着即是发展，所以他说："将欲歙之，必固张之，将欲弱之，必固强之。"他以为要想向外发展，必先向内收敛，因此他主张俭，主张啬，俭的结果是广，啬的结果是长生久视，俭与啬者收敛也，广与长生久视者发展也。一般人都说老子无为，其实误解了。他是要想有为，而下手则从无为做起走，故曰："无为则无不为。"他的话，大概上半句是无为，下半句是有为。例如："慈故能勇，俭故能广，不敢为天下先，故为成事长。"等等皆是。我们用科学的眼光看去，即知他是把力学原理应用到人事上。

我们生在今日，可以援用力学公例，老子那个时候，力学未成专科，当然无从援用，但老子创出的公例，又简单，又真确，即是用水作比喻，如"上善若水"，"江海能为百谷王"，"天下莫柔弱于水"等语，都是以水作比喻。水之变化，即是力之变化，他以水作比喻，即可说是援用力学规律。

学术是进化的，牛顿之后，出了一个爱因斯坦，发明了相对论，他的学说，比牛顿更进一步；老子之后，出了一个庄子，他的学说，也比老子更进一步。庄子虽极力推尊老子，然而却不甘居老子篱下，你看他《天下篇》所说，俨然在老子之外独树一帜，这是他自信比老子更进一步，才有那种说法。

庄子学说，与爱因斯坦酷似，所异者，一个谈物理，一个谈人事，爱因斯坦谈物理，从空间时间立论，庄子谈人事，也从空间时间立论。爱因斯坦名之曰相对，在庄子则为比较，从空间上两相比较，从时间上两相比较，比较即是相对之意，庄子和爱因斯坦，所走途径，完全相同。

庄子说："泰山为小，秋毫为大。"又说："彭祖为夭，殇子为寿。"这类话，岂不很奇吗？我们知道他是从比较上立论，也就不觉为奇了。拿泰山和秋毫比较，自然泰山很大，秋毫很小；如拿恒星行星和泰山比较，泰山岂不很小吗？拿原子电子和秋毫比较，秋毫岂不很大吗？拿彭祖和殇子比较，自然殇子为夭，彭祖为寿；但是大椿八千岁为春，八千岁为秋，拿彭祖与之比较，彭祖之命岂不很短吗？蜉蝣朝生暮死，木槿朝开暮落，拿殇子与之比较，殇子之命，岂不很长吗？庄子谈论事物，必从比较上立论，认为宇宙无绝对之是非善恶，世俗之所谓是非善恶者，乃是相对的。爱因斯坦在物理学上发明的原则，庄子谈论人事，早已适用了。爱因斯坦的相对论，必兼空间时间二者而言之，庄子学说亦然，泰山秋毫一类话，是从空间立论，彭祖殇子一类话，是从时间立论，所以说：庄子所走的途径，与爱因斯坦完全相同。

毛嫱西施，世人很爱她，而鱼见之则深入，鸟见之则高飞，同是毛嫱西施，人与鱼鸟之自身不同，则爱憎即异。骊姬嫁与晋献公，初时悲泣，后来又欢喜，同是骊姬，同是嫁与晋献公，时间变迁，环境改易，连自己的观察都不同。我们平日读庄子的书，但觉妙趣横生，今以爱因斯坦之原则律之，才知他的学说是很合科学的。

儒家的学说，把相对的道理忽略了，对于空间时间的关系，不甚措意，认为他们所定的大经大法，是万世不易的。庄子懂得相对的原理，故把儒家任意嘲笑，以为凡事须要看清空间时间的关系。儒家开口即谈仁义，庄子则曰："仁义先王之蘧庐也，止可以一宿而不可以久之处。"此等见解，实较儒家为高。

儒家最重要的，是《大学》、《中庸》二书，《中庸》"放之则弥六合"，是层层放大，"卷之则退藏于密"，是层层缩小，具备了发散收缩两种现象；《大学》亦然。《大学》说："古之欲明德于天下者，先治其国；欲治其国者，先齐其家；欲齐其家者，先修其身；欲修其身者，先正其心；欲正其心者，先诚其意。"这是层层缩小。又说："意诚而后心正，心正而后身修，身修而后家齐，家齐而后国治，国治而后天下平。"这是层层放大。绘图如（丁），阅之自明。孔子"上律天时，下袭水土"，仰观俯察，把宇宙自然之理看得清清楚楚，所以创出的学说，极合自然之理，而《大学》、《中庸》，遂成为儒家嫡派之书。

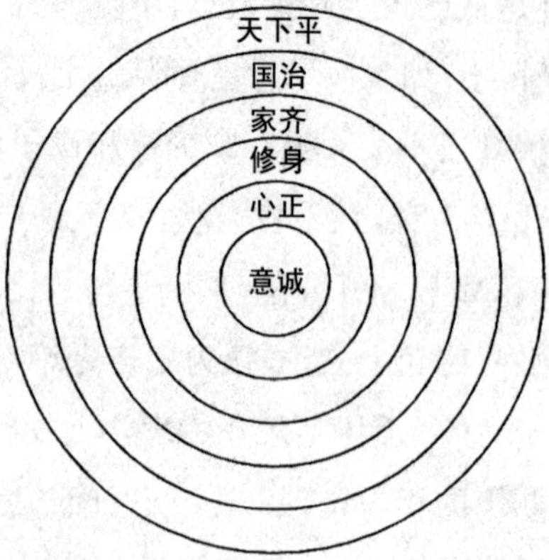

丁图

诚意之意字，朱子释之曰："意者，心之所发也。"而明儒王一庵、刘蕺山、黄宗羲诸人，均谓，身之主宰为心，心之主宰为意，故曰：主意。其说最确，故可绘图如（丁）：西欧学说，无论利己主义，利人主义，均以我字为起点，即是以身字为起点；中国则从身字推进两层，寻出意字，以诚意为下手功夫。譬之建屋，中国是把地上浮泥去了，寻出石底，方从事建筑；西人从我字起点，是在地面浮泥上建筑，基础未固，建筑愈高，倒塌下来，压毙之人愈多。所以由斯密士学说之结果，会酿成社会革命；由达尔文学说之结果，会酿成世界第一次大战，第二次大战；如实行中国学说，绝无此流弊。（详见拙著《中国学术之趋势》）

孔子问礼于老子，其学是从老子而来。老子曰："为道日损，损之又损，以至于无为。"这是向内收敛。又曰："无为则无不为矣。"这是向外发展。《中庸》"放之则弥六合，卷之则退藏于密"，正是老子家法。老子又曰："修之于身，其德乃真，修之于家，其德乃馀，修之于乡，其德乃长，修之于邦，其德乃丰，修之于天下，其德乃普。"我们绘之为图，岂不与丁图一样？足知孔老学说，原是一贯。

仲尼祖述尧舜，尧典曰："克明俊德，以亲九族，九族既睦，平章百姓，百姓昭明，协和万邦，黎民于变时雍。"绘出图来，也与丁图一样，足知孔门学说，是尧舜家法。

西人讲个人主义的，反对国家主义和社会主义。讲国家主义的，反对个人主义和社会主义。讲社会主义的，反对个人主义和国家主义。个人即所谓我，社会即所谓天下。西人之我也，国家也，天下也，三者看为不相容之物，存其一必去其二。而中国之学说则不然，把此三者融合为一，细玩丁图，于三者之间，还要添一个家字，老子还要添一个乡字，看起来，并无所谓冲突。《礼记》曰："以天下为一家，以中国为一人。"此种学说，何等精粹。自西人眼光看来，世界处处冲突，此强权竞争，优胜劣败之说所由来也。《中庸》曰："万物并育而不相害，道并行而不相悖。"处处取平行线态度，绝无所谓冲突。所以要想世界太平，非一齐走入中国主义这条路不可。

中西人士，聪明才智是相等的，不过研究的方法，稍有不同，西人把他聪明才智用以研究物理，中国古人把他聪明才智用以研究人事，西人用仰观俯察的法子，把宇宙自然之理看出来了，创出物理上种种学说；中国古人，用仰观俯察的法子，把宇宙自然之理看出来了，创出人事上种种学说。然而物理上种种学说，逃不出力学规律，人事上种种学说，逃不出心理学。我们定出一条臆说："心理依力学规律而变化。"即可将人事与物理沟通为一，也即是将中西学说沟通为一。

中国古人所说上行下效，父慈子孝，与夫绥之斯来，动之斯和一类话，都含磁电感应原理，社会上一切组织，看似无有条理，而实极有条理，看似不科学，而实极合科学。本书所绘甲乙丙丁四图，纯是磁场现象，厘然秩然，可说中国古人是将磁电原理运用到人事上来了，西人则父子兄弟夫妇间的权利义务，都用簿式计算，以致人与人之间，冷酷无情，必须灌注以磁电，才有一种祥和之气。

中国古人，喜欢说与天地合德、与天地同流一类话，初看去，不过是些空洞的话，而今科学昌明了，大家都知道：所谓天体，是循着力学规律走的。古人窥见了真理，他说与天地合德同流，无异说：吾人作事，要与力学规律符合。

吾人作事，根于心理，心理依力学规律而变化。水之变化，即是力之变化，古人论事，多以水作喻，可以说：都是援引力学规律。老子曰："上善若水。"孔子在川上曰："逝者如斯夫。"孟子曰："源泉混混。"他如："防民之口，甚于防川。"与夫"器方则水方，器圆则水圆。"等等说法，无一不取喻于水。孙子曰："兵形像水，水之形避高而趋下，兵之形避实而击虚，水因地而制流，兵因敌而制胜，故兵无常形，水无常势。”故孙子十三篇，俱可以力学规律绳之。如本书第六章，举孙子所说：“吴人越人，同舟济而遇风。”韩信背水阵，引孙子语：“置之死地而后生。”俱可本力学规律，绘图说明。

宋儒子《孔记》中，特别提出《大学》、《中庸》二篇，程朱诸人，复精研易理，于真理都有所窥见。周子太极图，俨然是螺旋式的回旋状况，所以宋儒之理学，能于学术上开一新纪元。宋儒发明了理学，愈研究愈精微，到了明朝王阳明出来，他的学说风靡天下，我们只把阳明提出来研究即是了。他的学说，最重要者：(1)致良知；(2)知行合一。此二者均含有力学原理。

(1)致良知。王阳明传习录说：“人的良知，就是草木瓦石的良知。”草木暂不说，请问瓦石是无生之物，良知安在？我们把瓦石加以分析，除了泥沙，别无他物，细加考察，即知它有凝集力，能把泥沙分子结合拢来，对于外物有一种引力，把瓦石向空抛去，它能依力学规律向下而坠。由此知：阳明所谓良知，不外力之作用罢了。阳明所说的良知，与孟子所说的良知不同，孟子指仁爱之心而言，只是一种引力，阳明则指是非之心而言，是者自必引之使近，非者自必推之使远，具有向心离心二力之作用，故阳明学说，较孟子学说圆满。我们这样的研究，即知阳明所谓致良知者，无非把力学原理应用到事事物物而已。

(2)知行合一。阳明说：“知是行的主意，行是知的工夫，知是行之始，行是知之成。”他这个道理，可画根力线来说明。例如：我闻友人病重，想去看他。我心中这样想，即心中发出一根力线，直射到友人方面，我由家起身，即是沿着这根力线一直前进，直到病人面前为止。知友人病重，是此线之起点，故曰：“知是行之始。”走到病人面前，是此线之终点，故曰：“行是知之成。”两点俱在一根直线上，故曰：“知行合一。”一闻友病，即把这根路线画定，故曰：“知是行的主意。”画定了，即沿着此线走去，故曰：“行是知的工夫。”阳明把明德亲民二者，合为一事，把博学、审问、慎思、明辨、笃行五者合为一事，把格致诚正、修齐治平八者合为一事，都是用的这个方式，都是在一根直线上，从起点说至终点。

王阳明解释《大学。诚意章》“如好好色，如恶恶臭”二句，说道：“见好色属知，好好色属行，只见好色时，已自好了，不是见后又立个心去好，闻恶臭属知，恶恶臭属行，只闻恶臭时，已自恶了，不是闻后别立一个心去恶。”他这种说法,用磁电之理一说就明白了。“异性相引,同性相推”,是磁电的定例,能判别同性异性者,知也,引之推之者,行也。我们在讲室中试验,即知道:磁电一遇异性,立即相引,一遇同性,立即相推,并不是先把同性异性判定了,然后才去引之推之。知行二者,简直分不出来,恰是阳明所说“既知即行”的现象。

阳明说的“知行合一”乃是思想与行为合一,如把知字改为思想二字,更觉明了,因为人的行为,是受思想支配的。故阳明曰:“知是行的主意。”所以我们观察人的行为,即可窥见其心理,知道他的心理,即可预料其行为。古人说“诚于中,形于外。”又说:“中心达于面目。”又说:“根于心,见于面,盎于背,旋于四体”等语。我们下细研究,即知这些说法,很合力学规律。心中起了一个念头,力线一动,即依着直线进行的公例,达于面目,跟着即见于行事。但有时心中起了一个念头,竟未见诸实行,这是甚么缘故呢?是心中另起一种念头,把前线阻住了,犹如起身去看友人之病,行至中途,发生障故,路线被阻一般。此种现象,在阳明目中看来,仍与实行了无异,不必定要走到病人面前才算实行,只要动了看病人的念头,即等于行。故曰:知行合一。

阳明说:“见好色属知,好好色属行。”普通心理学,分知、情、意三者,这“好好色”,明明属乎情,何以谓之行呢?因为一动念,力线即射到色字上去了,已经是行之始,故阳明把情字看作行字,他说的“知行合一”乃是“知情合一”。所以我们要想彻底了解阳明学说,必须应用力学规律,根据他所说“知是行之始,行是知之成”,绘出一根直线,才知他的学说不是空谈,而是很合自然之理的。

十一 经济、政治、外交三者应采用合力主义

我国古代，不但哲学家的学说，合得到力学原理。就是大政治家的政策，也合得到力学原理，以春秋战国言之，其时外交上发生两大政策，第一是管仲尊周攘夷的政策，第二是苏秦合六国以抗强秦的政策；这两大政策，俱合力学规律，故当时俱生重大的影响。管仲的政策是尊周攘夷，他提出尊周二字，九合诸侯，把全国力线集中于尊周之一点，内部力线，既已统一了，然后向四面打出，伐狄，伐山戎，伐楚，遂崛起而称霸了。春秋时楚国最强，齐自襄公之乱，国力微弱，远非楚敌，召陵之役，齐合鲁宋陈卫郑许曹诸国以击楚，是合众弱国以攻打一个强国，合得到力学上的合力方式，所以能取胜。后来晋文公合齐宋秦诸国以伐楚，也是师法管仲政策，采用合力主义。

苏秦合六国以攻强秦，这是齐楚燕赵韩魏六国各发出一根力线，集中于攻打强秦之一点，其政策名曰合纵，是合六根力线，从纵的方向向强秦攻去，也是一种合力主义，故他的政策实行后，秦人不敢出关者十五年。

诸葛孔明，是三代下第一个政治家，他的外交政策，是联吴伐魏，合两个弱国，攻打一个强国。史称："孔明自比管仲乐毅。"孔明治蜀，略似管仲治齐，以之自比，尚属相似，请问孔明生平哪一点像乐毅，为甚以之自比？我们考《战国策》：燕昭王以乐毅为上将军，率燕赵楚魏宋五国之兵以伐齐；孔明的《隆中对》，主张西和诸戎，南抚夷越，东联孙权，然后北伐曹魏，与乐毅和燕昭王那篇议论完全相似，可知孔明自比管乐，全是取他合众弱国以攻打强国这一点。这是孔明在南阳同诸名士研讨出来的政策，不过古史简略，只载"自比管仲乐毅"一句，未及详言之耳。后来孔明的政策成功，曹操听说孙权把荆州借与刘备，二人实际联合了，他正在写字，手中之笔都落了，由此知合力主义之利害。

大凡列国纷争之际，弱小国之惟一办法，是采用合力主义，合众弱国以攻打强国，已经成了历史上铁则。而强国对付之惟一办法，是破坏他的合力主义，设法解散弱国之联盟，故六国联盟成功，秦即遣张仪出来挑拨离间，吴蜀

联盟成功，曹操即设法使孙权败盟。

> 大凡列国纷争之际，弱小国之惟一办法，是采用合力主义，合众弱国以攻打强国，已经成了历史上铁则。而强国对付之惟一办法，是破坏他的合力主义，设法解散弱国之联盟，故六国联盟成功，秦即遣张仪出来挑拨离间，吴蜀联盟成功，曹操即设法使孙权败盟。

弱国能否战胜强国，以弱国之合力主义能否贯到彻底为断。齐合八国之师以伐楚，晋合四国之师以伐楚，燕合五国之师以伐齐，是合力到底，故能成功。苏秦合六国以抗秦，而六国自相冲突，故归失败；吴蜀联盟，中经孙权败盟，关羽被杀，后来虽重行联合，而势力大为衰减，故仍不能成功。

合力主义，不但施之外交，且应施之内政。齐桓之能够称霸，是由管仲作内政，寄军令，内部力线是一致的；孔明治蜀，内部力线也是一致，故魏人畏之如虎。秦自商鞅而后，内部事事一致，六国既彼此相冲突，而各国内部复不讲内政，故秦兴而六国灭。管仲与宁鲍诸人，同心一德，合得到合力主义，故成功；苏秦有一个好友张仪，反千方百计，驱之入秦，违反合力主义，故失败。

主持国家大计，贵在把全国力线，根根都发展出来，集中于中央政府，用以对外，自然绰有馀裕，所以身负国家重责的人，必须有笼罩万有的气象。古人云："万方有罪，罪在联躬。"即是此种气象，秦誓曰："如有一介臣，断断猗，无他技，其心休休焉，其如有容焉，人之有技，若己有之，人之彦圣，其心好之，不啻如自其口出。"也是此种气象。刘邦豁达大度，能把敌人方面的韩信、陈平、黥布、彭越等诸人收己用，智者尽其谋，勇者尽其力。项羽则局量狭小，不惟韩彭诸人容留不住，连一个忠心耿耿的范增也不能用。刘邦用众人之力，项羽用一己之力，故汉兴而楚灭。

武王曰："纣有臣亿万，惟亿万心。"这是违反了合力主义。"予有臣三千，惟一心。"这是合乎合力主义，故武王兴而殷纣灭。他如光武之推心置腹，诸葛孔明之集思广益，都可谓之实行合力主义。

互竞主义，力线是横的，彼此相互冲突；互助主义，彼此虽不冲突，然力线仍是横的，成立不起政府，不得不流而为无政府主义。若行合力主义，则力线是纵的，可以成立政府，而力线则根根直达中央，彼此不相冲突。讲尼采的超人主义，其弊流于你死我活，讲托尔斯泰的不抵抗主义，其弊流于你活我死，最好是行合力主义，你与我大家都活。

我国治国之术，有主张用仁义感化的，其说出于孟子一派的儒家，是建筑在性善说上面，性善说是一偏之见，故纯用仁义感化有流弊；有主张用法律制裁的，其说出于申韩一派的法家，是建筑在性恶说上面，性恶说是一偏之见，故纯用法律制裁，也有流弊。我们知道：心理依力学规律而变化，无所谓善，无所谓恶，这是把性善说和性恶说合而为一，施之治国，则一面用仁义感化，等于治水者之疏瀹，使之向下流去，一面用法律制裁，等于治水者之筑堤，不使其横流。治水者，既是疏瀹与筑堤并行不悖，所以治国者仁义法律亦可并行不悖。水之变化，即是力之变化，用治水之法治民，断不会错。

世界之所以纷争不已者，实由互相反对之两说，同时并行之故，而此互相反对之两说，大都一则建筑在性善说上，一则建筑在性恶说上。例如：个人主义经济学之鼻祖是斯密士，他说："人类皆有自私自利之心，利用这种自私自利之心，就可把人世利源尽量开发出来。"因主张营业自由。故知《原富》一书，是建筑在性恶说上。社会主义经济学之倡始者，是圣西门诸人，他们都说："人性是善良的，上帝造人类，并莫有给人类罪恶痛苦，人类罪恶痛苦，都是恶社会制成的。"故知共产诸书，是建筑在性善说上，性善说与性恶说既两相冲突，故社会主义与个人主义就两相冲突。民主主义的学说，发源于卢梭，卢梭说："自然之物皆善，经人类之手，乃变而为恶。"这是属乎性善说。倡独裁主义者，则谓人心好乱，必须采用独裁制，才能镇压下去，这是属乎性恶说，性善说与性恶说，既两相冲突，民主主义与独裁主义，遂两相冲突。达尔文倡优胜劣败之说，发挥人类自私自利之心，这是属乎性恶说。克鲁泡特金，起而反对之，说："动物和原始人类，都知道互助。"这是属乎性善说。性善说与性恶说，既两相冲突，故达尔文学说，克鲁泡特金学说，遂两相冲突。我们试思：同一社会之中，有种种两相冲突之主张，同时并行，世界乌得不大乱？我们要想解除世界纷争，非先把人性研究清楚不可，人性研究清楚了，再来定经济政治外交三者的实施办法。我们主张：性无善无恶，算是把性善说与性恶说合而一之，因此我们拟具的经济制度，是把个人主义和社会主义合而一之，拟具的政治方式，是把民主主义和独裁主义合而一之。至于外交方面，我们把被侵略者联合为一，算是互助主义，进而对侵略者抗战，算是互竞主义，这可说是把克鲁泡特金学说和达尔文学说合而一之。基于经济之组织，生出政治之组织，基于经济政治之方式，生出外交之方式，由民生，而民权，而民族，三者一以贯之，而三民主义，就成为整个的了。

孙中山先生学说，业经国内学者详加阐发，独于他的学说，系根据力学原理立论，许多人都未注意。他讲五权宪法，曾说道："政治里头，有两个力量，好比物理学里头，有离心力与向心力一般。"他主张两力平衡，才能达到安全现象。他讲民权主义，以机器为喻，以机器中之活塞为喻。又说：放水制和接电组等等，都是把力学上原理运用到政治方面，中山先生把人事与物理会通为一，故创出的学说，很合宇宙自然之理。此书初版，对于政治经济外交三者，本着合力主义，一一拟具实施办法。

此次再版，因为曾写了一本《社会问题之商榷》，又写了一本《制宪与抗日》，后来又总括大意，写入《我的思想统系》中。其大旨：关于政治一层，人民行使四权，先从一村一场开始，各村各场办好了，联合为区，各区办好了，联合为县，由是而省而全国，四万万五千万人，有四万万五千万根力线，根根力线，直达中央，成一个合力政府。大总统去留之权，操诸人民之手，兴革大政，由全体人民裁决，大总统违法，可由人民总投票，撤职讯办，是为民主主义。大总统在职权内发出之命令，任何人不能违反，俨然专制时代之皇帝，是为独裁主义。像这样的办法，民主制和独裁制，即合而为一了。关于经济一层：土地、工厂、银行和经济贸易四者，一律收归国有，其他经济之组织，悉仍其归，个人主义、社会主义融合为一。人民私有之土地，始而收归一村一场公有，继而收归全区公有，全县公有，全省公有，终而收归全国公有（详细办法，具载拙著《我的思想统系》中）。关于外交一层，由我国出来，组织"新的国际联盟"，喊出"人类平等"的口号，以弱小民族为主体，进而与列强联合，以这个新的国联为推行我国王道主义之机关，我们最终的目的，是全球十八万万人共同做皇帝，把全世界土地收归全人类公有。

自有历史以来，都是人同人争，其力线是横的，我们改为纵的方向，悬出地球为目的物，合全人类向之进攻，把他内部蕴藏的财富取出来，全人类平分，人同人争之现象，永远消灭，是为合力主义之终点。

第三篇 厚 黑 丛 话

自序

民国十六年，我将历年作品汇刊一册，名曰《宗吾臆谈》，内容计：(1)厚黑学；(2)我对于圣人之怀疑；(3)心理与力学；(4)考试制之商榷；(5)解决社会问题之我见。十七年，我把“解决社会问题之我见”扩大为一单行本，题曰《社会问题之商榷》。第六章有云：“我讨论这个问题，自有我的根据地，并未依傍孙中山，乃所得结果，中山已先我而言之，真理所在，我也不敢强自立异。于是把我研究所得，作为阐发孙中山学说之资料”，云云。此书流传至南京，石青阳与刘公潜见之，曾电致四川省政府刘主席自乾，叫我入京研究党义，我因事未去。本年我到重庆，伍君心言对我说：“你著的《社会问题之商榷》，曾揭登南京《民生报》，许多人说你对于孙中山学说，有独到之见。你可再整理一下，发表出来，大家讨论。”我因把原作再加整理，名曰《改革中国之我见》。

《社会问题之商榷》理论多而办法少，我认为现在所需要者，是办法，不是理论，乃将原书大加删除，注重办法。原书偏于经济方面，乃再加入政治和外交，基于经济之组织，生出政治之组织，基于经济政治之方式，生出外交之方式。换言之，即是由民生而民权，而民族，三者联为一贯，三民主义就成为整个的东西了。书成拿到省党部，请胡素民、颜伯通二君批评。二君道：“此书精神上，对于三民主义完全吻合，但办法上，有许多地方，孙中山未曾这样说，如果发表出来，恐浅见者流生出误会，你可以不必发表。”我因把原稿收藏起。我是发明厚黑学的人，还是回头转来讲我的厚黑学，因此才写《厚黑丛话》。

孙中山提出了三民主义的伟大革命先行者

我生平揭的标帜，是“思想独立”四字。因为思想独立，就觉得一部二十四史和四书五经，与宋元明清学案，无在不是破绽。《厚黑学》一文，是揭穿一部二十四史的黑幕；《我对于圣人之怀疑》一文，是揭穿一部宋元明清学案的黑幕。马克思的思想，是建筑在唯物史观上；我的思想，可说是建筑在厚黑史观上。

我的思想，既以厚黑史观为基础，则对于人性不能不这样的观察，对于人性既这样观察，则改革经济、政治、外交等等，不能不有这样的办法。今之研究三民主义者，是置身三民主义之中，一字一句研究。我是把中国的四书五经、二十四史和宋元明清学案，与夫外国的……斯密士、达尔文、卢梭、克鲁泡特金、孟德斯鸠，等等，一齐扫荡了，另辟蹊径，独立研究，结果与三民主义精神相合，成了殊途同归，由此可以证明孙中山学说是合真理的。

孙中山常说：“**主义不能变更，政策可因时势而变更**。”主义者精神也，政策者办法也，我们只求精神上与三民主义相合，至于办法上，大家可提些出来，公开讨论……。办法生于理论，我的理论，以厚黑史观为基础，故从厚黑学讲起来。

此次所写《厚黑丛话》，是把我旧日作品和新近的感想糅合写之。我最近还做有一本《中国学术之趋势》，曾拿与友人舒君实、官梦兰二君看，二君都说可以发表，我也把他拆散写入，将所有作品冶为一炉，以见思想之一贯。中间许多说法，已越出厚黑学范围，而仍名之为《厚黑丛话》者，因种种说法，都是从厚黑学生出来，犹之树上的枝叶花果，是从树干生出来，题以厚黑二字，示不忘本也。

我这《厚黑丛话》，从二十四年八月一日起，逐日在成都《华西日报》发表，每日写一两段，每两个月合刊一册，请阅者赐教。旧著《宗吾臆谈》和《社会问题之商榷》，我送有两本在成都图书馆，读者可便中取阅。有不合处，一经指出，即当遵照修改。

二十四年十月十八日

李宗吾于成都

致读者诸君

成都《华西日报》二十四年十一月十七日

二十四年十一月十日,《成都快报》载有窦枕原君所写《读〈厚黑丛话〉与〈厚黑学的基础安在〉后的意见》,说道:“《厚黑丛话》是李先生宗吾宗自己的意见写的。《厚黑学的基础安在》,是客尘先生批评厚黑而写的。我呢,因为站在壁上观的立场,不便有什么言论,来判定谁是谁非,但我亦不是和事老的鲁仲连。我的意见便是请求两先生的文章,按月刊成单行本,露布书店,使阅者得窥全豹,同时又可使阅者有研讨的可能。愚见如此,不知你们的尊意怎样?”窦君这种主张,我极端赞成,决定每两月刊一册,自八月一日至九月卅日,在成都《华西日报》发表的《厚黑丛话》,业已加以整理,交付印刷局,不日即可出版,馀者续出。

同日快报载客尘君《答枕原先生兼请教读者》一文,内云:“出单行本却不敢有此企图,最大的原因,便是囊空如洗,一钱莫名,并且文字是随便写的,异常拖沓拉杂……。”客尘君既不自出单行本,我打算纂一部《厚黑丛话之批评》,以若干页为一册,挨次出版,册数之多寡,视批评者之多寡为断。快报十一月十日所载窦君及客尘君两文,决定刊入。又成都《新四川日报》十月十三日载子健君《健斋琐录》,对于厚黑学亦有批评,亦当录入。至客尘君所著《厚黑学的基础安在》,我希望客尘加以整理,力求短简明洁,在报上重新发表,以便刊行。如或过长,只好仍请客尘君自印单行本。

客尘君在快报上宣言要向我总攻击,所谓总攻者,无所不攻之谓也。客尘君写了如许长的文字,只攻击我“厚黑救国”四字,拙作中类此四字者很多,请一一攻击,俾知谬点所在。我为客尘君计,可每文标一题目,直揭出攻击之点,简简单单的数百字,一日登完,庶阅者一目了然。不必用《厚黑学的基础安在》那种写法,定一个大题目,每次登一两千字,几个星期都未登完,致流于拖沓拉杂之弊。客尘君以我的话为然否？并希望其他的批评者也这样办。

我这《厚黑丛话》，不断写去，逐日《华西日报》发表，究竟写好长，写好久，我也无一定计划。如无事故，而又心中高兴，就长期写去。凡批评的文字，只要在报章杂志上发表过的，无论赞成或反对，俱一一刊入；且反对愈烈者，我愈欢迎。我是主张思想独立的人，常喜欢攻击他人，因之也喜欢他人攻击我。有能痛痛快快的攻击我，我就认他是我的同志，当然欢迎。惟文字冗长，词意晦涩者则不录。其直接寄我之信函，而未经报章杂志披露者亦不录。

我平居无事，即寻些问题来研究，研究所得，究竟合与不合，自己无从知道，特写出来，请求阅者指正。我研究这些问题，已闹得目迷五色，好像彷徨失路的人。诸君旁观者清，万望指我去路，我重再把这些道理研究明白。只要把真理寻出就好了，不必定要是我寻出的，犹之救国救民等事，只要人民的痛苦能够解除就好了，不必定要功自我出。我只埋头发表我的意见，或得或失，一任读者批评，自己不能置辩一字，我说错了，自当改从诸君之主张，不敢固执己见。

我这《厚黑丛话》，是把平日一切作品和重庆《新蜀报》发表的一些文章，《济川报》发表的《汲心斋杂录》，连同近日的新感想，糅合写之，所讨论的问题，往往轶出厚黑二字之外。诸君可把这“厚黑丛话”四字当如书篇名目，如《容斋随笔》、《北梦琐言》之类，如把这四字，认为题目，则我许多说法，都成为文不对题了。

诸君批评的文字，在报章杂志上发表后，请惠赠一份，交成都《华西日报》副刊部转交，无任感盼。

李宗吾二十四年十一月十五日

厚黑丛话卷一

成都《华西日报》二十四年八月一日至八月三十一日

著者于满清末年发明厚黑学，大旨言一部二十四史中的英雄豪杰，其成功秘诀不外面厚心黑四字，历引史事为证。民国元年，揭登成都《公论日报》，计分三卷，上卷厚黑学，中卷厚黑经，下卷厚黑传习录。发表出来，读者哗然。中卷仅登及一半，我受友人的劝告，也就中止。原文底稿，已不知抛弃何所。十六年，刊《宗吾臆谈》，把三卷大意摘录其中。去年舍侄等在北平，从《臆谈》中抽出，刊为单行本，上海某杂志，似乎也曾登过。

我当初本是随便写来开玩笑，不料从此以后，厚黑学二字，竟洋溢乎四川，成一普通名词。我也莫名其妙，每遇着不相识的朋友，旁人替我介绍，必说道："这就是发明厚黑学的李某。"几于李宗吾三字和厚黑学三字合而为一，等于释迦牟尼与佛教合而为一，孔子与儒教合而为一。

有一次在宴会席上，某君指着我，向众人说道："此君姓李名宗吾，是厚黑学的先进。"我赶急声明道："你这话错了，我是厚黑学祖师，你们才是厚黑学的先进。我的位置，等于佛教中的释迦牟尼，儒教中的孔子，当然称为祖师。你们亲列门墙，等于释迦门下的十二圆觉，孔子门下的四科十哲，对于其他普通人，当然称为先进。"

厚黑学，是千古不传之秘，我把他发明出来，可谓其功不在禹下。每到一处，就有人请我讲厚黑学，我身抱绝学，不忍自私，只好勤勤恳恳的讲授，随即笔记下来，名之曰《厚黑丛话》。

有人驳我道："面厚心黑的人，从古至今，岂少也哉？这本是极普通的事，你何得妄窃发明家之名？"我说："所谓发明者，等于矿师之寻出煤矿铁矿，并不是矿师拿些煤铁嵌入地中，乃是地中原来有煤有铁，矿师把上面的土石除去，煤铁自然出现，这就谓之发明了。厚黑本是人所固有的，只因被四书五经、宋儒语录和感应篇、阴骘文、觉世真经等等蒙蔽了，我把它扫而空之，使厚与黑赤裸裸的现出来，是之谓发明。"

牛顿发明万有引力，这种引力，也不是牛顿带来的，自开辟以来，地心就有吸力，经过了百千万亿年，都无人知道，直至牛顿出世，才把他发现出来。厚黑这门学问，从古至今，人人都能够做，无奈行之而不著，习矣而不察，直到李宗吾出世，才把他发现出来。牛顿可称为万有引力发明家，李宗吾当然可称厚黑学发明家。

有人向我说道："我国连年内乱不止，正由彼此施行厚黑学，才闹得这样糟。现在强邻压迫，亡国在于眉睫，你怎么还在提倡厚黑学？"我说："正因亡国在于眉睫，更该提倡厚黑学，能把这门学问研究好了，国内纷乱的状况，才能平息，才能对外。"厚黑是办事上的技术，等于打人的拳术。诸君知道：凡是拳术家，都要闭门练习几年，然后才敢出来与人交手。从辛亥至今，全国纷纷扰扰者，乃是我的及门弟子和私淑弟子实地练习，他们师兄师弟，互相切磋。迄今二十四年，算是练习好了，开门出来，与人交手，真可谓"以此制敌，何敌不摧，以此图功，何功不克。"我基于此种见解，特提出一句口号曰：厚黑救国。请问居今之日，要想抵抗列强，除了厚黑学，还有甚么法子？此《厚黑丛话》，所以不得不作也。

抵抗列强，要有力量，国人精研厚黑学，能力算是有了的。譬之射箭，射是射得很好，从前是关着门，父子弟兄，你射我，我射你；而今以列强为箭垛子，支支箭向同一之垛子射去。我所谓厚黑救国，如是而已。

厚黑救国，古有行之者，越王勾践是也。会稽之败，勾践自请身为吴王之臣，妻入吴宫为妾，这是厚字诀。后来举兵破吴，夫差遣人痛哭乞情，甘愿身为臣，妻为妾，勾践毫不松手，非把夫差置之死地不可，这是黑字诀。由此知：厚黑救国。其程序是先之以厚，继之以黑，勾践往事，很可供我们的参考。

项羽拔山盖世之雄，其失败之原因，韩信所说"匹夫之勇，妇人之仁"，两句话就断定了。匹夫之勇，是受不得气，其病根在不厚。妇人之仁，是心有所不忍，其病根在不黑。所以我讲厚黑学，谆谆然以不厚不黑为大戒。但所谓不厚不黑者，非谓全不厚黑，如把厚黑用反了，当厚而黑，当黑而厚，也是断然要失败的。以明朝言之，不自量力，对满洲轻于作战，是谓匹夫之勇。对流寇不知其野性难驯，一意主抚，是谓妇人之仁。由此知明朝亡国，其病根是把厚黑二字用反了。有志救国者，不可不精心研究。

我国现在内忧外患，其情形很与明朝相类，但所走的途径，则与之相反。强邻压境，熟思审处，不悻悻然与之角力，以匹夫之勇为戒……明朝外患愈急迫，内部党争愈激烈。崇祯已经在煤山缢死了，福王立于南京，所谓志士者，还在闹党争。福王被满清活捉去了，辅立唐王、桂王、鲁王的志士，不在闹党争。我国迩来则不然，外患愈紧迫，内部党争愈消灭，许多兵戎相见的人，而今欢聚一堂。明朝的党人，忍不得气，现在的党人，忍得气，所走的途径又与明朝相反，这是更为可喜的。厚黑先生曰："知明朝之所以亡，则知民国之所以兴矣。"我希望有志救国者，把我发明的"厚黑史观"下细研究。

昨日我回到寓所，见客厅中坐一个很相熟的朋友，一见面就说道："你怎么又在报上讲厚黑学？现在人心险诈，大乱不已，正宜提倡旧道德，以图挽救，你发出这些怪议论，岂不把人心越弄越坏吗？"我说："你也太过虑了。"于是把我全部思想源源本本说与他听，直谈到二更，他欢然而去，说道："像这样说来，你简直是孔子信徒，厚黑学简直是救济世道人心的妙药，从今以后，我在你这个厚黑教主名下当一个信徒就是了。"

梁任公曾说："假令我不幸而死，是学术界一种损失。"不料他 56 岁就死了，学术界受的损失，真是不小。古来的学者如程明道、陆象山，是 54 岁死的。韩昌黎、周濂溪、王阳明，都是 57 岁死的。鄙人在厚黑界的位置，自信不在梁程陆韩周王之下，讲到年龄，已经有韩周王三人的高寿，要喊梁程陆为老弟，所虑者万一我一命呜呼，则是曹操、刘备诸圣人相传之心法，自我而绝，厚黑界受的损失，还可计算吗？所以我汲汲皇皇的写文字，余岂好厚黑哉？余不得已也。

马克思发明唯物史观，我发明厚黑史观。用厚黑史观去读二十四史，则成败兴衰，了如指掌，用厚黑史观去考察社会，则如牛渚燃犀，百怪毕现。……我们又可用厚黑史观攻击达尔文强权竞争的说法，使迷信武力的人失去理论上的立场。我希望阅者耐心读去，不可先存一个心说："厚黑学，是诱惑人心的东西。"更不可先存一个成见说："马克思、达尔文是西洋圣人，李宗吾是中国坏人，从古至今，断没有中国人的说法，会胜过西洋人的。"如果你心中是这样想，就请你每日读华西副刊的时候，看见《厚黑丛话》一栏，就闭目不视，免得把你诱坏。

有天我去会一个朋友。他是讲宋学的先生，一见我，就说我不该讲厚黑学。我因他是个迂儒，不与深辩，婉辞称谢。殊知他越说越高兴，简直带出训饬的口吻来了。我气他不过，说道："你自称孔子之徒，据我看来，只算是孔子之奴，够不上称孔子之徒。何以言之呢？你们讲宋学的人，神龛上供的是'天地君亲师之位'。你既尊孔子为师，则师徒犹父子，也可说等于君臣。古云：'事父母几谏'。又云：'事君有犯而无隐。'你为甚么不以事君父之礼事孔子？明知孔子的学说，有许多地方，对于现在不适用，不敢有所修正，直是谐臣媚子之所为，非孔子家奴而何？古今够得上称孔子之徒者，孟子一人而已，孔子曰：'我战则克。'孟子则曰：'善战者服上刑。'依孟子的说法，孔子是该处以枪毙的。孟子曰：'仲尼之徒，无道桓文之事者。'又把管仲说得极不堪，曰：'功烈如彼其卑也。'而《论语》上明明载，孔子曰：'剂桓公正而不谲。'又曰：'桓公九合诸侯，不以兵车，管仲之力也。如其仁，如其仁。'又曰："管仲相桓公，霸诸侯，一匡天下，民到于今受其赐。微管仲，吾其被发左衽矣。'孟子的话，岂不显与孔子冲突吗？孔子修《春秋》，以尊周为主，称周王曰'天王'。**孟子游说诸侯，一则曰：'地方百里而可以王。'再则曰：'大国五年，小国七年，必为政于天下。'**未知置周王于何地，岂非孔教叛徒？而其自称，则曰'乃所愿则学孔子也。'孟子对于孔子，是脱了奴性的，故可称之曰孔子之徒，汉宋诸儒，皆孔子之奴也。至于你吗！满口程朱，对于宋儒，明知其有错误，不敢有所纠正，反曲为之庇，直是家奴之奴，称曰'孔子之奴'，犹未免过誉。"说罢，彼此不欢而散。

古今够得上称孔子之徒者，孟子一人而已

管仲的辅佐使齐桓公成为了春秋五霸之首

阅者须知，世间主人的话好说，家奴的话不好说，家奴之奴，更难得说。中国纷纷不已者，孔子家奴为之也……达尔文家奴为之也，于主人何尤！

我不知有孔子学说，更不知有马克思学说和达尔文学说，我只知有厚黑学而已。问厚黑学何用？曰用以抵抗列强。我敢以厚黑教主之资格，向四万万人宣言曰："勾践何人也，予何人也，凡我同志，快快的厚黑起来！何者是同志？心思才力，用于抵抗列强者，即是同志。何者是异党？心思才力，用于倾陷本国人者，即是异党。"从前张献忠祭梓潼文昌帝君文曰："你姓张，咱老子也姓张，咱与你联宗罢。"我想，孔子在天之灵，见了我的宣言，一定说："咱讲内诸夏，外夷狄，你讲内中国，外列强，咱与你联合罢。"

梁任公曰："读春秋当如读楚辞，其辞则美人香草，其义则灵修也，其辞则剂桓、晋文，其义则素王制也。"呜呼，知此者可以读厚黑学矣！其词则曹操、刘备，其义则十年沼吴之勾践、八年血战之华盛顿也。师法曹操、刘备者，师法厚黑之技术，至曹刘之目的为何，不必深问。斯义也，恨不得起任公于九原，而一与讨论之。

我著厚黑学，纯用春秋笔法，善恶不嫌同辞，据事直书，善恶自见。同是一厚黑，用以图谋一己之私利，是极卑劣之行为，用以图谋众人之公利，是至高无上的道德。所以不懂春秋笔法者，不可以读厚黑学。

民国六年，成都国民公报社把厚黑学印成单行本，宜宾唐倜风作序，中江谢绶青作跋。绶青之言曰："宗吾发明厚黑学，或以为议评末俗，可以劝人为善，或以为凿破混沌，可以导人为恶。余则谓：厚黑学无所谓善，无所谓恶，亦视用之何如耳。如利刃然，用以诛叛逆则善，用以屠良民则恶。善与恶，何关于刃？故用厚黑以为善，则为善人，用厚黑以为恶，则为恶人，或善或恶，于厚黑无与也。"绶青这个说法，是很对的，与我所说春秋笔法，同是一意。

倜风之言曰："孔子曰：'谏有五，吾从其讽。'昔者汉武帝欲杀乳母，东方朔叱令就死。齐景公欲诛圉人，晏子执而数其罪。二君闻言，惕然而止。宗吾此书，大有东方朔、晏子遗意，其言最诙谐，其意最沉痛，直不啻聚千古大奸大诈于一堂，而一一谳定其罪，所谓诛奸谀于既死者非欤！吾人熟读此书，即知厚黑中人比比皆是，庶几出而应世，不为若辈所愚。彼为鬼为蜮者，知人之烛破其隐，亦将惶然思返，而不敢妄试其技。审如是也，人与人之间，不得不出于赤心相见之

晏子是春秋时期的名士

一途，则宗吾此书之有益于世道人心也，岂浅鲜哉！厚黑学之发布，已有年矣，其名词人多知之。试执人而语之曰：'汝固素习厚黑学者。'无不色然怒，则此书收效为何如，固不俟辩也。"倜风此说固有至理，然不如绶青所说尤为圆通。

庄子曰："**能不龟手，一也，或以封，或不免于呜呼**！若庄子者，始可与言厚黑矣。禅让一也，舜禹行之则为圣人，曹丕、刘裕行之，则为逆臣。"宗吾曰："舜禹之事，倘所谓厚黑，是耶非耶，余甚惑焉。倜风披览《庄子》不释手，而于厚黑学，犹一间未达，惜哉！"晚年从欧阳竟无，讲唯识学，回成都，贫病而死。夏斧私挽以联，有云："有钱买书，无钱买米。"假令倜风只买厚黑学一部，而以馀钱买米，虽至今生存可也，然而倜风不悟也。厚黑救国中，失此健将，悲夫！悲夫！

庄子在老子的基础上将道家思想发扬光大

我宣传厚黑学，有两种意思：(甲) 即倜风所说，"聚千古大奸大诈于一堂，而一一谳定其罪"。民国元年发布的《厚黑传习录》所说求官六字真言、做官六字真言和办事二妙法等等，皆属甲种。(乙)即绶青所说："用厚黑以为善。"此次所讲厚黑救国等语，即属乙种。

阅者诸君对于我的学问，如果精研有得，以后如有人对于你行使厚黑学，你一入眼就明白，可直告之曰："你是李宗吾的甲班学生，我与你同班毕业，你那些把戏，少拿出来耍些。"于是同学与同学辟诚相见，而天下从此太平矣，此则厚黑学之功也。有人说："老子云'邦之利器，不可以示人。'你把厚黑学公开讲说，万一国中的汉奸，把他翻译为英法德俄日等外国文,传播世界,列强得着这种秘诀,用科学方法整理出来,还而施之于我,等于把我国发明的火药加以改良,还而轰我一般,如何得了?”我说:惟恐其不翻译,越翻译得多越好。宋朝用司马光为宰相,辽人闻之,戒其边吏曰:“中国相司马公矣,勿再生事。”列强听见中国出了厚黑教主,还不闻风丧胆吗?孔子曰:“言忠信,行笃敬,虽蛮貊之邦可行也。”我国对外政策,应该建筑在一个诚字上,今可明明白白告诉他:“我国现遍设厚黑学校,校中供的是‘大成至圣先师越王勾践之神位’。厚黑教主开了一个函授学校,每日在报上发讲稿,定下十年沼吴的计划。这十年中,你要求什么条件,我国就答应什么条件,等到十年后,算帐就是了。”我们口中如此说,实际上即如此做,决不欺哄他。但要敬告翻译的汉奸先生,译厚黑学时,定要附译一段,说:“勾践最初对于吴王,身为臣,妻为妾。后来吴王请照样的身为臣,妻为妾,勾践不允,非把他置于死地不可,加了几倍的利钱。这是我们先师遗传下来的教条,请列强于头钱之外,多预备点利钱就是了。”从前王德用守边,契丹遣人来侦探,将士请逮捕之,德用说:“不消。”明日,大阅兵,简直把军中实情拿与他看。侦探回去报告,契丹即遣人来议和。假如外国人知道我国朝野上下,一致研究厚黑学,自量非敌,因而敛戢其野心,十年后不开大杀戒,则厚黑学之造福于人类者,宁有暨耶。此即汉奸先生翻译之功也。彼高谈仁义者,乌足知之?传曰:“火烈,民望而畏之,故鲜死焉。水懦弱,民狎而玩之,则多死焉。”厚黑先生者,其我佛如来之化身欤!

友人雷民心,发明了一种最精粹的学说,其言曰:“世间的事,分两种,一种是做得说不得,一种是说得做不得。例如夫妇居室之事,尽管做,如拿在大庭广众中来说,就成为笑话,这是做得说不得。又如两个朋友,以狎亵语相戏谑,抑或骂人的妈和姐妹,闻者不甚以为怪,如果认真实现,就大以为怪了,这是说得做不得。”民心这个学说,凡是政治界学术界的人,不可不悬诸座右。厚黑学是做得说不得。……

做得说不得这句话,是《论语》“民可使由之,不可使知之”的注脚,说得做不得这句话,是《孟子。井田章》和《周礼》一书的注脚。假令王莽、王安石聘民心去当高等顾问,决不会把天下事闹得那么坏。

辛亥年成都十月十八日兵变,全城秩序非常之乱,杨莘友出来任巡警总监,捉着扰乱治安的人,就地正法,出的告示,摹仿张献忠七杀碑的笔调,连书斩斩斩，大得一般人的欢迎。全城男女长幼，提及杨总监之名，歌颂不已。后来秩序稍定，他发表了一篇《杨维(莘友名)之宣言》，说今后当行开明专制，于是物议沸腾，报章上指责他，省议会也纠举他，说："而今是共和时代，岂能再用专制手段！"殊不知莘友从前用的手段，纯是野蛮专制，后来改行开明专制，在莘友算是进化了，只因把专制二字明白说出，所以大遭物议。民心说："天下事有做得说不得的。"莘友之事，是很好的一个例证。观于莘友之事，孔子所说："**民可使由之，不可使知之。**"就算得了的解。

我定有一条公例："用厚黑以图谋一己之私利，是极卑劣之行为；用厚黑以图谋众人公利，是至高无上之道德。"莘友野蛮专制，其心黑矣，而人反歌颂不已，何以故？图谋公利故。

厚黑救国这句话，做也做得，说也说得，不过学识太劣的人，不能对他说罢了。我这次把厚黑学公开讲说，就是想把他变成做得说得的科学。

胡林翼曾说："只要有利于国，就是顽钝无耻的事我都干。"相传林翼为湖北巡抚时，官文为总督。有天总督夫人生日，藩台去拜寿，手本已经拿上去了，才知道是如夫人生日，立将手本索回，折身转去。其他各官，也随之而去。不久林翼来，有人告诉他，他听了，伸出大拇指说道："好藩台！好藩台！"说毕取出手本递上去，自己红顶花翎的进去拜寿。众官听说巡抚都来了，又纷纷转来。次日官妾来巡抚衙门谢步，林翼请他母亲十分优待，官妾就拜在胡母膝下为义女，林翼为干哥哥。此后军事上有应该同总督会商的事，就请干妹妹从中疏通。官文稍一迟疑，其妾聒其耳曰："你的本事，哪一点比我们胡大哥？你依着他的话做就是了。"因此林翼办事，非常顺手。官胡交欢，关系满清中兴甚巨。林翼干此等事，其面可谓厚矣，众人不惟不说他卑鄙，反引为美谈，何以故？心在国家故。

严世蕃是明朝的大奸臣，这是众人知道的，后来皇上把他拿下，丢在狱中，众臣合拟一奏折，历数其罪状，如杀杨椒山、沈炼之类，把稿子拿与宰相徐阶看。阶看了说道："你们还是想杀他？想放他？"众人说："当然想杀他。"徐阶说："你这奏折一上去，皇上立即把他放出来，何以故呢？世蕃杀这些人，都是巧取上意，使皇上自动的要杀他。此折上去，皇上就会说：'杀这些人明明出自我的意思，怎么诬在世蕃身上？"岂不立把他放出吗？"众人请教如何办。"

徐阶说："皇上最恨的是倭寇，说他私通倭寇就是了。"徐阶关着门把折子改了递上去。世蕃在狱中探得众人奏折内容，对亲信人说道："你们不必担忧，不几天我就出来了。"后来折子发下，说他私通倭寇，大惊道："完了，完了！"果然把他杀了。世蕃罪大恶极，本来该杀，独莫有私通倭寇，可谓死非其罪。徐阶设此毒计，其心不为不黑，然而后人都称他有智谋，不说他阴毒，何以故？为国家除害故。

李次青是曾国藩得意门生，国藩兵败靖港、祁门等处，次青与他患难相共。后来次青兵败失地，国藩想学孔明斩马谡，叫幕僚拟奏折严参他，众人不肯拟。叫李鸿章拟，鸿章说道："老师要参次青，门生愿以去就争。"国藩道："你要去，很可以，奏折我自己拟就是了。"次日叫人与鸿章送四百两银子去，"请李大人搬铺"。鸿章在幕中，有数年的劳绩，为此事逐出。奏折上去，次青受重大处分。国藩此等地方手段很辣，逃不脱一个黑字，然而次青仍是感恩知遇，国藩死，哭以诗，非常恳挚。鸿章晚年，封爵拜相，谈到国藩，感佩不已，何以故？以其无一毫私心故。

上述胡、徐、曾三事，如果用以图谋私利，岂非至卑劣之行为吗？移以图谋公利，就成为最高尚之道德。像这样的观察，就可把当伟人的秘诀寻出，也可说把救国的策略寻出。现今天下大乱，一般人都说将来收拾大局，一定是曾国藩、胡林翼一流人，但是要学曾、胡，从何下手？难道把曾、胡全集，字字读，句句学吗？这也无须，有个最简单的法子，把全副精神集中在抵抗列强上面，目无旁视，耳无旁听，抱定厚黑二字，放手做去，得的效果，包管与曾、胡一般无二。如嫌厚黑二字不好听，你在表面上换两个好听字眼就是，不要学杨莘友把专制二字说破。你如有胆量，就学胡林翼，赤裸裸地说道："我是顽钝无耻。"列强其奈你何！是之谓厚黑救国。

我把世界外交史研究了多年，竟把列强对外的秘诀发现出来，其方式不外两种，一曰劫贼式。一曰娼妓式。时而横不依理，用武力掠夺，等于劫贼之明火劫抢，是谓劫贼式的外交。时而甜言蜜语，曲结欢心，等于娼妓媚客，结的盟约，毫不生效，等于娼妓之海誓山盟，是谓娼妓式的外交。

人问列强以何者立国？我答曰："厚黑立国。"娼妓之面最厚，劫贼之心最黑，大概军阀的举动是劫贼式，外交官的言论是娼妓式。劫贼式之后，继以娼妓式，娼妓式之后，继以劫贼式，二者循环互用。娼妓之面厚矣，毁弃盟誓则厚之中有黑。劫贼之心黑矣，不顾唾骂则黑之中有厚。我国自五口通商以来，直至今日，都是吃列强这两种方式的亏。我们把他的外交秘诀发现出来，就有对付的方法了。

人问："我国当以何者救国？"我答曰："厚黑救国。"他以厚字来，我以黑字应之；他以黑字来，我以厚字应之。娼妓艳装而来，开门纳之，但缠头费丝毫不能出。如服侍不周，把他衣饰剥了，逐出门去，是谓以黑字破其厚。如果列强横不依理，以武力压迫，我们就用张良的法子对付他。张良圯上受书，老人种种作用，无非教他面皮厚罢了。苏东坡曰："高帝百战百败而能忍之，此子房所教也。"我们以对付项羽的法子对付列强，是谓以厚字破其黑。

全国人士都大声疾呼曰："救国！救国！"试问救国从何下手？譬诸治病，连病根都未寻出，从何下药？我们提出厚黑二字，就算寻着病根了。寒病当用热药，热病当用寒药，相反才能相胜。外人黑字来，我以厚字应；外人厚字来，我以黑字应。刚柔相济，医国妙药，如是而已。他用武力，我即以武力对付之，他讲亲善，我即与之亲善，是为医热病用热药，医寒病用寒药。以此等法医病，病人必死；以此等法医国，国家必亡。

《史记》：项王谓汉王曰："天下汹汹数岁者，徒以吾两人耳，愿与汉王挑战决雌雄。"汉王笑谢曰："吾宁斗智不斗力。"笑谢二字，非厚而何？后来鸿沟划定，楚汉讲和了，项王把太公、吕后送还，引兵东归，汉王忽然败盟，以大兵随其后，把项王逼死乌江，非黑而何？我国现在对于列强，正适用笑谢二字，若与之斗力，就算违反了刘邦的策略。语曰："安不忘危。"厚黑经曰："厚不忘黑。"问："厚不忘黑奈何？"曰："有越王勾践之先例在，有刘邦对付项羽之先例在。"

我在民国元年，就把厚黑学发表出来，苦口婆心，谆谆讲说，无奈莫得一人研究这种学问，把一个国家闹成这样。今年石青阳死了，重庆开追悼会，正值外交紧急，我挽以联云："哲人其萎乎，呜呼青阳，吾将安仰；斯道已穷矣，吁嗟黑厚，予欲无言。"袁随园谒岳王墓诗云："岁岁君臣拜诏书，南朝可谓有人无，看烧石勒求和币，司马家儿是丈夫。"吁嗟黑厚，予欲无言！往者不可谏，来者犹可追。凡我同志，快快的厚黑起来，一致对外。

著者住家自流井。我尝说我们自流井的人，目光不出峡子口；四川的人，目光不出夔门口；中国的人，目光不出吴淞口。阿比西尼亚，是非洲弹丸大一个国家，阿皇敢于对意大利作战，对法西斯蒂怪杰墨索里尼作战，其人格较之华盛顿，有过之无不及，真古今第一流人杰哉！将来战争结果，无论阿国或胜或败，抑或败而至于亡国，均是世界史上最光荣的事。我们应当把阿皇的谈话，当如清朝皇帝颁发的"圣谕广训"，楷书一通，每晨起来，恭读一遍这就算目光看出吴淞口去了。

有人问我道："你的厚黑学，怎么我拿去实行，处处失败？"我问："我著的《宗吾臆谈》和《社会问题之商榷》二书，你看过莫有？"答："莫有。"我问："《厚黑学》单行本，你看过莫有？"答："莫有。我只听见人说：'做事离不得脸皮厚，心子黑。'我就照这话行去。"我说："你的胆子真大，听见厚黑学三字，就拿去实行，仅仅失败，尚能保全生命而还，还算你的造化。我著《厚黑学》，是用厚黑二字，把一部二十四史一以贯之，是为'厚黑史观'。我著《心理与力学》，定出一条公例：'心理变化，循力学公例而行'。是为'厚黑哲理'。基于厚黑哲理，来改良政治、经济、外交与夫学制等等，是为厚黑哲理之应用。其详俱见《宗吾臆谈》及《社会问题之商榷》二书。你连书边边都未看见，就去实行，真算胆大。"

厚黑学这门学问，等于学拳术，要学就要学精，否则不如不学，安分守已，还免得挨打。若仅仅学得一两手，甚或拳师的门也未拜过，一两手都未学得，远远望见有人在习拳术，自己就出手伸脚的打人，焉得不为人痛打？你想：项羽坑降卒20万，其心可谓黑到极点了，而我的书上，还说他黑字欠了研究，宜其失败。吕后私通审食其，刘邦佯为不知。后人诗曰："果然公大度，容得辟阳侯。"面皮厚到这样，而于厚字还是欠研究，韩信求封齐王时，若非有人从旁指点，几乎失败。厚黑学有这样的精深，仅仅听见这个名词，就去实行，我可以说越厚黑越失败。

厚黑学这门学问，等于学拳术，要学就要学精，否则不如不学，安分守己，还免得挨打。

人问："要如何才不失败？"我说："你须先把厚黑史观、厚黑哲理与夫厚黑哲理之应用彻底了解，出而应事，才可免于失败。兵法：'先立于不败之地。'又曰：'先为不可胜，以待敌之可胜。'厚黑学亦如是而已。"

孙子曰："**战势不过奇正，奇正之变，不可胜穷也。**"处世不外厚黑，厚黑之变，不可胜穷也。用兵是奇中有正，正中有奇，奇正相生，如循环之无端。处世是厚中有黑，黑中有厚，厚黑相生，如循环之无端。厚黑学与《孙子》十三篇，二而一，一而二。不知兵而用兵，必至兵败国亡。不懂厚黑哲理，而就实行厚黑，必至家破身亡。闻者曰："你这门学问太精深了，还有简单法子莫有？"我答曰："有。我定有两条公例，你照着实行，不须研究厚黑史观和厚黑哲理，也就可以为英雄，为圣贤。如欲得厚黑博士的头衔，仍非把我所有作品穷年累月的研究不可。"

就人格言之，我们可下一公例曰："用厚黑以图谋一己之私利，越厚黑，人格越卑污；用厚黑以图谋众人之公利，越厚黑，人格越高尚。"就成败言之，我们可下一公例曰："用厚黑以图谋一己私利，越厚黑越失败；用厚黑以图谋众人之公利，越厚黑越成功。"何以故呢？凡人皆以我为本位，为我之心，根于天性。用厚黑以图谋一己之私利，势必妨害他人之私利，越厚黑则妨害于人者越多，以一人之身，敌千万人之身，焉得不失败？人人既以私利为重，我用厚黑以图谋公利，即是替千万人图谋私利，替他行使厚黑，当然得千万人之赞助，当然成功。我是众人中之一分子，众人得利，我当然得利，不言私利而私利自在其中。例如曾、胡二人，用厚黑以图谋国家之公利，其心中无丝毫私利之见存，后来功成了，享大名，膺厚赏，难道私人所得的利还小吗？所以用厚黑以图谋国家之利，成功固得重报，失败亦享大名，无奈目光如豆者，见不及此。从道德方面说，攘夺他人之私利，以为我有，是为盗窃行为，故越厚黑人格越卑污。用厚黑以图谋众人之公利，则是牺牲我的脸，牺牲我的心，以救济世人。视人之饥，犹己之饥，视人之溺，犹己之溺，即所谓"我不入地狱，谁入地狱？"故越厚黑人格越高尚。

人问："世间有许多人，用厚黑以图谋私利，居然成功，是何道理？"我说："这即所谓'时无英雄，遂使竖子成名耳。'"与他相敌的人，不外两种：一种是图谋公利而不懂厚黑技术的人，一种是图谋私利，而厚黑之技术不如他的人，故他能取胜。万一遇着一个图谋公利之人，厚黑之技术与他相等，则必败无疑。语云："千夫所指，无病而死。"因为妨害了千万人之私利，这千万人中只要有一个觑着他的破绽，就要乘虚打他。例如《史记》项王谓汉王曰："天下汹汹数岁者，徒以吾两人耳。"其时的百姓，个个都希望他两人中死去一个，所以项王迷失道，问于田父，田父绐曰左，左乃陷大泽中，致被汉兵追及而死。如果是救民水火之兵，田父方保持之不暇，何至会绐他呢？我们提倡厚黑救国，这是用厚黑以保卫四万万人之私利，当然得四万万人之赞助，当然成功。

昔人云“文章报国”。文章非我所知，我所知者，厚黑而已。自今以往，请以厚黑报国。《厚黑经》曰：“我非厚黑之道，不敢陈于国人之前，故众人莫如我爱国也。”叫我不讲厚黑，等于叫孔孟不讲仁义，试问：能乎不能？我自问：生平有功于世道人心者，全在发明厚黑学，抱此绝学而不公之于世，是为怀宝迷邦，岂非不仁之甚乎！李宗吾曰：“鄙人圣之厚黑者也。夫天未欲中国复兴也，如欲中国复兴，当今之世，舍我其谁？吾何为不讲厚黑哉？”

昔人诗云：“锄禾日当午，汗滴禾下土。谁知盘中餐，粒粒皆辛苦。”众人都说饭好吃，哪个知道种田人的艰难？众人都说厚黑学适用，哪个知道发明人的艰难？我那部《厚黑学》，可说字字皆辛苦。

我这门学问，将来一定要成为专科，或许还要设专门大学来研究。我打算把发明之经过和我同研究的人写出来，后人如仿宋元学案、明儒学案，做一部厚黑学案，才寻得出材料，抑或与我建厚黑庙，才有配享人物。

旧友黄敬临，在成都街上遇着我，说道：“多年不见了，听说你要建厚黑庙，我是十多年以前就拜了门的，请把我写一段上去，将来也好配享。”我说：“不必再写，你看《论语》上的林放，见着孔子，只问了‘礼之本’，三个字，直到而今，还高坐孔庙中吃冷猪肉。你既有志斯道，即此一度谈话，已足配享而有余。”敬临又说：“我今年已经62岁了，因为钦佩你的学问，不惜拜在门下。”我说：“难道我的岁数比你小，就够不上与你当先生吗？我把你收列门墙，就是你莫大之幸，将来在你的自撰年谱上，写一笔‘吾师李宗吾先生’，也就比‘前清诰封某某大夫’，光荣多了。”

往年同县罗伯康致我信说道：“许多人说你讲厚黑学，我逢人辩白，说你不厚不黑。”我复信道：“我发明厚黑学，私淑弟子遍天下，我曰‘厚黑先生’，与我书者以作上款，我复书以作下款，自觉此等称谓，较之文成公、文正公光荣多矣。俯仰千古，常以自豪。不谓足下乃逢人说我不厚不黑，我果何处开罪足下，而足下乃以此报我耶？呜呼伯康，相知有年，何竟自甘原壤，尚其留意尊胫，免遭尼山之杖！”近日许多人劝我不必再讲厚黑学。嗟乎！滔滔天下，何原壤之多也！

从前发表的《厚黑传习录》，是记载我与众人的谈话，此次的丛话，是把传习录扩大之。我从前各种文字，许多人都未看过，今把他全行拆散来，与现在的新感想混合写之。此次的丛话，是随笔体裁，内容包含五种：⑴厚黑史观；⑵厚黑哲理；⑶厚黑学之应用；⑷厚黑学辩证法；⑸厚黑学发明史。我只随意写去，不过未分门类罢了。

人问："既是如此，你何不分类写之，何必这样杂乱无章的写？我说：著书的体裁分两种，一是教科书体，一是语录体。凡一种专门学问发生，最初是语录体，如孔子之《论语》，释迦之佛经，六祖之坛经，朱明诸儒之语录，都是门人就本师口中所说者笔记下来。老子手著之《道德经》，可说是自写的语录。后人研究他们的学问，才整理出来，分出门类，成为教科书方式。厚黑学是新发明的专门学问，当然用语录体写出。"

宋儒自称："满腔子是恻隐。"而我则："满腔子是厚黑。"要我讲，不知从何处讲起，只好随缘说法，想说什么，就说什么，口中如何说，笔下就如何写。或谈古事，或谈时局，或谈学术，或追述生平琐事，高兴时就写，不高兴就不写。或长长地写一篇，或短短地写几句，或概括地说，或具体地说，总是随其兴之所至，不受任何拘束，才能把我整个思想写得出来。

我们用厚黑史观去看社会，社会就成为透明体，既把社会真相看出，就可想出改良社会的办法。我对于经济、政治、外交，与夫学制等等，都有一种主张，而此种主张，皆基于我所谓厚黑哲理。我这个丛话，可说是拉杂极了，仿佛是一个大山，满山的昆虫鸟兽、草木土石等等，是极不规则的。惟其不规则，才是天然的状态。如果把他整理得厘然秩序，极有规则，就成为公园的形式，好固然是好，然而参加了人工，非复此山的本来面目。我把我胸中的见解，好好歹歹，和盘托出，使山的全体表现，有志斯道者，加以整理，不足者补充之，冗芜者删削之，错误者改正之。开辟成公园也好，在山上采取木石，另建一个房子也好，抑或捉几个雀儿，采些花草，拿回家中赏玩也好。如能大规模的开采矿物则更好。再不然，在山上挖点药去医病，检点牛犬粪去肥田，也未尝不好。我发明厚黑学，犹如瓦特发明蒸汽，后人拿去纺纱织布也好，行驶轮船、火车也好，开办任何工业都好。我讲的厚黑哲理，无施不可，深者见深，浅者见浅。有能得我之一体，引而伸之，就可独成一派。孔教分许多派，佛教分许多派，将来我这厚黑教，也要分许多派。

写文字，全是兴趣，兴趣来了，如兔起鹘落，稍纵即逝。我写文字的时候，引用某事或某种学说，而案头适无此书，就用苏东坡"想当然耳"的办法，依稀恍惚的写去，以免打断兴趣。写此类文字与讲考据不同，乃是心中有一种见解，平空白地，无从说起，只好借点事物来说，引用某事某说，犹如使用家伙一般，把别人的偶尔借来用用，若无典故可用，就杜撰一个来用，也无不可。

庄子寓言，是他胸中有一种见解，特借鲲鹏野马、渔父盗跖以写之，只求将胸中所见达出。至鲲鹏野马，果否有此物，渔父盗跖，是否有此人，皆非所问。胸中所见者，主人也。鲲鹏野马，渔父盗跖，皆寓舍也。孟子曰："说诗者不以文害辞，不以辞害意，以意逆志，是为得之。"读诗当如是，读庄子当如是，读厚黑学也当如是。

昔人谓："文王周公，繫易，彖辞爻辞，取其象，亦偶触其机，假令易，而为之，其机之所触少变，则其辞之取象亦少异矣。"达哉所言！战国策士，如苏秦诸人，平日把人情世故揣摹纯熟，其游说人主也，随便引一故事或设一个比喻，机趣横生，头头是道，其途径与庄之寓言，易之取象无异。宋儒初读儒书，继则出入佛老，精研有得，自己的思想已经成了一个系统，然后退而注孔子之书，借以明其胸中之理，于是孔门诸书，皆成为宋儒之鲲鹏野马，渔父盗跖。而清代考据家，乃据训诂本义，字字讥弹之，其解释字义固是，而宋儒所说之道理，也未尝不是。九方皋相马，在牝牡骊黄之外。知此义者，始可以读朱子之《四书集注》。无如毛西河诸人不悟，剌剌不休。嗟乎！厚黑界中，九方皋何其少，而毛西河诸人何其多也！

研究宋学者，离不得宋儒语录。然语录出自门人所记，有许多靠不住，前人已言之。明朝王学，号称极盛，然阳明手著之书无多，欲求王氏之学，只有求之传习录及龙溪诸子所记，而天泉证道一夕话，为王门极大争点。我尝说"四有四无"之语，假使阳明能够亲手写出，岂不少去许多纠葛。大学"格物致知"四字，解释者有几十种说法。假使曾子当日记孔子之言，于此四字下加一二句解释，不但这几十种说法不会有，而且朱学与王学争执也无自而起。我在重庆有个姓王的朋友，对我说道："你先生谈话很有妙趣，我改天邀几个朋友来谈谈，把你的谈话笔记下来。”我听了，大骇，这样一来，岂不成了宋明诸儒的语录吗！万一我门下出了一个曾子，摹仿大学那种笔法，简简单单的写出，将来厚黑学案中，岂不又要发生许多争执吗？于是我赶急仿照我家“聃大公”的办法，手写语录，名曰《厚黑丛话》，谢绝私人谈话，以示大道无私之意。将来如有人说，“我亲闻厚黑教主如何说”，你们万不可听信。经我这样的声明，绝不会再有天泉证道这种疑案了。我每谈一理，总是反反复复的解说，宁肯重复，不肯简略，后人再不会像“格物致和”四字，生出许多奇异的解释。鄙人之于厚黑学也，可谓尽心焉耳矣。噫！一衣一钵，传之者谁乎！

厚黑丛话卷二

成都《华西日报》二十四年九月一日至九月三十日

有人问道："你这丛话，你说内容包含厚黑史观、厚黑哲理、厚黑学之应用、厚黑学辩证法及厚黑学发明史，共五部分，你不把他分类写出，则研究这门学问的人，岂不目迷五色吗？岂不是故意使他们多费些精神吗？"我说："要想研究这种专门学问，当然要用心专研，中国的十三经和二十四史，泛泛读去，岂不是目迷五色，纷乱无章吗？而真正之学者，就从这纷乱无章之中寻出头绪来。如果惮于用心，就不必操这门学问。我只揭出原则和大纲，有志斯道者，第一步加以阐发，第二步加以编纂，使之成为教科书，此道就大行了。所以分门别类，挨一挨二地讲，乃是及门弟子和私淑弟子的任务，不是我的任务。"

我从前刊了一本《宗吾臆谈》。内面的篇目：(1)厚黑学；(2)我对于圣人之怀疑；(3)心理与力学；(4)解决社会问题之我见；(5)考试制之商榷。后来我把"解决社会问题之我见"扩大成为一单行本，曰《社会问题之商榷》，这是业已付了印的。近来我又做有一本《中国学术之趋势》，已脱稿，尚未发布。这几种作品，在我的思想上是一个系统，是建筑在厚黑哲理上，但每篇文字独立写去，看不出连贯性。因把他拆散来，在丛话中混合写去，一则见得各种说法互相发明，二则谈心理、谈学术是很沉闷的，我把他夹在厚黑学中，正论谐语错杂而出，阅者才不至枯燥无味。

我心中有种种见解，不知究竟对与不对，特写出来，请阅者指驳，指驳越严，我越是欢迎。我重在解释我心中的疑团，并不是想独创异说。诸君有指驳的文字，就在报上发表，我总是细细的研究，认为指驳得对的，自己修改了即是，认为不对，我也不回辩，免至成为打笔墨官司，有失研究学问的态度。我是主张思想独立的人，我的心坎上，绝不受任何人的压抑，同时我也尊重他人思想之独立，所以驳诘我的文字，不能回辩。我倡的厚黑史观和厚黑哲理，倘被人推翻，我就把这厚黑教主让他充当，拜在他门下称弟子。何以故？服从真理故。

宇宙真理，明明的摆在我们面前，我们自己可以直接去研究，无须请人替我研究。古今的哲学家，乃是我和真理中间的介绍人，他们所介绍的有无错误，不可得知，应该离开了他们的说法，直接去研究一番。有个朋友，读了我所作的文字，说道："这些问题，东西洋哲学家讨论的很多，未见你引用，并且学术上的专名词你也少用，可见你平时对于这些学说少有研究。"我听了这个话，反把我所作的文字翻出来，凡引有哲学家的名字及学术上的专名词，尽量删去，如果名词不够用，就自己造一个来用，直抒胸臆，一空依傍。偶尔引有古今人的学说，乃是用我的斗秤去衡量他的学说，不是以他的斗秤来衡量我的学说。换言之，乃是我去审判古今哲学家，不是古今哲学家来审判我。

中国从前的读书人，一开口即是诗云书云，孔子曰，孟子曰。戊戌政变以后，一开口即是达尔文曰，卢梭曰，后来又添些杜威曰，孟子曰，马克思曰，纯是以他人的思想为思想。究竟宇宙真理是怎样，自己也不伸头去窥一下，未免过于懒惰了！假如驳我的人，引了一句孔子曰，即是以孔子为审判官，以四书五经为新刑律，叫李宗吾来案候审。引了一句达尔文诸人曰，即是以达尔文诸人为审判官，以他们的作品为新刑律，叫李宗吾来案候审。像这样的审判，我是绝对不到案的。有人问："要谁人才能审判你呢？"我说：你就可以审判我，以你自家的心为审判官，以眼前的事实为新刑律。例如说道："李宗吾，据你这样说，何以我昨日看见一个人做的事不是这样，今日看见一只狗，也不是这样？可见你说的道理不确实。"如果能够这样的判断，我任是输到何种地步，都要与你立一个铁面无私的德政碑。

牛顿和爱因斯坦的学说，任人怀疑，任人攻击，未尝强人信从，结果反无人不信从。注《太上感应篇》的人说道："有人不信此书，必受种种恶报。"关圣帝君的《觉世真经》说道："不信吾教，请试吾刀。"这是由于这两部书所含学理经不得研究，无可奈何，才出于威吓之一途。我在厚黑界的位置，等于科学界的牛顿和爱因斯坦，假如不许人怀疑，不许人攻击，即无异于说："我发明的厚黑学，等于太上老君感应篇和关圣帝君的觉世真经。"岂不是我自己诋毁自己吗？

有人说：假如人人思想独立，各创一种学说，思想界岂不成纷乱状态吗？我说：这是不会有的。世间的真理，只有一个，如果有两种或数种学说互相违反，你也不必抑制哪一种，只叫他彻底研究下去，自然会把真理发见出来。真理所在，任何人都不能反对的。例如穿衣吃饭的事，叫人人独立的研究，得的结果，都是饿了要吃，冷了要穿，同归一致。凡所谓冲突者，都是互相抑制生出来的。假如各种学说，个个独立，犹如林中树子，根根独立，有何冲突？树子生在林中，采用与否，听凭匠师。我把我的说法宣布出来，采用与否，听凭众人，哪有闲心同人打笔墨官司。如果务必要强天下之人尽从己说，真可谓自取烦恼，而冲突于是乎起矣。程伊川、苏东坡见不及此，以致洛蜀分党，把宋朝的政局闹得稀烂。朱元晦、陆象山风不及此，以致朱陆分派，一部宋元学案，明儒学家，打不完的笔墨官司。而我则不然，读者要学厚黑学，我自然不吝教，如其反对我，则是甘于自误，我也只好付之一叹。

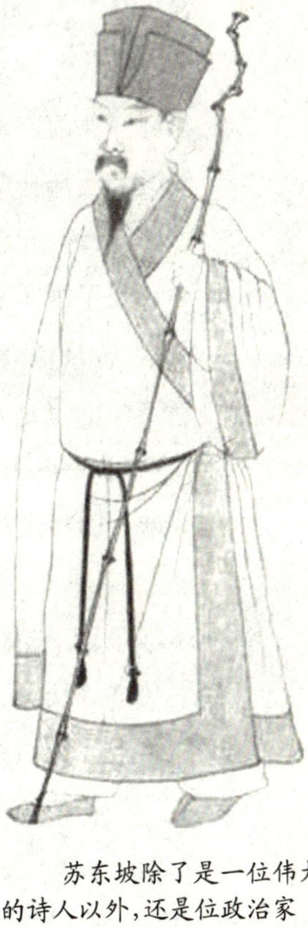
苏东坡除了是一位伟大的诗人以外，还是位政治家

拙著《宗君臆谈》，流传至北平，去岁有人把《厚黑学》抽出翻印，向舍侄征求同意，并说道："你家伯父，是八股出身，而今凡事都该欧化，他老人家那套笔墨，实在来不倒。等我们与他改过，意思不变更他的，只改为新式笔法就是了。"我闻之，立发航信说道："孔子手著的《春秋》，旁人可改一字吗？他们只知我笔墨像八股，殊不知我那部《厚黑学》，思想之途径，内容之组织，完全是八股的方式，特非老于八股者，看不出来。宋朝一代讲理学，出了文天祥、陆秀夫人诸人来结局，一般人都说可为理学生色。明清两代以八股取士，出了一个厚黑教主来结局，可为八股生色。我的厚黑哲理，完全从八股中出来，算是真正的国粹。我还希望保存国粹的先生，由厚黑学而上溯八股，仅仅笔墨上带点八股气，你们都容不过吗？要翻印，就照原文一字不改，否则不必翻印。"哪知后来书印出来，还是与我改了些。特此声明，北平出版的《厚黑学》是赝本，以免贻误后学。

大凡有一种专门学问，就有一种专门文体，所以《论语》之文体与《春秋》

不同,《老子》之文体与《论语》不同,佛经之文体与《老子》又不同。在心为思想,在纸为文字,专门学问之发明者,其思想与人不同,故其文字也与人不同。厚黑学是专门学问,当然另有一种文体。闻者说道:“李宗吾不要自夸,你那种文字,任何人都写得出来。”我说:“不错,不错,这是由于我的厚黑学,任何人都做得来的缘故。”

我写文字,定下三个要件:见得到,写得出,看得懂。只求合得到这三个要件就够了。我执笔时,只把我胸中的意见写出,不知有文法,更不知有文言白话之分,之字的字,乎字吗字,任便用之。民国十六年刊的《宗吾臆谈》,十八年刊的《社会问题之商榷》,都是这样。有人问我:“是什么文体?”我说:“是厚黑式文体。”近见许多名人的文字都带点厚黑式,意者中国其将兴乎!

有人说:“我替你把《厚黑学》译为西洋文,你可把曹操、刘备这些典故改为西洋典故,外国人才看得懂。”我说:“我的厚黑学,决不能译为西洋文,也不能改为西洋典故。西洋人要学这门学问,非来读一下中国书,研究一下中国历史不可,等于我们要学西洋科学,非学英文德文不可。”

北平赝本《厚黑学》,有几处把我的八股式笔调改为欧化式笔调,倒也无关紧要,只是有两点把原文精神失掉,不得不声明:(1)我发明厚黑学,是把中外古今的事逐一印证过,觉得道理不错了,才就人人所知的曹操、刘备、孙权几个人,举以为例。又追溯上去,再举刘邦、项羽为例,意在使读者举一反三,根据三国和楚汉两代的原则,以贯通一部二十四史。原文有曰:“楚汉之际,有一人焉,黑而不厚,卒归于败者,韩信是也。……楚汉之际,有一人焉,黑而不厚,亦归于败者,范增是也……”这原是就楚汉人物,当下指点,更觉亲切。北平赝本,把这几句删去,径说韩信以不黑失败,范增以不厚失败。诸君试想:一部二十四史中的人物,以不厚不黑失败者,岂少也哉!鄙人何至独举韩范二人。北平赝本,未免把我的本意失掉了。(2)《厚黑传习录》中,求官六字真言,先总写一笔曰:“空、贡、冲、捧、恐、送”。注明此六字俱是仄声。做官六字真言,总写一笔曰:“空、恭、绷、凶、聋、弄”,注明此六字俱是平声,以下逐字分疏。每六字俱是叠韵,念起来音韵铿锵,原欲官场中人朝夕持诵,用以替代佛书上唵嘛呢叭咪吽六字,或南无阿弥陀佛六字。倘能虔诚持诵,立可到极乐世界,不比持诵经咒或佛号,尚须待诸来世。这原是我一种救世苦心。北平赝本把总写之笔删去，径从逐字分疏说起来，则读者只知逐字埋头工作，不能把六字作咒语或佛号虔诚讽诵，收效必鲜。此则北平赝本不能不负咎者也。

近有许多人，请我把《厚黑学》重行翻印，我说这也无须。所有民元发表的厚黑学，我把他融化于此次丛话中，遇有重要的地方，就把原文整段写出，读者只读丛话就是了，不必再读原本。至于北平赝本，经我这样的声明，也可当真本使用，诸君前往购买，也不会贻误。

厚黑学，共分三步工夫。第一步："厚如城墙，黑如煤炭。"人的面皮，最初薄如纸一般，我们把纸叠起来，由分而寸，而尺，而丈，就厚如城墙了。心子最初作乳白状，由乳色而灰色，而青蓝色，再进就黑如煤炭了。到了这个境界，只能算初步。何以故呢？城墙虽厚，轰炸得破，即使城墙之外再筑几十层城墙，仍还轰炸得破，仍为初步。煤炭虽黑，但颜色讨厌，众人不敢挨近他，即使煤炭之上再灌以几垆缸墨水，众人仍不敢挨近他，仍为初步。

第二步："厚而硬，黑而亮。"深于厚学的人，任你如何攻打，丝毫不能动。刘备就是这样人，虽以曹操之绝世奸雄，都把他莫奈何，真可谓硬之极了。深于黑学的人，如退光漆招牌，越是黑，买主越是多，曹操就是这类人。他是著名的黑心子，然而天下豪杰，奔集其门，真可谓黑得透亮了。人能造到第二步，较之第一步，自然有天渊之别。但还着了迹象，有形有色，所以曹刘的本事，我们一着眼就看得出来。

第三步："厚而无形，黑而无色。"至厚至黑，天下后世皆以为不厚不黑，此种人只好于古之大圣大贤中求之。有人问："你讲厚黑学，何必讲得这样精深？"我说："这门学问，本来有这样精深。儒家的中庸，要讲到'无声无臭'才能终止。"学佛的人，要到"菩提无树，明镜非台"，才能证果。何况厚黑学是千古不传之秘，当然要到"无形无色"才算止境。

吾道分上中下三乘。前面所说，第一步是下乘，第二步是中乘，第三步是上乘。我随缘说法，时而说下乘，时而说中乘、上乘，时而三乘会通来说。听者往往觉得我的话互相矛盾，其实始终是一贯的，只要知道吾道分上中下三乘，自然就不矛盾了。我讲厚黑学，虽是五花八门，东拉西扯，仍滴滴归源，犹如树上千枝万叶，千花百果，俱是从一株树上生出来的，枝叶花果之外，别有树之生命在。《金刚经》曰："若以色见我，若以声音求我，是人行邪道，不能见如来。”诸君如想学厚黑学，须在佛门中参悟有得，再来听讲。

我民国元年发表《厚黑学》，勤勤恳恳，言之不厌其详，乃领悟者殊少。后阅《五灯会元》及论、孟等书，见禅宗教人以说破为大戒；孔子“举一隅，不以三隅反，则不复也”；孟子“引而不发，跃如也”；然后知禅学及孔孟之说盛行良非无因。我自悔教授法错误，故十六年刊《宗吾臆谈》，厚黑学仅略载大意，出言弥简，属望弥殷。噫！“无上甚深微妙法，百千万劫难遭遇。”世尊说法四十九年，厚黑学是内圣外王之学，我已说二十四年，打算再说二十六年，凑足五十年，比世尊多说一年。

有人劝我道：“你的怪话少说些，外面许多人指责你，你也应该爱惜名誉。”我道：“我有一自警之语：‘吾爱名誉，吾尤爱真理。’话之说得说不得，我内断于心，未下笔之先，迟回审慎，既著于纸，听人攻击，我不答辩。但攻击者说的话。我仍细细体会，如能令我心折，即自行修正。”

有个姓罗的朋友，留学日本归来，光绪三十四年，与我同在富顺中学堂当教习。民国元年，他从懋功知事任上回来，我在成都学道街栈房内会着他，他把任上的政绩告诉我，颇为得意。后来被某事诖误，官失掉了，案子还未了结，言下又甚愤恨。随谈及厚黑学，我细细告诉他，他听得津津有味。我见他听入了神，猝然站起来，把桌子一拍，厉声说道：“罗某！你生平作事，有成有败，究竟你成功的原因，在什么地方？失败的原因，在什么地方？你摸着良心说，究竟离脱这二字没有？速说！速说！不许迟疑！”他听了我的话，如雷贯耳，呆了许久，叹口气说道：“真是没有离脱这二字！”此君在吾门，可称顿悟。

王莽复古改制，可惜新政失败

我告诉读者一个秘诀，大凡行使厚黑学，外面定要糊一层仁义道德，不能赤裸裸的显露出来。王莽之失败，就是由于后来把它显露出来的原故。如果终身不露，恐怕至今孔庙中，还有王莽一席地。韩非子说：“阴用其言而显弃其身。”这个法子，诸君不可不知。假如有人问你：“认得李宗吾否？”你须放出一种很庄严的面孔说道：“这个人坏极了，他是讲厚黑学的，我认他不得。”口虽如此说，心中却供一个“大成至圣先师李宗吾之神位。”果能这样做，包管你生前的事业惊天动地，死后还要在孔庙中吃冷猪肉。我每听见有人说道：“李宗吾坏极了！”我就非常高兴道：“吾道大行矣！”

还有一层，前面说“厚黑上面，要糊一层仁义道德”，这是指遇着道学先生而言，假如遇着讲性学的朋友，你向他讲仁义道德，岂非自讨莫趣？此时应当糊上“恋爱神圣”四字。若遇着讲马克思的朋友，就糊上“阶级斗争，劳工专政”八字，难道他不喊你是同志吗？总之，厚黑二字是万变不离其宗，至于表面上应该糊以什么，则在学者因时因地，神而明之。

《宗吾臆谈》中，载有求官六字真言、做官六字真言及办事二妙法，许多人问我是怎样的，兹把原文照录于下：

我把《厚黑学》发布出来，有人向我说：“你这门学问，博大精深，我们读了，不能受用，请你指示点切要门径。”我问：“你的意思打算做什么？”他说：“我想做官。”我于是传他求官六字真言：“空、贡、冲、捧、恐、送。”此六字俱是仄声，其意义如下：

1.空即空闲之意，分两种：(1)指事务而言，求官的人，定要把诸事放下，不工，不商，不农，不贾，书也不读，学也不教，跑在成都住起，一心一意，专门求官；(2)指时间而言，求官要有耐心，着不得急，今日不生效，明日又来，今年不生效，明年又来。

2.贡这个字是借用的，是我们川省的方言，其意义等于钻营之钻，钻进钻出，可说贡进贡出。求官要钻门子，这是众人都知道的，但定义很不好下。有人说：“贡字的定义，是有孔必钻。”我说：“错了，错了！你只说对一半，有孔才钻，无孔者其奈之何！”我下的定义是：“有孔必钻，无孔也要入。”有孔者扩而大之，无孔者取出钻子，新开一眼。

3.冲普通所说的吹牛，川省说是“冲帽壳子”。冲分为二，一口头上，二文字上。每门又分为二，口头上分普通场所及在上峰面前两种，文字上分报章杂志上及投递条陈说帖两种。

4.捧即是捧场面那个捧字。戏台上魏公出来，那华歆的举动，是绝好的模范。

5.恐是恐吓之意，是他动词。这个理很精深，我不妨多讲几句。官之为物，何等宝贵，岂能轻易给人？有人把捧字做到十二万分，还不生效，就是少了恐字工夫。其方法是把当局的人要害寻出，轻轻点他一下，他就会惶然大骇，立把官儿送出来。学者须知：恐字与捧字，是互相为用的。善恐者捧之中有恐，旁观的人，见他在上峰面前，说的话句句是阿谀逢迎，其实上峰听之，汗流浃背。善捧者恐之中有捧，旁观的人见他丰骨棱棱，句句话责备上峰，其实听之者满心欢喜，骨节皆酥。“神而明之，存乎其人”，“大匠能与人规矩，不能使人巧”，是在求官者之细心体会。最要紧的，用恐字时，要有分寸，如用过度，大人先生老羞成怒，与我作起对来，岂不与求官之宗旨大背？这又何苦乃尔？非到无可奈何时，恐字不可轻用。切嘱！切嘱！

6.送即是送东西，分大小二种：一大送，把银元一包一包的拿出来送；二小送，如送春茶、火肘及请上馆子之类。所送之人有二：一操用舍之权者，二未操用舍之权而能予我以助力者。

有人能把六字一一做到，包管字字发生奇效。那大人先生，独居深念，自言自语道：“某人想做官，已经说了许久（空字之效），他与我有某种关系（贡字之效），其人很有点才具（冲字之效），对于我也很好（捧字之效），但此人有坏才，如不安置，未必不捣乱（恐字之效）。想至此处，回顾室中，黑压压的或白亮亮的，摆了一大堆（送字之效），也就无话可说，挂出牌来，某缺着某人署理。求官至此，功行圆满，于是能走马上任，实行做官六字真言。”

做官六字真言：“空、恭、绷、凶、聋、弄。”此六字俱是平声，其意义如下：

1.空即空洞的意思，分二种。一，文字上：凡批呈词，出文告，都是空空洞洞的，其中奥妙，我难细说，读者请往各官厅，把壁上的文字从东辕门读到西辕门，就可恍然大悟。二，办事上，任办任事，都是活摇活动，东倒也可，西倒也可。有时办得雷厉风行，其实暗中藏得有退路，如果见势不佳，就从那条路抽身走，绝不会把自己牵挂着，闹出移交不清及撤任查办等笑话。

2.恭即卑躬折节，胁肩谄笑之类。分直接间接两种：直接指对上司而言，间接指对上司的亲戚朋友、丁役、姨太太等而言。

3.绷即俗语所谓绷紧，是恭字的反面字，指对下属及老百姓而言。分两种：一，仪表上，赫赫然大人物，凛不可犯。二，言谈上：俨然腹有经纶，槊槊大才。上述对上司用恭，对下属及老百姓用绷，是指普通而言。然亦不可拘定，须认清饭甑子所在地，看操我去留之权者，在乎某处。对饭甑子所在地用恭，非饭甑子所在地用绷。明乎这个理，有时对上司反可用绷，对下属及老百姓反该用恭。

4.凶只要能达我之目的，就使人卖儿贴妇，亡身灭家，也不必管；但有一层要注意，凶字上面，定要蒙一层仁义道德。

5.聋即耳聋，笑骂由他笑骂，好官我自为之。聋字句有瞎字之意，文字上的诋骂，闭目不视。

6.弄即弄钱之弄，川省俗语，往往读作平声。千里来龙，此处结穴。前面十一字，都为此字而设。弄字与求官之送字相对，要有送，才有弄。但弄字要注意，看公事上通得过通不过。如果通不过，自己垫点腰包也不妨；如通得过，那就十万八万，都不谦虚。

以上十二字，我不过粗举大纲，许多精义，都未发挥，有志于官者，可按着门类自去研究。

有人问我办事秘诀，我授以办事二妙法如下：

1.锯箭法相传：有人中箭，请外科医生治疗，医生将箭干锯下，即索谢礼。问何不将箭头取出？答："这是内科的事，你去寻内科好了。"现在各官厅，与夫大办事家，都是用着这种方法。譬如批呈词云："据呈某某等情，实属不合已极，仰候令饬该县知事，查明严办"等语。"不合已极"四字是锯箭干，"该知事"已是内科。抑或云"仰候转呈上峰核办"，那"上峰"就是内科。又如有人求我办一件事。我说："此事我很赞成，但是还要同某人商量。""很赞成"三个字是锯箭干，"某人"是内科。又或说："我先把某部分办了，其余的以后办。""先办"是锯箭干，"以后"是内科。此外有只锯箭干，并不命寻内科的，也有连箭干都不锯，命其径寻内科的。种种不同，细参自悟。

2.补锅法家中锅漏，请补锅匠来补。补锅匠一面用铁皮刮锅底煤烟，一面对主人说道："请点火来我烧烟。"乘着主人转背之际，用铁锤在锅上轻轻敲几下，那裂痕就增长了许多。主人转来，指与他看道："你这锅，裂痕很长，上面油腻了，看不见。我把锅烟刮开，就现出来了，非多补几个钉子不可。"主人埋头一看，说道："不错！不错！今天不遇着你，我这锅恐怕不能用了。"及到补好，主人与补锅匠皆大欢喜而散。有人曾说:“中国变法,有许多地方是把好肉割坏来医。”这即是用的补锅法。《左传》上郑庄公纵容共叔段,使他多行不义,才用兵讨伐,也是补锅法。历史上这类事很多,举不胜举。

大凡办事的人,怕人说他因循,就用补锅法,无中生有,寻些事办。及到事情棘手,就用锯箭法,脱卸过去。后来箭头溃烂了,反大骂内科坏事。我国的政治,大概前清官场是用锯箭法,变法诸公是用补锅法,民国以来是锯箭、补锅二法互用。

上述二妙法,是办事公例,合得到这公例的就成功,违反这公例的就失败。我国政治家,推管子为第一,他的本事,就是把这两个法子用得圆转自如。狄人伐卫,齐国按兵不动,等到狄人把卫灭了,才出来做“兴灭国,继绝世”的义举。这是补锅法。召陵之役,不责楚国僭称王号,只责他包茅不贡。这是锯箭法。那个时候,楚国的实力远在齐国之上,管仲敢于劝齐桓公兴兵伐楚,可说是把锅烂来补。及到楚国露出反抗的态度,他立即锯箭了事。召陵一役,以补锅法始,以锯箭法终。管仲把锅敲烂了,能把它补起,所以称为“天下才”。

明季武臣,把流寇围住了,故意放他出来,本是用的补锅法;后来制他不住,竟至国破君亡,把锅敲烂了补不起,所以称为“误国庸臣”。岳飞想恢复中原,迎回二帝,他刚刚才起了取箭头的念头,就遭杀身之祸。明英宗也先被捉去,于谦把他弄回来,算是把箭头取出了,仍遭杀身之祸。何以故?违反公例故。

于谦是明代的爱国忠臣

晋朝王导为宰相,有一个叛贼,他不去讨伐,陶侃责备他。他复书道:“我遵养时晦,以待足下。”侃看了这封信,笑道:“他无非是遵养时贼罢了。”王导遵养时贼,以待陶侃,即是留着箭头,以待内科。诸名士在新亭流涕,王导变色曰:“当共戮力王室,克复神州,何至作楚囚对泣?”他义形于色,俨然手执铁锤要去补锅,其实说两句漂亮话,就算完事。怀、愍二帝陷在北边,永世不返,箭头永未取出。王导此等举动,略略有点像管仲,所以史上称他为“江左夷吾”。读者如能照我说的方法去实行，包管成为管子而后第一个大政治家。

我著的《厚黑经》，说得有：『不曰厚乎，磨而不薄。不曰黑乎，洗而不白。』后来我改为：『不曰厚乎，越磨越厚。

我著的《厚黑经》，说得有："不曰厚乎，磨而不薄。不曰黑乎，洗而不白。"后来我改为："不曰厚乎，越磨越厚。不曰黑乎，越洗越黑。"有人问我："世间哪有这种东西？"我说："手足的茧疤，是越磨越厚；沾了泥土尘埃的煤炭，是越洗越黑。"人的心，生来是黑的，遇着讲因果的人，讲理学的人，拿些仁义道德蒙在上面，才不会黑，假如把他洗去了，黑的本体自然出现。

中国幅员广大，南北气候不同，物产不同，因之人民的性质也就不同。于是文化学术，无在不有南北之分。例如：北有孔孟，南有老庄，两派截然不同。曲分南曲北曲，字分南方之帖、北方之碑，拳术分南北两派，禅宗亦分南能北秀，等等尽是。厚黑学是一种大学问，当然也要分南北两派。门人问厚黑，宗吾曰：南方之厚黑欤？北方之厚黑欤，任金革，死而不愿，北方之厚黑也，卖国军人居之。革命以教，不循轨道，南方之厚黑也，投机分子居之。人问："究竟学南派好，还是学北派好？"我说："你何糊涂乃尔！当讲南派，就讲南派，当讲北派，就讲北派。口南派而实行北派，是可以的；口北派而实行南派，也是可以的，纯是相时而动，岂能把南北成见横亘胸中。民国以来的人物，有由南而北的，有由北而南的，又复南而北，北而南，往返来回，已不知若干次，独你还徘徊歧路，向人问南派好呢？北派好呢？我实在无从答复。"

有人问我道："你既自称厚黑教主，何以你做事每每失败？何以你的学生本事比你大，你每每吃他的亏？"我说："你这话差了。凡是发明家，都不可登峰造极。"儒教是孔子发明的，孔子登峰造极了，颜曾思孟去学孔子，他们的学问，就经孔子低一层；周程朱张去学颜曾思孟，学问又低一层；后来学周程朱张的又低一层，一辈不如一辈。老子发明道教，释迦发明佛教，其现象也是这样，这是由于发明家本事太大了的原故。惟西洋科学则不然，发明的时候很粗浅，越研究越精深。发明蒸汽的人，只悟得汽冲壶盖之理，发明电气的人，只悟得死蛙运动之理。后人继续研究下去，造出种种机械，有种种用途，为发明蒸汽电气的人所万不及料。可见西洋科学，是后人胜过前人，学生胜过先生。我的厚黑学，与西洋科学相类，只能讲点汽冲壶盖、死蛙运动，中间许多道理，还望后人研究。我的本事，当然比学生小，遇着他们，当然失败。将来他们传授些学生出来，他们自己又被学生打败，一辈胜过一辈，厚黑学自然就昌明了。

又有人问我道:“你既发明厚黑学,为什么未见你做些轰轰烈烈的事?”我说道:“你们的孔夫子,为什么未见他做些轰轰烈烈的事?他讲的为政为邦,道千乘之国,究竟实行了几件?曾子著一部《大学》,专讲治国平天下,请问他治的国在哪里?平的天下在哪里?子思著一部《中庸》,说了些中和位育的话,请问他中和位育的实际安在?你去把他们问明了,再来同我讲。”

世间许多学问我不讲,偏要讲厚黑学,许多人都很诧异。我可把原委说明:我本来是孔子信徒,小的时候,父亲与我命的名,我嫌它不好,见《礼记》上孔子说:“儒有今人与居,古人与稽,今世行之,后世以为楷。”就自己改名世楷,字宗儒表示信从孔子之意。光绪癸卯年冬,四川高等学堂开堂,我从自流井赴成都,与友人雷皆同路,每日步行百里,途中无事,纵谈时局,并寻些经史来讨论。皆有他的感想,就改字铁崖。我觉得儒教不能满我之意,心想与其宗孔子,不如宗我自己,因改字宗吾。这宗吾二字,是我思想独立之旗帜。今年岁在乙亥,不觉已整整的32年了。自从改字宗吾后,读一切经史,觉得破绽百出,是为发明厚黑学之起点。

及入高等学堂,第一次上讲堂,日本教习池永先生演说道:“操学问,全靠自己,不能靠教师。教育二字,在英文为Education,照字义是‘引出’之意。世间一切学问,俱是我脑中所固有,教师不过‘引之使出’而已,并不是拿一种学问来,按入学生脑筋内。如果学问是教师给与学生的,则是等于此桶水倾入彼桶,只有越倾越少的,学生只有不如先生的。而学生每每有胜过先生者,即是由于学问是各人脑中的固有的原故。脑如一个囊,中贮许多物,教师把囊口打开,学生自己伸手去取就是了。”他这种演说,恰与宗吾二字冥合,于我印象很深,觉得这种说法,比朱子所说“学之为言效也”精深得多。后来我学英文,把字根一查,果然不错。池永先生这个演说,于我发明厚黑学有很大的影响。我近来读报章,看见日本二字就刺眼,凡是日本人的名字,都觉得讨厌,独有池永先生,我始终是敬佩的。他那种和蔼可亲的样子,至今还常在我脑中。

我在学堂时,把教习口授的写在一个副本上,书面大书“固囊”二字。许多同学不解,问我是何意义?我说:并无意义,是随便写的。这固囊二字,我自己不说明,恐怕后来的考古家,考过一百年,也考不出来。“固囊者,脑是一个囊,副本上所写,皆囊中固有之物也。”题此二字,聊当座右铭。

池永先生教理化数学，开始即讲水素酸素，我就用“引而出之”的法子，在脑中搜索，走路吃饭睡觉都在想，看还可以引出点新鲜的东西否。以后凡遇他先生所讲的，我都这样的工作。哪知此种工作，真是等于王阳明之格竹子，干了许久许久，毫无所得。于是废然思返，长叹一声道：“今生已过也，再结后生缘。”我从前被八股缚束久了，一听见废举，兴学堂，欢喜极了，把家中所有四书五经，与夫诗文集等等，一火而焚之。及在堂内住了许久，大失所望。有一次，星期日，在成都学道街买了一部《庄子》。雷民心见了诧异道：“你买这些东西来做什么？”我说：“雷民心，科学这门东西，你我今生还有希望吗？”他是茫茫大海的，就是自己心中想出许多道理，也莫得器械来试验，还不是等于空想罢了。在学堂中，充其量，不过在书本上得点人云亦云的智识，有何益处？只好等儿子儿孙再来研究，你我今生算了。因此我打算仍在中国古书上寻一条路来走。“他听了这话，也同声叹息。”

庄子曰：“圣人不死，大盗不止”

我在高等学堂的时候，许多同乡同学的朋友都加入同盟会。有个朋友曾对我说：“将来我们起事，定要派你带一支兵。”我听了非常高兴，心想古来当英雄豪杰，必定有个秘诀，因把历史上的事汇集拢来，用归纳法搜求他的秘诀。经过许久，茫无所得。宣统二年，我当富顺中学堂监督（其时校长名曰监督）。有一夜，睡在监督室中，偶然想到曹操、刘备、孙权几个人，不禁捶床而起曰：“得之矣！得之矣！古之所谓英雄豪杰者，不外面厚心黑而已！”触类旁通，头头是道，一部二十四史，都可一以贯之。那一夜，我终夜不寐，心中非常愉快，俨然像王阳明在龙场驿大彻大悟，发明格物致知之理一样。

我把厚黑学发明了，自己还不知这个道理对与不对。我同乡同学中，讲到办事才，以王简恒为第一，雷民心尝呼之为“大办事家”。适逢简恒进富顺城来，我就把发明的道理，说与他听，请他批评。他听罢，说道：“李宗吾，你说的道理，一点不错。但我要忠告你，这些话，切不可拿在口头说，更不可见诸文字。你尽管照你发明的道理埋头做去，包你干许多事，成一个伟大人物。你如果在口头或文字上发表了，不但终身一事无成，反有种种不利。”我不听良友之言，竟自把它发表了，结果不出简恒所料。诸君！诸君！一面读《厚黑学》，一面须切记简恒箴言。

我从前意气甚豪，自从发明了厚黑学，就心灰意冷，再不想当英雄豪杰了。跟着我又发明“求官六字真言”、“做官六字真言”及“办事二妙法”。这些都是民国元年的文字。反正后许多朋友，见我这种颓废样子，与从前大异，很为诧异，我自己也莫名其妙。假使我不讲厚黑学，埋头做去，我的世界或许不像现在这个样子。不知是厚黑学误我，还是我误厚黑学。

《厚黑学》一书，有些人读了，慨然兴叹，因此少出了许多英雄豪杰。有些人读了，奋然兴起，因此又多出了许多英雄豪杰。我发明厚黑学，究竟为功为罪，只好付诸五殿阎罗裁判。

我发表《厚黑学》的时候，念及简恒之言，迟疑了许久。后来想到朱竹垞所说：“宁不食两庑无豚肩，风怀一诗，断不能删。”奋然道：“英雄豪杰可以不当，这篇文字不能不发表。”就毅然决然，提笔写去，而我这英雄豪杰的希望，从此就断送了，读者只知厚黑学适用，那知我是牺牲一个英雄豪杰掉换来的，其代价不为不大。

其实朱竹垞删去风怀一诗，也未必能食“两庑豚肩”，我把厚黑学秘为独得之奇，也未必能为英雄豪杰。于何征之呢？即以王简恒而论，其于吾道算是独有会心，以他那样的才具，宜乎有所成就，而孰知不然。反正时，他到成都，张列五委他某县知事，他不干，回到自井。民国三年，讨袁之役，熊杨在重庆独立，富顺响应，自井推简恒为行政长。事败，富顺廖秋华、郭集成、刁广孚被捕到泸州，廖被大辟，郭、刁破家得免，简恒东藏西躲，昼伏夜行，受了雨淋，得病，缠绵至次年死，身后非常萧条。以简恒之才具之会心，还是这样的结果，所以读我厚黑学的人，切不可自命为得了明人的指点，即便自满。民国元年，我到成都，住童子街公论日报社内，与廖绪初、谢绶青、杨仔耘诸人同住，他们再三怂恿我把《厚黑学》写出来。绪初并说道：“你如果写出来，我与你做一序。”我想：“绪初是讲程朱学的人，绳趋矩步，朋辈呼之为‘廖大圣人’，他都说可以发表，当然可以发表，我遂逐日写去，我用的别号，是独尊二字，取“天上地下，惟我独尊”之意，绪初用淡然的别号作一序曰：“吾友独尊先生，发明厚黑学，成书三卷，上卷厚黑学，中卷厚黑经，下卷厚黑传习录，嬉笑怒骂，亦云苛矣。然考之中外古今，与夫当世大人先生，举莫能外，诚宇宙至文哉！世欲业斯学而不得门径者，当不乏人，特劝先生登诸报端，以饷后学，他日更刊为单行本，普渡众生，同登彼岸，质之独尊，以为何如？民国元年，月日，淡然。”哪知一发表，读者哗然。说也奇怪，我与绪初同是用别号，乃廖大圣人之称谓，依然如故，我则博得李厚黑的徽号。”

绪初办事，富有毅力，毁誉在所不计。民国八年，他当省长公署教育科科长，其时校长县视学(县视学即后来之教育局长)任免之权，操诸教育科。杨省长对于绪初，倚畀甚殷，绪初签呈任免之人，无不照准。有时省长下条子任免某人，绪初认为不当者，将原条退还，杨省长不以为忤，而信任益坚。最奇的，其时我当副科长，凡是得了好处的人，都称颂曰：“此廖大圣人之赐也。”如有倒甑子的，被记过的，要求不遂的，预算被核减的，往往对人说道：“这是李厚黑干的。”成了个“善则归廖绪初，恶则归李宗吾”。绪初今虽死，旧日教育科同事诸人，如侯克明、黄治畋等尚在，请他们当天说，究竟这些事，是不是我干的？究竟绪初办事，能不能受旁人支配？我今日说这话，并不是卸责于死友，乃是举出我经过的事实，证明简恒的话是天经地义，厚黑学三字，断不可拿在口中讲。我厚爱读者诸君，故敢掬诚相告。

未必绪初把得罪人之事向我推卸吗？则又不然。有人向他说及我，绪初即说道：“某某事是我干的，某人怪李宗吾，你可叫某人来，我当面对他说，与宗吾无干。”无奈绪初越是解释，众人越说绪初是圣人，李宗吾干的事，他还要代他受过，非圣人而何？李宗吾能使绪初这样做，非大厚黑而何？雷民心曰：“厚黑学做得说不得。”真绝世名言哉！后来我也挣得圣人的徽号，不过圣人之上，冠有厚黑二字罢了。

圣人也，厚黑也，二而一，一而二也。庄子说：“**圣人不死，大盗不止。**”圣人与大盗的真相，庄子是看清楚了。跖之徒问于跖曰：“盗有道乎？”跖曰：“奚啻其有道也，夫妄意关内中藏，圣也，入先，勇也，出后，义也，知时，智也，分均，仁也。不通此五者而能成大盗者，天下无有。”圣勇义智仁五者，本是圣人所做的，跖能窃用之，就成为大盗。反过来说，厚黑二者，本是大奸大诈所做的，人能善用之，就可成大圣大贤。试举例言之，胡林翼曾说："只要于公家有利，就是顽钝无耻的事，我都要干。"又说："办事要包揽把持。"所谓顽钝无耻也，包揽把持也，岂非厚黑家所用的技术吗？林翼能善用之，就成为名臣了。

王简恒和廖绪初，都是我很佩服的人。绪初办旅省叙属中学堂和当省议会议员，只知为公二字，什么气都受得，有点像胡林翼之顽钝无耻。简恒办事，独行独断，有点像胡林翼之包揽把持。有天我当着他二人说道："绪初得了厚字诀，简桓得了黑字诀，可称吾党健者。"历引其事以证之。二人欣然道："照这样说来，我二人可谓各得圣人之一体了。"我说道："百年后有人一与我建厚黑庙，你二人都是有配享希望的。"

民国元年，我在成都公论日报社内写《厚黑学》，有天绪初到我室中，见案上写有一段文字："楚汉之际，有一人焉，厚而不黑，卒归于败者，韩信是也。胯下之辱，信能忍之，面之厚可谓至矣。及为齐王，果从蒯通之说，其贵诚不可言，独奈何于解衣推食之私情，贸然曰："衣人这衣者，怀人之忧，食人之食者，死人之事。"卒至长乐钟室，身首异处，夷及三族，谓非咎由自取哉！楚汉之际，有一人焉，黑而不厚，亦归于败者，范增是也。……"绪初把我的稿子读了一遍，转来把韩信这一段反复读之，默然不语，长叹一声而去。我心想道："这就奇了，韩信厚有余而黑不足，范增黑有余而厚不足，我原是二者对举，他怎么独有契于韩信这一段？"我下细思之，才知绪初正是厚有余而黑不足的人。他是盛德夫子，叫他忍气，是做得来，叫他做狠心的事，他做不来。患寒病的人，吃着滚水很舒服；患热病的人，吃着冷水很舒服；绪初所缺乏者，正是一黑字，韩信一段，是他对症良药，故不知不觉，深有感触。

中江谢绶青，光绪三十三年，在四川高等学堂与我同班毕业。其时王简恒任富顺中学堂监督，聘绶青同我当教习。三十四年下学期，绪初当富顺视学，主张来年续聘，其时薪水以两计。他向简恒说道："宗吾是本县人，核减一百两，绶青是外县人，薪仍旧。"他知道我断不会反对他，故毅然出此。我常对人说："绪初这个人万不可相交，相交他，银钱上就要吃亏，我是前车之鉴。"有一事更可笑，其时县立高小校校长姜选臣因事辞职，县令王琰备文请简恒兼任。有天简恒笑向我说道："我近日穷得要当衣服了，高小校校长的薪水，我很想支来用。照公事说，是不生问题。像顺这一伙人，要攻击我，我倒毫不睬他，最怕的是他廖圣人酸溜溜说道：‘这笔款似乎可以不支吧。’你叫我这个脸放在何处？只好仍当衣服算了。”我尝对人说：“此虽偶尔谈笑，而绪初之令人敬畏，简恒之勇于克己，足见一斑。”后来我发明《厚黑学》，才知简恒这个谈话，是厚黑学上最重要的公案。我尝同雷民心批评：朋辈中资质偏于厚字者甚多，而以绪初为第一。够得上讲黑字者，只有简恒一人。近日常常有人说：“你叫我面皮厚，我还做得来，叫我黑，我实在做不来，宜乎我作事不成功。”我说：“特患你厚得不彻底只要彻底了，无往而不成功。你看绪初之厚，居然把简恒之黑打败，并且厚黑教主还送了一百银子的贽见。世间资质偏于厚字的人，万不可自暴自弃。”

相传凡人的颈子上，都有一条刀路，刽子手杀人，顺着刀路砍去，一刀就把脑壳削下。所以刽子手无事时，同人对坐闲谈，他就要留心看你颈上的刀路。我发明厚黑学之初，遇事研究，把我往来的朋友作为实验品，用刽子手看刀路的方法，很发见些重要学理。滔滔天下，无在非厚黑中人。诸君与朋辈往还之际，本我所说的法子去研究，包管生出无限趣味，比读四书五经、二十五史受的益更多。老子曰：“**邦之利器，不可以示人。**”老夫耄矣，无志用世矣，否则这些法子，我是不能传授人的。

我遇着人在我名下行使厚黑学，叨叨絮絮，说个不休。我睁起眼睛看着他，一言不发。他忽然脸一红，噗一声笑道：“实在不瞒你先生，当学生的实在没法了，只有在老师名下行使点厚黑学。”我说道：“可以！可以！我成全你就是了！”语云：“对行不对货。”奸商最会欺骗人，独在同业前不敢卖假货。我苦口婆心，劝人研究厚黑学，意在使大家都变成内行，假如有人要使点厚黑学，硬是说明了来干，施者受者，大家心安理顺。

我把厚黑学发明过后，凡人情冷暖，与夫一切恩仇，我都坦然置之。有人对我说：“某人对你不起，他如何如何。”我说：“我这个朋友，他当然这样做。如果他不这样做，我的厚黑学还讲得通吗？我所发明的是人类大原则，我这个朋友，当然不能逃出这个原则。”

辛亥十月，张列五在重庆独立，任蜀军政府都督，成渝合并，任四川副都督，嗣改民政长。他设一个审计院，拟任绪初为院长。绪初再三推辞，乃以尹仲锡为院长。绪初为次长，我为第三科科长。其时民国初成，我以为事事革新，应该有一种新学说出现，乃把我发明的厚黑学发表出来。及我当了科长，一般人都说："厚黑学果然适用，你看李宗吾公然做起科长来了。"相好的朋友，劝我不必再登。我就停止不登。于是众人又说道："你看李宗吾，做了科长官，厚黑学就不登了。"我气不过，向众人说道："你们只羡我做官，须知奔走宦场，是有秘诀的。"我就发明求官六字真言、做官六字真言，每遇着相好的朋友，就尽心指授。无奈我那些朋友资质太钝，拿来运用不灵，一个个官运都不亨通，反是从旁窃听的和间接得闻的，倒还很出些人才。

在审计院时，绪初寝室与我相连，有一日下半天，听见绪初在室内拍桌大骂，声震屋瓦，我出室来看，见某君仓皇奔出，绪初追而骂之："你这个狗东西！混帐……直追至大门而止(此君在绪初办旅省叙属中学时曾当教职员)。"绪初转来，看见我，随入我室中坐下，气忿忿道："某人，真正岂有此理！"我问何事，绪初道："他初向我说：某人可当知事，请我向列五介绍。我唯唯否否应之。他说：'事如成了，愿送先生四百银子。'我桌子上一巴掌道：'胡说！这些话，都可拿来向我说吗？'他站起来就走，说道：'算了，算了，不说算了。'我气他不过，追去骂他一顿。"我说："你不替他说就是了，何必为此已甚。"绪初道：这宗人，你不伤他的脸，将来不知还要干些甚么事。我非对列五说不可，免得用着这种人出去害人。"此虽寻常小事，在厚黑学上却含有甚深的哲理。"我批评绪初"厚有余而黑不足，叫他忍气是做得来"。叫他做狠心的事做不来，何以此事忍不得气？其对待某君，未免太狠，竟自侵入黑字范围，这是什么道理呢？我反复研究，就发见一条重要公例。公例是什么呢？厚黑二者，是一物体之两方面，凡黑到极点者，未有不能厚，厚到极点者，未有不能黑。举例言之：曹操之心至黑，而陈琳作檄，居然容他得过，则未尝不能厚；刘备之面至厚，刘璋推诚相待，忽然举兵灭之，则未尝不能黑。我们同辈中讲到厚字，既公推绪初为第一，所以他逃不出这个公例。

古人云："夫道一而已矣。"厚黑二者，根本上是互相贯通的，厚字翻过来，即是黑，黑字翻过来，即是厚。从前有个权臣，得罪出亡。从者说道："某人是公之故人，他平日对你十分要好，何不去投他？"答道："此人对我果然很好。我好音，他就遗我以鸣琴，我好佩，他就遗我以玉环。他平日既见好于我，今日必以我见好于人，如去见他，必定缚我以献于君，果然此人从后追来，把随从的人捉了几个去请赏。这就是厚脸皮变而为黑心子的明证。人问：世间有黑心子变而为厚脸皮的没有？我答道：有！有！《聊斋》上马介甫那一段所说的那位太太，就是由黑心子一变而为厚脸皮。"

绪初辱骂某君一事，询之他人，迄未听见说过，除我一人而外，无人知之，后来同他相处十多年，也未听他重提。我尝说："绪初辱骂某君，足见其人刚正，虽暗室中，亦不可干以私，事后绝口不言，隐人之恶，又见其盛德。"但此种批评，是站在儒家立场来说，若从厚黑哲学上研究，又可得出一条公例："黑字专长的人，黑者其常，厚者其暂；厚字专长的人，厚者其常黑者其暂。"绪初是厚字专长的人，其以黑字对付某君，是暂时的现象；事过之后，又回复到厚字常轨，所以后此十多年隐而不言。我知他做了此等狠心事，必定于心不安，故此后见面，不便向他重提此事。他办叙属学堂的时候，业师王某来校当学生，因事犯规，绪初悬牌把他斥退。后来我曾提起此事，他蹙然道："这件事我疚心。"这都是做了狠心的事，要恢复常轨的明证。因知他辱骂某君一定很疚心，所以不便向他重提。

绪初已经死了十几年，生平品行，粹然无疵。凡是他的朋友和学生，至今谈及，无不钦佩。去岁我做了一篇《廖张轶事》，叙述绪初和列五二人的事迹，曾登诸《华西日报》。绪初是国民党的忠实信徒，就是异党人，只能说他党见太深，对于他的私德，仍称道不置。我那篇《廖张轶事》，曾胪举其事，将来我这《厚黑丛话》写完了，莫得说的时候，再把他写出来，充塞篇幅。一般人呼绪初为廖大圣人，我看他，得力全在一个厚字。我曾说："用厚黑以图谋公利，越厚黑人格越高尚。"绪初人格之高尚，是我们朋辈公认的。他的朋友和学生存者甚多，可证明我的话不错，即可证明我定的公例不错。

我发表《厚黑学》，用的别号是独尊二字，与朋友写信也用别号，后来我改写为"蜀酋"。有人问我蜀酋作何解释？我答应道：我发表《厚黑学》，有人说我疯了，离经叛道，非关在疯人院不可。我说：那吗，我就成为蜀中之罪酋了。因此名为蜀酋。我发表《厚黑学》过后，许多人实力奉行，把四川造成一个厚黑国。有人向我说道：国中首领，非你莫属。我说：那吗，我就成为蜀中之酋长了。因此又名蜀酋。再者，我讲授厚黑学，得我真传的弟子，本该授以衣钵，但我的生活是沿门托钵，这个钵要留来自用，只有把我的狗皮褂子脱与他穿。所以独字去了犬旁，成为蜀字。我的高足弟子很多，弟子之足高，则先生之足短，弟子之足高一寸，则先生之足短一寸。所以尊字截去寸字，成为酋字。有此原因，我只好称为蜀酋了。

世间的事，有知难行易的，有知易行难的，惟有厚黑学最特别，知也难，行也难。此道之玄妙，等于修仙悟道的口诀，古来原是秘密传授，黄石老人因张良身有仙骨，于半夜三更传授他，张良言下顿悟，老人以王者师期之。无奈这门学问太精深了，所以《史记》上说："良为他人言，皆不省，独沛公善之。"良叹曰："沛公殆天授也。"可见这门学问不但明师难遇，就遇着了，也难于领悟。苏东坡曰："项籍百战百胜，而轻用其锋。高祖忍之，养其全锋而待其敝，此子房教之也。"衣钵真传，彰彰可考。我打算做一部《厚黑学师承记》，说明授受渊源，使人知这门学问，要黄石公这类人才能传授，要张良、刘邦这类人才能领悟。我近倡厚黑救国之说，许多人说我不通，这也无怪其然，是之谓知难。

刘邦能够分杯羹，能够推孝惠鲁元下车，其心之黑还了得吗？独至韩信求封假齐王，他忍不得气，怒而大骂，使非张良从旁指点，几乎误事。勾践入吴，身为臣，妻为妾，其面之厚还了得吗？沼吴之役，夫差遣人痛哭求情，勾践心中不忍，意欲允之。全亏范蠡悍然不顾，才把夫差置之死地。以刘邦、勾践这类人，事到临头，还须军师临场指挥督率才能成功，是之谓行难。

苏东坡的《留侯论》，全篇是以一个厚字立柱。他文集中，论及沼吴之役，深以范蠡的办法为然。他这篇文字，是以一个黑字立柱。诸君试取此二字，细细研读，当知鄙言不谬。人称东坡为坡仙，他是天上的神仙下凡，才能揭出此种妙谛。诸君今日，听我讲说，可谓有仙缘。噫，外患迫矣，来日大难，老夫其为黄石老人乎！愿诸君以张子房自命。

厚黑丛话卷三

成都《华西日报》二十四年十月

有人读《厚黑经》，读至“盖欲学者于此，反求诸身而自得之，以去夫外诱之仁义，而充其本然之厚黑”，发生疑问道：“李宗吾，你这话恐说错了。孟子曰：‘仁义礼智，非由外铄我也，我固有之也。’可见仁义是本然的。你怎么把厚黑说成本然，把仁义说成外诱？”我说：“我倒莫有说错，只怕你们那个孟子错了。孟子说：‘孩提之童，无不知爱其亲也，及其长也，无不知敬其兄也。’他这个话究竟对不对，我们要实地试验。就叫孟子的夫人把他新生小孩抱出来，由我当着孟子试验。母亲抱着小孩吃饭，小孩伸手来拖，如不提防，碗就会落地打烂。请问孟子，这种现象是不是爱亲？母亲手中拿一块糕饼，小孩伸手来索，母亲不给他，放在自己口中，小孩就会伸手从母亲口中取出，放在他口中。请问孟子，这种现象是不是爱亲？小孩在母亲怀中食乳，食糕饼，哥哥走近前，他就要用手推他打他。请问孟子，这种现象是不是敬兄？只要全世界寻得出一个小孩，莫得这种现象，我的厚黑学立即不讲，既是全世界的小孩无一不然，可见厚黑是天性中固有之物，我的厚黑学当然成立。”

孟子说：“人之所不学能者，其良能也，所不虑而知者，其良知也”

孟子说：“**人之所不学能者，其良能也，所不虑而知者，其良知也**。”小孩见母亲口中有糕饼，就伸手去夺，在母亲怀中食乳食糕饼，哥哥近前，就推他打他，都是不学而能，不虑而知，依孟子所下的定义，都该认为良知良能。孟子教人把良知良能扩而充之，现在许多官吏刮取人民的金钱，即是把小孩时夺取母亲口中糕饼那种良知良能扩充出来的。许多志士，对于忠实同志，排挤倾轧，无所不用其极，即是把小孩食乳食糕饼时推哥哥、打哥哥那种良知良能扩充来的。孟子曰：“**大人者，不失其赤子之心者也**。”现在的伟人，小孩时那种心理，丝毫莫有失掉，可见中国闹到这么糟，完全是孟子的信徒干的，不是我的信徒干的。

我民国元年发表《厚黑学》，指定曹操、刘备、孙权、刘邦几个人为模范人物。迄今廿四年并莫一人学到。假令有一人像刘备，过去的四川，何至成为魔窟？有一人像孙权，过去的宁粤，何至会有裂痕？有一人像曹操，伪满敢独立吗？有一人像刘邦，中国会四分五裂吗？吾尝曰：“刘邦吾不得而见之矣。得见曹操斯可矣，曹操吾不得而见之矣，得见刘备、孙权斯可矣。”所以说中国闹得这么糟，不是我的信徒干的。

汉高祖分杯羹，是把小孩夺母亲口中糕饼那种良知良能扩充出来的。唐太宗杀建成、元吉，是把小孩食乳食糕饼时推哥哥、打哥哥那种良知良能扩充出来的。这即是《厚黑经》所说：“充其本然之厚黑。”昔人咏汉高祖诗云：“俎上肉，杯中羹，黄袍念重而翁轻。羹嫂，羹颉侯，一饭之仇报不休。……君不见汉家开基四百明天子，君臣父子兄弟夫妇朋友之间乃如此。”汉高祖把通常所谓五伦与夫礼义廉耻扫荡得干干净净，这却是《厚黑经》所说：“去夫外诱之仁义。”

有人难我道：“孟子曰：‘恻隐之心，人皆有之。’据你这样说，岂不是应该改为‘恻隐之心人皆无之’吗？”我说：“这个道理，不能这样讲。孟子说：‘今人乍见孺子将入于井，皆有怵惕恻隐之心。’明明提出怵惕恻隐四字。下文忽言‘无恻隐之心非人也。’‘恻隐之心，仁之端也。’平空把怵惕二字摘来丢了，请问是何道理？再者孟子所说：‘乍见孺子将入于井’，这是孺子对于井发生了死生存亡的关系，我是立在旁观地位。假令我与孺子同时将入井，请问孟子，此心作何状态？此时发出来的第一念，究竟是怵惕，是恻隐？不消说，这刹那间只有怵惕而无恻隐，只能顾我之死，不暇顾及孺子之死。非不爱孺子也，事变仓卒，顾不及也。必我心略为安定，始能顾及孺子，恻隐心乃能出现。我们这样的研究，就可把人性真相看出。怵惕是为我的念头，恻隐是为人的念头。孟子曰：‘恻隐之心，仁之端也。’李宗吾曰：‘怵惕之心，厚黑之端也。’孟子讲仁义，以恻隐为出发点。我讲厚黑，以怵惕为出发点。先有怵惕，后有恻隐，孟子的学说是第二义，我的学说才是第一义。”

成都属某县，有曾某者，平日讲程朱之学，品端学粹，道貌岩岩，人呼为曾大圣人，年已七八十岁，当县中高小学校校长。我查学到校，问：“老先生近日还看书否？”答：“现在纂集宋儒语录。”我问：“孟子说：‘今人乍见孺子将入于井，皆有怵惕恻隐之心。’何以下文只说：‘无恻隐之心非人也。’‘恻隐之心，仁之端也。’把怵惕二字置之不论，其意安在？”他听了沉吟思索。我问：“见孺子将入于井，发出来的第一个念头，究竟是怵惕，是恻隐？”他信口答道：“是恻隐。”我听了默然不语，他也默然不语。我本然想说；第一念既是恻隐，何以孟子不言“恻隐怵惕”而言“怵惕恻隐”？因为他是老先生，不便深问，只问道：“宋儒之书，我读得很少，只见他们极力发挥恻隐二字未知对于怵惕二字，亦会加以发挥否？”他说：“莫有。”我不便往下再问，就谈别的事去了。

《孟子》书上，孩提爱亲章，孺子将入井章，是性善说最根本的证据。宋儒的学说，就是从这两个证据推阐出来的。我对于这两个证据，根本怀疑，所以每谈厚黑学，就把宋儒任意抨击。但我生平最喜欢怀疑，不但怀疑古今人的说法，并且自己的说法也常常怀疑。我讲厚黑学，虽能自圆其说，而孟子的说法，也不能说他莫得理由。究竟人性的真相是怎样？孟子所说：孩提知爱和恻隐之心，又从何处生出来呢？我于是又继续研究下去。

中国言性者五家，孟子言性善，荀子言性恶，告子言性无善无恶，扬雄言善恶混，韩昌黎言性有三品。这五种说法，同时并存，竟未能折衷一是。今之政治家，连人性都未研究清楚，等于医生连药性都未研究清楚。医生不了解药性，断不能治病；政治家不了解人性，怎能治国？今之举世纷纷者，实由政治家措施失当所致。其措施之所以失当者，实由对于人性欠了精密的观察。

中国学者，对于人性欠精密的观察，西洋学者，观察人性更欠精密。现在的青年，只知宋儒所说“妇人饿死事小，失节事大”这个道理讲不通……这都是对于人性欠了研究，才有这类不通的学说。学说既不通，基于这类学说生出来的措施，遂无一可通，世界乌得不大乱？

从前我在报章杂志上，常见有人说：“中国的礼教，是吃人的东西。”殊不知西洋的学说，更是吃人的东西。阿比西尼亚被墨索里尼摧残蹂躏，是受达尔文学说之赐，将来算总帐，还不知要牺牲若干人的生命。我们要想维持世界和平，非把这类学说一律肃清不可。要肃清这类学说，非把人性彻底研究清楚不可。我们把人性研究清楚了，政治上的设施，国际上的举动，才能适合人类通性，世界和平才能维持。

我主张把人性研究清楚，常常同友人谈及。友人说："近来西洋出了许多心理学的书，你虽不懂外国文，也无妨买些译本来看。"我说："你这个话太奇了！我说个笑话你听：从前有个查学员视察某校，对校长说：'你这个学校，光线不足。'校长道：'我已派人到上海购买去了。'人人有一个心，自己就可直接研究，本身就是一副仪器标本，随时随地都可以试验，朝夕与我往来的人，就是我的试验品，你叫我看外国人著的心理学书，岂不等于到上海买光线吗？"闻者无辞可答。

我民国元年著的《厚黑学》，原是一种游戏文字，不料发表出来，竟受一般人的欢迎，厚黑学三字，在四川几乎成一普通名词。我以为此种说法能受人欢迎，必定于人性上有关系，因继续研究。到民国九年，我想出一种说法，似乎可以把人性问题解决了，因著《心理与力学》一文，载入《宗吾臆谈》内。我这种说法，未必合真理，但为研究学术起见，也不妨提出来讨论。

西洋人研究物理学研究得很透彻，得出来的结论，五洲万国无有异词，独于心理学却未研究透彻，所以得出来的结论，此攻彼讦。这是甚么道理呢？因为研究物理，乃是以人研究物，置身局外，冷眼旁观，把真相看得很清楚，毫无我见，故所下判断最为正确。至于研究心理学，则研究者是人，被研究者也是人，不知不觉就参入我见，下的判断就不公平。并且我是众人中之一人，古人云："不识庐山真面目，只缘身在此山中。"即使此心放得至公至平，仍得不到真相。因此我主张：研究心理学，应当另辟一个途径来研究。科学家研究物理学之时，毫无我见，等他研究完毕了，我们才起而言曰："人为万物之一，物理与人事息息相通，物理上的公例也适用于人事。"据物理的公例，以判断人事，而人就无遁形了。声光磁电的公例，五洲万国无有异词。人之情感，有类磁电，研究磁电，离不脱力学公例，我们就可以用力学公例以考察人之心理。

民国九年，我家居一载，专干这种工作，用力学上的公例去研究心理学，觉到许多问题都涣然冰释。因创一公例曰："心理变化，循力学公例而行。"从古人事迹上，现今政治上，日用琐事上，自己心坎上，理化数学上，中国古书上，西洋学说上，四面八方印证起来，似觉处处可通。有了这条公例，不但关于人事上一切学说若网若纲，有条不紊，就是改革经济政治等等，也有一定的轨道可循，而我心中的疑团，就算打破，人性问题就算解决了。但我要声明：所谓疑者，是我心中自疑，非谓人人俱如是疑也。所谓解决者，是我自谓解决，非谓这个问题果然被我解决也。此乃我自述经过，聊备一说而已。

本来心理学是很博大精深的，我是个讲厚黑学的，怎能谈这门学问？我说“心理变化，循力学公例而行”，等于说“水之波动，循力学公例而行”。据科学家眼光看来，水之性质和现象，可供研究者很多，波动不过现象中之一小部分。所以我谈心理，只谈得很小很小一部分，其余的我不知道，就不敢妄谈。

为甚力学上的公例可应用到心理学上呢？须知科学上许多定理，最初都是一种假说，根据这种假说，从各方试验，都觉可通，这假说就成为定理了。即如地球这个东西，自开辟以来就有的，人民生息其上，不经经过了若干万万年，对于地球之构成就无人了解。距今二百多年以前，出了个牛顿，发明万有引力，说“地心有吸力，把泥土沙石吸成一团，成为地球。”究竟地心有无吸力，无人看见，牛顿这个说法，本是假定的，不过根据他的说法，任如何试验，俱是合的，于是他的假说就成了定理。从此一般人都知道：“凡是有形有体之物，俱要受吸力的吸引。”到爱因斯坦出来，发明相对论，本牛顿之说扩大之，说：“太空中的星球发出的光线，经过其他星球，也要受其吸引。因天空中众星球互相吸引之故，于是以直线进行之光线，就变成弯弯曲曲的形状。”他这种说法，经过实地测验，证明不错，也成为定理。从此一般人又知道，有形无体之光线，也要受吸力的吸引。我们要解决心理学上的疑团，无妨把爱因斯坦的说法再扩大之，说：“我们心中也有一种引力，能把耳闻目、无形无体之物吸收来成为一个心。心之构成，与地球之构成相似。”我们这样的设想，牛顿的

爱因斯坦的相对论发展了牛顿的学说

三例和爱因斯坦的相对论，就可适用到心理学方面，而人事上一切变化，就可用力学公例去考察他了。

通常所称的心，是由于一种力，经过五官出去，把外边的事物牵引进来，集合而成的。例如有一物在我面前，我注目视之，即是一种力从目透出去，与那个物连结；我将目一闭，能够记忆那物的形状，即是此力把那物拖进来绾住了。听人的话能够记忆，即是把那人的话拖进来绾住了。由这种方式，把耳濡目染与夫环境所经历的事项一一拖进来，集合为一团，就成为一个心。所以心之构成，与地球之构成完全相似。

一般人都说自己有一个心，佛氏出来，力辟此说，说："人莫得心，通常所谓心，是假的，乃是六尘的影子。"圆觉经曰：**"一切众生，无始以来，种种颠倒，妄认四大为自身相，六尘缘影为自心相。"**我们试思，假使心中莫得引力，则六尘影子之经过，亦如雁过长空，影落湖心一般，雁一去，影即不存。而吾人见雁之过，其影能留在心中者，即是心中有一种引力把雁影绾住的原故。所以我们拿佛家的话来推究，也可证明心之构成与地球之构成是相似的。

佛家说："六尘影子落在八识田中，成为种子，永不能去。"这就像谷子豆子落在田土中，成为种子一般。我们知谷子豆子落在田土中，是由于地心有引力，即知六尘影子落在八识田中，是由于人心有引力。因为有引力绾住，所以谷子豆子在田土中永不能去，六尘影子在八识田中也永不能去。

我们如把心中所有知识一一考察其来源，即知其无一不从外面进来。其经过的路线，不外眼耳鼻舌身。虽说人能够发明新理，但仍靠外面收来的智识作基础。犹之建筑房屋，全靠外面购来的砖瓦木石。假如把心中各种智识的来源考出了，从目进来的，命他仍从目退出去，从耳进来的，令他仍从耳退出去，其他一一俱从来路退出，我们的心即空无所有了。人的心能够空无所有，对于外物无贪恋，无嗔恨，有如湖心雁影，过而不留，这即是佛家所说"还我本来面目"。

地球之构成，源于引力，意识之构成，源于种子，试由引力再进一步，推究到天地未有以前，由种子再进一步，推究到父母未生以前，则只有所谓寂兮寥兮的状况，而二者就会归于一了。由寂兮寥兮生出引力，而后有地球，而后有物。由寂兮寥兮，生出种子，而后有意识，而后有人。由此知心之构成与地球之构成相似，物理与人事相通，故物理学的规律可适用于心理学。

心理的现象，与磁电现象很相像。人有七情，大别之，只有好、恶二种。心所好的东西，就引之使近；心所恶的东西，就推之使远。其现象与磁电相同。人的心，分知、情、意三者，意是知与情合并而成，其元素只有知、情二者。磁电同性相推，异性相引，他相推相引的作用，是情的现象。能够差别同性异性，又含有知的作用。可见磁电这个东西，也具有知、情，与我们的心理是一样的。阳电所需要的是阴电，忽然来了一个阳电，要分他的阴电，他当然把他推开。阴电所需要的是阳电，忽然来了一个阴电，要分他的阳电，他当然也把他推开。这就像小儿食乳食糕饼的时候，见哥哥来了，用手推他打他一般，所以成了同性相推的现象。至于磁电异性相引，犹如人类男女相爱，更是不待说的。所以我们研究心理学，可当如磁电学研究。

佛说："真佛法身，映物现形。"宛然磁电感应现象。又说："本性圆融，用遍法界。"又说："非有非无。"宛然磁电中和现象。又说："不生不灭，不增不减。"简直是物理学家所说"能力不灭"。因此之故，我们用力学公例去考察人性，想来不会错。

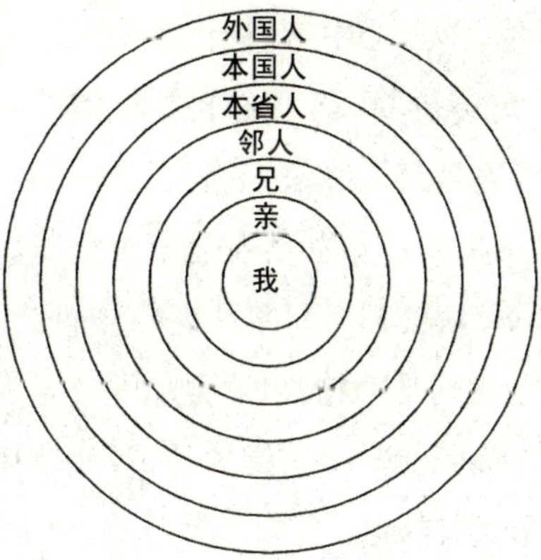

甲图　孟子的性善图

孟子讲性善，说："孩提之童，无不知爱其亲，及其长也，无不知敬其兄。"我讲厚黑学，说："小儿见母亲口中有糕饼，就取来放在自己口中。小儿在母亲怀中食乳食糕饼，见哥哥走近来，就用手推他打他。"这两种说法，岂不是极端相反吗？究竟人性的真相是怎样？我们下细观察，即知小儿一切动作，都是以我为本位，各种现象，都是从比较上生出来的。将母亲与己身比较，小儿更爱己身，故将母亲口中糕饼取出，放入自己口中。母亲是怀抱我、乳哺我的人，拿母亲与哥哥比较，母亲与我更接近，故更爱母亲。大点的时候，与哥哥朝夕一处玩耍，有时遇着邻人，觉得哥哥与我更接近，自然更爱哥哥。由此推之，走到异乡，就爱邻人；走到外省，就爱本省人；走到外国，就爱本国人。其间有一定之规律，其规律是："距我越近，爱情越笃，爱情与距离成反比例。"与牛顿万有引力定律是相像的。我们把他绘出来，如甲图，第一圈是我，第二圈是亲，第三圈是兄，第四圈是邻人，第五圈是本省人，第六圈是本国人，第七圈是外国人。这个图是人心的现象，我们详加玩索，就觉得这种现象很像讲堂上试验的磁场一般。距磁石越近的地方，铁屑越多，可见人的情感与磁力相像。我们从甲图研究，即知我说的小儿抢母亲口中糕饼和孟子所说孩提爱亲，原是一贯的事，俱是以我字为出发点，性善说与厚黑学就可贯通为一。

上面所绘甲图，是否真确，我们可再设法证明：假如暮春三月的时候，我们约着二三友人出去游玩，走至山明水秀的地方，心中觉得非常愉快，走至山水粗恶的地方，心中就戚然不乐，这是甚么缘故呢？因为山水是物，我也是物，物与我本是一体，所以物类好，心中就愉快，物类不好，心中就不愉快。我们又走至一个地方，见地上许多碎石，碎石之上，落花飘零，我们心中很替落花悲戚，对于碎石不甚动念，这是甚么缘故？因为石是无生之物，花与我同是有生之物，所以对于落花更觉关情。假如落花之上卧一将毙之犬，哀鸣宛转，那种声音，入耳惊心骤闻之下，就会把悲感落花之心移向犬方而去了。这是甚么缘故？因为花是植物，犬与我同是动物，自然会起同情心。我们游毕归来，途中见一只犬拦住一个行人，狂跳狂吠，那人持杖乱击，人犬相争，难解难分，我们看见，总是帮人的忙，不会帮犬的忙。因为犬是兽类，那人与我同是人类，对乎人的感情，当然不同。假如我们回来，一进门就有人来对我说：某个友人，因为某事，与人发生绝大冲突，胜负未分，我就很替这个友人关心，希望他得胜。虽然同是人类，因为有交情的关系，不知不觉就偏重在我的友人方面去了。我把朋友邀入室中，促膝谈心，正在尔我忘情的时候，陡然房子倒下来，我们心中发出来的第一个念头，是防卫自己，第二个念头，才顾及友人。我们把各种事实、各种念头、汇合扰来，搜求他的规律，即知每起一念，都是以我字为中心点，我们步步追寻,层层剥剔,逼到尽头处,那个我字,即赤裸裸的现出来了。我们可得一个结论:凡有两个物体,同时出现于我的面前,我无须计较,无须安排,心中自然会有亲疏远近之分。其规律是:“距我越远,爱情越减,爱情与距离成反比例。”终不外牛顿万有引力的定律。我们把它绘出图来,如乙图:第一圈是我,第二圈是友,第三圈是他人,第四圈是犬,第五圈是花,第六圈是石。它的现象仍与磁场一般。我们绘这乙图,是舍去了甲图的境界,凭空另设一个境界,乃绘出之图与中图无异,可知甲图是合理的,乙图也是合理的。这两个图,都是代表人心的现象,既是与磁场相像,与地心引力相像,即可说心理变化不外力学公例。

孟子讲性善,有两个证据,第一个证据是:“孩提之童,无不知爱其亲,及其长也,无不知敬其兄。”前已绘图证明,是发源于为我之心,根本上与厚黑学相通。他第二个证据是:“今人乍见孺子将入于井,皆有怵惕恻隐之心。”我们细细推求,仍是发源于为我之心,仍与厚黑学相通。兹说明如下:

怵惕是惊惧的意思,是自己畏死的表现。假如我们共坐谈心的时候,陡见前面有一人提一把白亮亮的刀追杀一人,我们一齐吃惊,各人心中都要跳几下。这个现象,即是怵惕。这是因为各人都有畏死的天性,看见刀仿佛是杀我一般,所以心中会跳,所以会怵惕。我略一审视,晓得不是杀我,是杀别人,登时就会把畏死的念头放大,化我身为被追的人,对乎他起一种同情心,就想救护他。这就是恻隐。先有怵惕,后有恻隐,是天然的顺序,不是人力安排的。由此可知:恻隐是从怵惕生出来的,莫得怵惕,就不会恻隐,可以说恻隐二字,仍发源于我字。

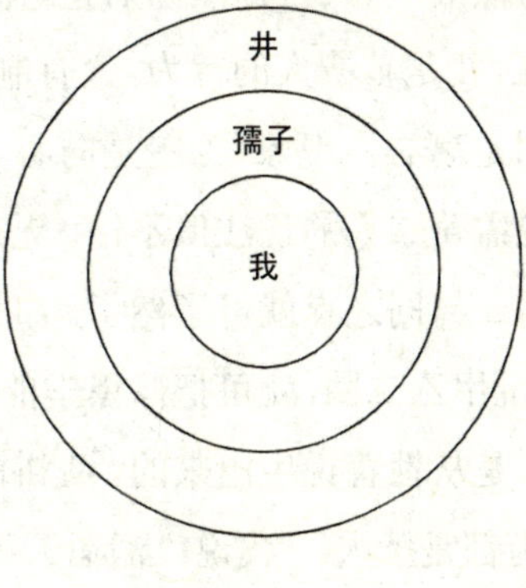

乙图

见孺子将入井的时候，共有三物，一曰我，二曰孺子，三曰井。我们把他绘为图：第一圈是我，第二圈是孺子，第三圈是井。我与孺子同是人类，井是无生之物，孺子对于井生出死生存亡的关系，我当然对孺子表同情，不能对井表同情。有了第一圈的我，才有第二圈的孺子。因为我怕死，才觉得孺子将入井是不幸的事；假如我不怕死，就叫我自己入井，我也认为不要紧的事，不起怵惕心。看见孺子将入井，也认为不要紧的事，断不会有恻隐心。莫得我，即莫得孺子，莫行怵惕，即莫得恻隐，道理本是极明白的。孺子是我身的放大形，恻隐是怵惕的放大形，孟子看见怵惕心能放大而为恻隐心，就叫人把恻隐心再放大起来，扩充到四海。道理本是对的，只因少说一句：“恻隐是怵惕扩充出来的。”就生出宋儒的误会。宋儒言性，从恻隐二字讲起走，舍去怵惕二字不讲，成了有恻隐无怵惕，知有第二圈子孺子，不知有第一圈之我。宋儒学说，许多迂曲难通，其病根就在这一点。

我们把甲乙两图详加玩味，就可解决孟荀两家的争执。甲图是层层放大，由我而亲，而兄，而邻人，而本省人，而本国人，而外国人，其路线是由内向外，越放越大。孟子看见人心有此现象，就想利用他，创为性善说。所以他说：“老吾老，以及人之老；幼吾幼，以及人之幼……举斯心，加诸彼……推恩足以保四海。”力劝人把圈子放大点。孟子喜言诗，诗是宣畅人的性情，含有利导的意思。乙图是层层缩小，由石而花，而犬，而人，而友，而我，其路线是由外向内，越缩越小。荀子看见人心有此现象，就想制止他，创为性恶说。所以**他说：“妻子具而孝衰于亲，嗜欲得而信衰于友，爵禄盈而忠衰于君。**”又说：“拘木待栝蒸矫然后直，钝金待砻厉然后利，人待师法然后正，得礼义然后治，”生怕人把圈子缩小了。荀子习于礼，礼是范围人的行为，含有制裁的意思。甲乙两图，都是代表人心的现象，甲图是离心力现象，乙图是向心力现象。从力学方面说，两种现象俱不错，即可说孟荀二人的说法俱不错。无奈他二人俱是各说一面，我们把甲乙二图一看，孟荀异同之点就可了然了。事情本是一样，不过各人的看法不同罢了。我们详玩甲乙二圈，就可把厚黑学的基础寻出来。

王阳明讲的致良知，是从性善说生出来的。我讲的厚黑学，是从性恶说生出来的。王阳明说：“满街都是圣人。”我说：“滔滔天下，无在非厚黑中人。”此两说何以会极端相反呢？因为同是一事，可以说是性善之表现，也可说是性恶之表现。举例言之：假如有个友人来会我，辞去不久，仆人来报道："刚才那个友人，出门去就与人打架角孽，已被警察将双方捉去了。"我听了，就异常关心，立命人去探听。听说警察判友人无罪，把对方关起了，我就很欢喜。倘判对方无罪，把友人关起，我就很忧闷。请问我这种心理，究竟是善是恶？假如我去问孟子，孟子一定说："这明明是性善的表现，何以故呢？你的朋友与人相争，与你毫无关系，你愿你的朋友胜，不愿他败，这种爱友之心，是从天性中不知不觉流露出来的。此种念头，是人道主义的基础。所谓博施济众，是从此种念头生出来的，所谓民胞物与，也是从此种念头生出来的，所以人们起了此种念头，就须把他扩充起来。"假如我去问荀子，荀子一定说："这明明是性恶的表现，何以故呢？你的朋友是人，和他打驾的也是人，人与人相争，你不考察是非曲直，只是愿友胜不愿友败；这种自私之心，是从天性中不知不觉流露出来的。此种念头，是扰乱世界和平的根苗。日本以武力占据东北四省，是从此种念头生出来的，墨索里尼用飞机轰炸阿比西尼亚，也是从此种念头生出来的，所以人们起了此种念头，即须把他制伏下去。"我们试看上面的说法，两边都有道理，却又极端相反，这是甚么缘故呢？我们要解决孟荀两家的争执，只消绘图一看，就自然明白了。如图：第一圈是我，第二圈是友，第三圈是他人，此心愿友得胜，即是第二圈。请问这第二圈，是大是小呢？孟子寻个我字，与友字比较，即是在外面画个小圈来比较，说第二圈是个大圈。荀子寻个人字，与友字比较，即是在外面画个大圈来比较，说第二圈是个小圈。孟子以为第二圈是第一圈放大而成，其路线是向人字方面扩张出去，故断定人之性善。荀子以为第二圈是由

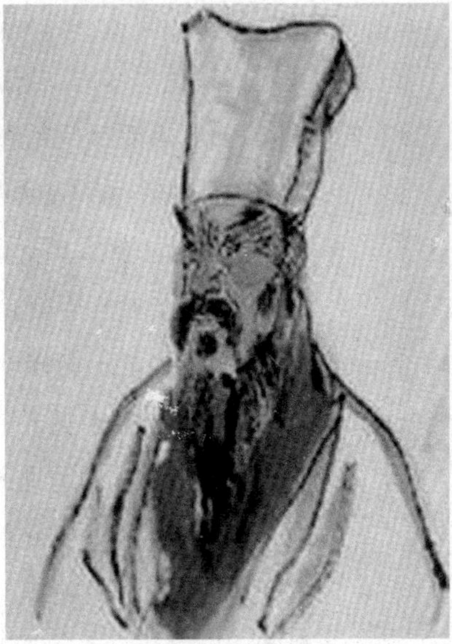
王阳明讲的致良知，是从性善说生发出来的

墨索里尼身为法西斯独裁者，罪大恶极

第三圈缩小而成，其路线是向我字方面收缩拢来，故断定人之性恶。其实第二圈始终只有那么大，并未改变。单独画一个圈，不能断他是大是小；单独一种爱友之心，不能断他是善是恶。画了一圈之后，再在内面或外面画一圈，才有大小之可言。因爱友而做出的事，妨害他人或不妨害他人，才有善恶之可言。

愿友胜不愿友败之心理，是一种天然现象，乃人类之通性，不能断他是善是恶，只看如何应用就是了。本此心理，可做出相亲相爱之事，也可做出相争相夺之事，犹之我们在纸上画了一圈之后，可以在内面画一小圈，也可以在外面画一大圈。孟子见人画了一圈，就断定他一定会把两脚规张开点，在外面画一个较大之圈。荀子见人画了一圈，就断定他一定会把两脚规收拢点，在内面画一个较小之圈。若问他二人的理由，孟子说："这个圈，明明是由一个小圈放大而成。依着它的趋势，当然会再放大，在外面画一个更大之圈。"荀子说："这个圈明明是由一个大圈缩小而成。依着它的趋势，当然会再缩小，在内面画一个更小之圈。"这些说法，真可算无谓之争。

我发表厚黑学后，继续研究，民国九年，创出一条公例："心理变化，循力学公例而行。"并绘出甲乙二图，因知孟子的性善说和荀子的性恶说，都带有点诡辩的性质。同时悟得：我民国元年讲的厚黑学，和王阳明讲的致良知，也带有点诡辩的性质。甚么是诡辩呢？把整个的道理蒙着半面，只说半面，说得条条有理，是之谓诡辩。战国策士，游说人主，即是用的此种方法。其时，坚白异同之说甚盛，孟荀生当其时，染得有点此种气习，读者切不可为其所愚。我是厚黑先生，不是道学先生，所以我肯说真话。

荀子说："妻子具而孝衰于亲，嗜欲得而信衰于友，爵禄盈而忠衰于君"

力有离心、向心两种现象，人的心理也有这两种现象。孟荀二人，各见一种，各执一词。甲乙两图，都与力学公例不悖，故孟荀两说，能够对峙二千余年，各不相下。我们明白这个道理，孟荀两说就可合而为一了。孟荀两说合并，就成为告子的说法。告子说："性无善无不善。"任从何方面考察，他这个说法都是对的。

人性本是无善无恶,也可说是:可以为善,可以为恶。孟子出来,于整个人性中裁取半面以立说,成为性善说。遗下了半面,荀子取以立论,就成为性恶说。因为各有一半的真理,故两说可以并存。又因为只占得真理之一半,故两说互相攻击。

有孟子之性善说,就有荀子之性恶说与之对抗。有王阳明的致良知,就有李宗吾的厚黑学与之对抗。王阳明说:"见父自然知孝,见兄自然知悌。"把良知二字讲得头头是道。李宗吾说:"小孩见着母亲口中糕饼,自然会取来放在自己口中。在母亲怀中食乳食糕饼,见哥哥近前,自然会用手推他打他。"我把厚黑二字也讲得头头是道。有人呼我为教主,我何敢当?我在学术界,只取得与阳明对等的位置罢了。不过阳明在孔庙中配享,吃冷猪肉,我将来只好另建厚黑庙,以廖大圣人和王简恒、雷民心诸人配享。

我的厚黑学,本来与王阳明的致良知有对等的价值,何以王阳明受一般人的推崇,我受一般人的訾议呢?因为自古迄今,社会上有一种公共的黑幕,这种黑幕,只许彼此心心相喻,不许揭穿,揭穿了,就要受社会的制裁。这算是一种公例。我每向人讲厚黑学,只消连讲两三点钟,听者大都津津有味,说道:"我平日也这样想,不过莫有拿出来讲。"请问:心中既这样想,为甚么不拿出来讲呢?这是暗中受了这种公例支配的原故。我赤裸裸的揭穿出来,是违反了公例,当然为社会不许可。

社会上何以会生出这种公例呢?俗语有两句:"逢人短命,遇货添钱。"诸君都想知道,假如你遇着一个人,你问他尊龄?答:"今年五十岁了。"你说:"看你先生的面貌,只像三十几的人,最多不过四十岁罢了。"他听了,一定很欢喜,是之谓"逢人短命"。又如走到朋友家中,看见一张桌子,问他买成若干钱?他答道:"买成四元。"你说:"这张桌子,普通价值八元,再买得好,也要六元,你真是会买。"他听了一定也很喜欢。是之谓"遇货添钱"。人们的习性,既是这样,所以自然而然的就生出这种公例。主张性善说者,无异于说:"世间尽是好人,你是好人,我也是好人。"说这话的人,怎么不受欢迎?主张性恶说者等于说:"世间尽是坏人,你是坏人,我也是坏人。"说这话的人,怎么不受排斥?荀子本来是入了孔庙的,后来因为他言性恶,把他请出来,打脱了冷猪肉,就是受了这种公例的制裁。于是乎程朱派的人,遂高坐孔庙中,大吃其冷猪肉。

《孟子》书上有“阉然媚于世也”一句话，可说是孟子与宋明诸儒定的罪案，也即是孟子自定的罪案。何以故呢？性恶说是箴世，性善说是媚世。性善说者曰：你是好人，我也是好人，此妾妇媚语也。性恶说者曰：你是坏人，我也是坏人，此志士箴言也。天下妾妇多而志士少，箴言为举世所厌闻，荀子之逐出孔庙也宜哉。呜呼！李厚黑，真名教罪人也！

近人蒋维乔著《中国近三百年哲学史》说：“荀子在周末，倡性恶说，后儒非之者多，绝于一人左袒之者，历一千九百余年，俞曲园独毅然赞同之……我同主张性恶说者，古今只有荀俞二氏。”云云。俞曲园是经学大师，一般人只研究他的经学，他著的性说上下二篇，若存若亡，可以说中国言性恶之书，除荀子而外，几乎莫有了。箴言为举世所厌闻，故敢于直说的人，绝无仅有。

滔滔天下，皆是讳疾忌医的人，所以敢于言性恶者，非天下的大勇者不能，非舍得牺牲者不能。荀子牺牲孔庙中的冷猪肉不吃，才敢于言性恶。李宗吾牺牲英雄豪杰不当，才敢于讲厚黑学。将来建厚黑庙时，定要在后面与荀子修一个启圣殿，使他老人家借着厚黑教主的余荫，每年春秋二祭，也吃吃冷猪肉。

常常有人向我说道：“你的说法，未免太偏。”我说：诚然，惟其偏，才医得好病，芒硝大黄，姜桂附片，其性至偏，名医起死回生，所用皆此等药也。药中之最不偏者，莫如泡参甘草，请问世间的大病，被泡参甘草医好者自几？自孟子而后，性善说充塞天下，把全社会养成一种不痒不痛的大肿病，非得痛痛地打几针，烧几艾不可。所以听我讲厚黑学的人，当说道：“你的议论，很痛快。”因为害了麻木不仁的病，针之灸之，才觉得痛；针灸后，全体畅适，才觉得快。

有人读了《厚黑丛话》，说道：“你何必说这些鬼话？”我说：我逢着人说人话，逢着鬼说鬼话，请问当今之世，不说鬼话，说甚么？我这部《厚黑丛话》，人见之则为人话，鬼见之则为鬼话。

我不知过去生中，与孔子有何冤孽，他讲他的仁义，偏偏遇着一个讲厚黑的我，我讲我的厚黑，偏偏遇着一个讲仁义的他。我们两家的学说，极端相反，永世是冲突的。我想：“冤家宜解不宜结。”我与孔子讲和好了。我想个折衷调和的法子，提出两句口号：“厚黑为里，仁义为表。”换言之，即是枕头上放一部厚黑学，案头上放一部四书五经；心头上供一个大成至圣先师李宗吾之神位，壁头上供一个大成至圣先师孔子之神位。从此以后，我的信徒，即是孔子的信徒，孔子的信徒，即是我的信徒，我们两家学说，永世不会冲突了。千百年后，有人出来做一篇《仲尼宗吾合传》，一定说道："仁近于厚，义近于黑，宗吾引绳墨，切事情，仁义之弊，流于麻木不仁，而宗吾深远矣。"

讳疾忌医，是病人通例，因之就成了医界公例。荀子向病人略略针灸了一下，医界就哗然，说他违反了公例，把他逐出医业公会，把招牌与他下了，药铺与他关了。李宗吾出来，大讲厚黑学，叫把衣服脱了，赤条条的施用刀针。这是自荀子而后，二千多年，都莫得这种医法，此李厚黑所以又名李疯子也。

昨有友人来访，见我桌上堆些宋元学案、明儒学案一类书，诧异道："你怎么看这类书？"我说："我怎么不看这类书？相传某国有一井，汲饮者，立发狂。全国人皆饮此井之水，全国人皆狂。独有一人，自凿一井饮之，独不狂。全国人都说他得了狂病，捉他来，针之灸之，施以种种治疗，此人不胜其苦，只得自汲狂泉饮之。于是全国人都欢欣鼓舞，道：'我们国中，从此无一狂人了。'我怕有人替我医疯疾，针之灸之，只好读宋明诸儒的书，自己治疗。"

人性是浑然的，仿佛是一个大城，王阳明从东门攻入，我从西门攻入，攻进去之后，所见城中的真相，彼此都是一样。人性以告子所说，无善无不善，最为真确。王阳明倡致良知之说，是主张性善的，而他教人提出："无善无恶心之体，有善有恶意之动"等语，请问此种说法，与告子何异？我民国元年发表《厚黑学》，是性恶说这面的说法。民国九年，我创一条公例："心理变化，循力学公例而行。"这种说法，即是告子的说法。告子曰："性犹湍水也。"湍水之变化，即是循着力学公例走的，所以"性犹湍水也"五个字，换言之，即是"心理变化，循力学公例而行。"

有人难我道："告子说：'性无善无不善。'阳明说：'无善无恶心之体。'一个言性，一个言心体，何能混为一谈？至于你说的'心理变化'，则是就用上言之，更不能牵涉到体上。"我说：我的话不足为凭，请看阳明的话。阳明曰："心统性情，性，心体也，情，心用也，夫体用一源也，知体之所以为用，则知用之所以为体矣。"心体即是性，这是阳明自己下的定义。我说："阳明的说法，即是告子的说法。"难道我冤诬了阳明吗？

告之曰："性犹湍水也。"决诸东方则东流，决诸西方则西流，请问东流西流,是不是就用上言之?请问水之流东流西,能否逃出力学公例?我说:"'性犹湍水也'五个字,换言之,即是'心理变化,循力学公例而行。'似乎不是穿凿附会。"

阳明曰:"性,心体也,情,心用也。"世之言心言性者,因为体不可见,故只就用上言之,因为性不可见,故只就情上言之。孟子曰:"孩提之童,无不知爱其亲也。"又曰:"今人乍见孺子将入于井,皆有怵惕恻隐之心。"皆是就情上言之。也即是就用上言之。由此知:孟子所谓性善者,乃是据情之善。因以断定性之善。试问人与人的感情,是否纯有善而无恶?所以孟子的话,就会发生问题,故阳明易之曰:"有善有恶意之动。"意之动即用也,即情也。阳明的学力,比孟子更深,故其说较孟子更圆满。

王阳明从性善说悟入,我从性恶说悟入,同到无善无恶而止。我同人讲厚黑学,等于用手指月,人能循着手看去,就可以看见天上之月,人能循着厚黑学研究去,就可以窥见人性之真相。常有人执着厚黑二字,同我剌剌不休,等于在我手上寻月,真可谓天下第一笨人。我的厚黑学,拿与此等人读,真是罪过。

厚黑丛话卷四

成都《华西日报》二十四年十一月十二月

两月前成都某报总编辑对我说："某君在宴会席上说道：李宗吾做了一篇《我对于圣人之怀疑》，把孔子的面子太伤了，我当著一文痛驳之。"静待至今，寂然无闻，究竟我那篇文字，对于孔子的面子，伤莫有伤，尚待讨论，原文于民国十六年载入拙著《宗吾臆谈》内，某君或许只听人谈及，未曾见过，故无从着笔。兹特重揭报端，凡想打倒厚黑教主者，快快的联合起来。原文如下：

我先年对于圣人，很为怀疑，细加研究，觉得圣人内面有种种黑幕，曾做了一篇《圣人之黑幕》。民国元年，本想与厚黑学同时发表，因为厚黑学还未登载完，已经众议哗然，这篇文字更不敢发表了，只好借以解放自己的思想。现在国内学者，已经把圣人攻击得体无完肤，中国的圣人，已是日暮途穷。我幼年曾受过他的教育，本不该乘圣人之危，坠井下石，但我要表明我思想之过程，不妨把当日怀疑之点略说一下。底稿早不知抛往何处，只把大意写出来。

世间顶怪的东西，要算圣人，三代以上，产生最多，层见叠出，同时可以产出许多圣人，三代以下，就绝了种，并莫产生一个。秦汉而后，想学圣人的，不知有几千百万人，结果莫得一个成为圣人，最高的不过到了贤人地位就止了。请问圣人这个东西，究竟学得到学不到？如说学得到，秦汉而后，有那么多人学，至少也该出一个圣人。如果学不到，我们何苦朝朝日日，读他的书，拚命去学。

三代上有圣人，三代下无圣人，这是古今最大怪事。我们通常所称的圣人，是尧舜禹汤文武周公孔子。我们把他分析一下，只有孔子一人是平民，其余的圣人，尽是开国之君，并且是后世学派的始祖，他的破绽，就现出来了。

原来周秦诸子，各人特创一种学说，自以为寻着真理了，自信如果见诸实行，立可救国救民，无奈人微言轻，无人信从。他们心想，人类通性，都是悚慕权势的，凡是有权势的人说的话，人人都肯听从，世间权势之大者，莫如人君，尤莫如开国之君；兼之那个时候的书，是竹简做的，能够得书读的很少，所以新创一种学说的人，都说道，我这种主张：是见之书上，是某个开国之君遗传下来的。于是道家托于黄帝，墨家托于大禹，倡并耕的托于神农，著本草的也托于神农，著医书的，著兵书的，俱托于黄帝。此外百家杂技，与夫各种发明，无不托始于开国之君。孔子生当其间，当然也不能违背这个公例。他所托的更多，尧舜禹汤文武之外，更把鲁国开国的周公加入，所以他是集大成之人。周秦诸子，每人都是这个办法，拿些嘉言懿行，与古帝王加上去，古帝王坐享大名，无一个不成为后世学派之祖。

周秦诸子，各人把各人的学说发布出来，聚徒讲授，各人的门徒，都说我们的先生是个圣人。原来圣人二字，在古时并不算高贵，依《庄子。天下篇》所说，圣人之上，还有天人、神人、至人等名称，圣人列在第四等，圣字的意义，不过是"闻声知情，事无不通"罢了，只要是聪明通达的人，都可呼之为圣人，犹之古时的朕字一般，人人都称得，后来把朕字、圣字收归御用，不许凡人冒称，朕字圣字才高贵起来。周秦诸子的门徒，尊称自己的先生是圣人。也不为僭妄。孔子的门徒，说孔子是圣人，孟子的门徒，说孟子是圣人，老庄杨墨诸人，当然也有人喊他为圣人。到了汉武帝的时候，表章六经，罢黜百家，从周秦诸子中把孔子挑选出来，承认他一人是圣人，诸子是圣人名号，一齐削夺，孔子就成为御赐的圣人了。孔子既成为圣人，他所尊崇的尧舜禹汤文武周公，当然也成为圣人。所以中国的圣人，只有孔子一人是平民，其余的都是开国之君。

孟子学说博大精深，和孟母的早期教诲是分不开的

周秦诸子的学说，要依托古之人君，也是不得已而为之。这可举例证明：南北朝有个张士简，把他的文字拿与虞讷看，虞讷痛加诋斥。随后士简把文改作，托名沈约，又拿与虞讷看，他就读一句，称赞一句。清朝陈修园，著了一本《医学三字经》，其初托名叶天士，及到其书流行了，才改归

己名，有修园的自序可证。从上列两事看来，假使周秦诸子不依托开国之君，恐怕他们的学说早已消灭，岂能传到今日？周秦诸子，志在救世，用了这种方法，他们的学说，才能推行，后人受赐不少。我们对于他是应该感谢的，但是为研究真理起见，他们的内幕是不能不揭穿。

孔子之后，平民之中，也还出了一个圣人，此人就是人人知道的关羽。凡人死了，事业就完毕，惟有关羽死了过后，还干了许多事业，竟自挣得圣人的名号，又著有《桃园经》，《觉世真经》等书，流传于世。孔子以前那些圣人的事业与书籍，我想恐怕也与关羽差不多。

现在乡僻之区偶然有一人得了小小富贵，讲因果的，就说他阴功积得多，讲堪舆的，就说他坟地葬得好，看相的，算命的，就说他面貌生庚与众不同。我想古时的人心，与现在差不多，大约也有讲因果的人，看那些开基立国的帝王，一定说他品行如何好，道德如何好。这些说法流传下来，就成为周秦诸子著书的材料了。兼之，凡人皆有我见，心中有了成见，眼中所见东西，就会改变形象，带绿色眼镜的人，见凡物皆成绿色，带黄眼镜的人，见凡物皆成黄色。周秦诸子，创了一种学说，用自己的眼光去观察古人，古人自然会改变形象，恰与他的学说符合。

关羽是一个义薄云天、忠肝义胆的英雄

我们权且把圣人中的大禹提出来研究一下。他腓无胈，胫无毛，忧其黔首，颜色黎墨，宛然是摩顶放踵的兼爱家。韩非子说:“禹朝诸侯于会稽，防风氏之君后至而禹斩之。”他又成了执法如山的大法家。孔子说:“禹，吾无间然矣。菲饮食而致孝乎鬼神，恶衣服而致美乎黻冕，卑宫室而尽力乎沟洫。”俨然是恂恂儒者，又带点栖栖不已的气象。读魏晋以后禅让文，他的行径，又与曹丕、刘裕诸人相似。宋儒说他得了危微精一的心传，他又成了一个析义理于毫芒的理学家。杂书上说他娶涂山氏女，是个狐狸精，仿佛是《聊斋》上的公子书生。说他替涂山氏造傅面的粉，又仿佛是画眉的风流张敞。又说他治水的时候，驱遣神怪，又有点像《西游记》上的孙行者，《封神榜》上的姜子牙。据著者的眼光看来，他始而忘亲事仇，继而夺仇人的天下，终而把仇人逼死苍梧之野简直是厚黑学中重要人物。他这个人，光怪陆离，真是莫名其妙。其余的圣人，其神妙也与大禹差不多。我们略加思索，圣人的内幕，也就可以了然了。因为圣人是后人幻想结成的人物，各人的幻想不同，所以圣人的形状有种种不同。

我做了一本《厚黑学》，从现在逆推到秦汉是相合的，又逆推到春秋战国，也是相合的，可见从春秋以至今日，一般人的心理是相同的。再追溯到尧舜禹汤文武周公，就觉得他们的心理神妙莫测，尽都是天理流行，惟精惟一，厚黑学是不适用的。大家都说三代下人心不古，仿佛三代上的人心，与三代下的人心，成为两截了，岂不是很奇的事吗？其实并不奇。假如文景之世，也像汉武帝的办法，把百家罢黜了，单留老子一人，说他是个圣人，老子推崇的黄帝，当然也是圣人，于是乎平民之中，只有老子一人是圣人，开国之君，只有黄帝一人是圣人。老子的心，"微妙玄通，深不可识"。黄帝的心，也是"微妙玄通，深不可识"。"其政闷闷，其民淳淳"。黄帝而后，人心就不古了，尧夺哥哥的天下，舜夺妇翁的天下，禹夺仇人的天下，成汤文武以臣叛君，周公以弟杀兄。我那本《厚黑学》，直可逆推到尧舜禹而止。三代上的人心，三代下的人心，就融成为一片了。无奈再追溯上去，黄帝时代的人心，与尧舜而后的人心，还是要成为两截的。

假如老子果然像孔子那样际遇，成了御赐的圣人，我想孟轲那个亚圣名号，一定会被庄子夺去，我们读的四子书，一定是老子、庄子、列子、关尹子，所读的经书，一定是灵枢、素问，孔孟的书与管商申韩的书，一齐成为异端，束诸高阁，不过遇着好奇的人，偶尔翻来看看，大学、中庸在礼记内，与王制、月令并列。人心惟危十六字，混在曰若稽古之内，也就莫得甚么精微奥妙了。后世讲道学的人，一定会向道德经中，玄牝之门，埋头钻研，一定又会造出天玄人玄、理牝欲牝种种名词，互相讨论。依我想圣人的真相，不过如是（著者按：后来我偶翻太玄经，见有天玄地玄人玄等名词，惟理牝欲牝的名词，我还未看见）。

儒家的学说，以仁义为立足点，定下一条公例："行仁义者昌，不行仁义者亡。"古今成败，能合这个公例的，就引来做证据，不合这个公例的，就置诸不论。举个例来说，太史公《殷本纪》说："西伯归，乃阴修德行善。"《周本纪》说："西伯阴行善。"连下两个阴字，其作用就可想见了。齐世家更直截了当地说道："周西伯昌之脱里归，与吕尚阴谋修德以倾商政，其事多兵权与奇计。"可见文王之行仁义，明明是一种权术，何尝是实心为民？儒家见文王成了功，就把他推尊得了不得。徐偃王行仁义，汉东诸侯，朝者三十六国，荆文王恶其害己也，举兵灭之。这是行仁义失败了的，儒者就绝口不提。他们的论调完全与乡间讲因果报应的一样，见人富贵，就说他积得有阴德，见人触电器死了，就说他忤逆不孝，推其本心，固是劝人为善，其实真正的道理，并不是那么样。

古来的圣人，真是怪极了，虞芮质成，脚踏了圣人的土地，立即洗心革面，圣人感化人，有如此的神妙。我不解管蔡的父亲是圣人，母亲是圣人，哥哥弟弟是圣人，四面八方被圣人围住了，何以中间会产生鸱鹗？清世宗呼允禩为阿其那，允禟为塞思赫，翻译出来，是猪狗二字。这个猪狗的父亲是圣人，哥哥是圣人，侄儿也是圣人。鸱鹗猪狗，会与圣人错杂而生，圣人的价值，也就可以想见了。

李自成是个流贼，他进了北京，寻着崇祯帝后的尸，载以宫扉，盛以柳棺，放在东华门，听人祭奠。武王是个圣人，他走至纣死的地方，射他三箭，取黄钺把头斩下来，悬在太白旗上，他们爷儿，曾在纣名下称过几天臣，做出这宗举动，他的品行，连流贼都不如，公然也成为惟精惟一的圣人，真是妙极了。假使莫得陈圆圆那场公案，吴三桂投降了，李自成岂不成为太祖高皇帝吗？他自然也会成为圣人，他那闯太祖本纪所载深仁厚泽，恐怕比《周本纪》要高几倍。

人称闯王的起义领袖李自成

太王实始翦商，王季、文王继之，孔子称武王缵太王、王季、文王之绪，其实与司马炎，缵懿师昭之绪何异？所异者，一个生在孔子前，得了世世圣人之名，一个生在孔子后，得了世世逆臣之名。

后人见圣人做了不道德的事，就千方百计

替他开脱，到了证据确凿，无从开脱的时候，就说书上的事迹出于后人附会。这个例是孟子开的。他说：以至仁伐至不仁，断不会有流血的事，就断定武成上血流漂杵那句话是假的。我们从殷民三叛，多方大诰那些文字看来，可知伐纣之时，血流漂忤不假，只怕“以至仁伐不仁”那句话有点假。

子贡曰：“**纣之不善，不如是之甚也。是以君子恶居下流，而天下之恶皆归焉。**”我也说：“尧舜禹汤文武周公之善，不如是之甚也。是以君子愿居上流，而天下之美皆归焉。”若把下流二字改作失败，把上流二字改作成功，更觉确切。

子贡名端木赐，是孔子的学生

古人神道设教，祭祀的时候，叫一个人当尸，向众人指说：“这就是所祭之神。”众人就朝着他磕头礼拜。同时又以圣道设教，对众人说：“我的学说，是圣人遗传来的。”有人问：“哪个是圣人？”他就顺手指着尧舜禹汤文武周公说道：“这就是圣人。”众人也把他当如尸一般，朝着他磕头礼拜。后来进化了，人民醒悟了，祭祀的时候，就把尸撤消，惟有圣人的迷梦，数千年未醒，尧舜禹汤文武周公，竟受了数千年的崇拜。

讲因果的人，说有个阎王，问“阎王在何处？”他说：“在地下。”讲耶教的人，说有个上帝，问“上帝在何处？”他说：“在天上。”讲理学的人，说有许多圣人，问“圣人在何处？”他说：“在古时。”这三种怪物，都是只可意中想象，不能目睹，不能证实。惟其不能证实，他的道理就越是玄妙，信从的人就越是多。在创这种议论的人，本是劝人为善，其意固可嘉，无如事实不真确，就会生出流弊。因果之弊，流为拳匪，圣人之弊，使真理不能出现。

汉武帝把孔子尊为圣人过后，天下的言论，都折衷于孔子，不敢违背。孔融对于父母问题略略讨论一下，曹操就把他杀了。嵇康非薄汤武，司马昭也把他杀了。儒教能够推行，全是曹操、司马昭一般人维持之力。后来开科取士，读书人若不读儒家的书，就莫得进身之路。一个死孔子，他会左手拿官爵，右手拿钢刀，哪得不成为万世师表？宋元明清学案中人，都是孔圣人马蹄脚下人物，他们的心坎上，受了圣人的摧残，他们的议论，焉得不支离穿凿？焉得不迂曲难通？

中国的圣人，是专横极了，他莫有说过的话，后人就不敢说，如果说出来，众人就说他是异端，就要攻击他。

中国的圣人，是专横极了，他莫有说过的话，后人就不敢说，如果说出来，众人就说他是异端，就要攻击他。朱子发明了一种学说，不敢说是自己发明的，只好把孔门的格物致知加一番解释，说他的学说是孔子嫡传，然后才有人信从。王阳明发明一种学说，也只好把格物致知加一番新解释，以附会己说，说朱子讲错了，他的学说，才是孔子嫡传。本来朱王二人的学说，都可以独树一帜，无须依附孔子，无如处于孔子势力范围之内。不依附孔子，他们的学说，万万不能推行。他二人费尽心力去依附，当时的人，还说是伪学，受重大的攻击，圣人专横到了这个田地，怎么能把真理研究得出来？

韩非子说得有个笑话："郢人致书于燕相国，写书的时候，天黑了，喊：'举烛。'写书的人，就写上举烛二字，把书送去。燕相得书，想了许久，说道：'举烛是尚明，尚明是任用贤人的意思。'以此说进之燕王。燕王用他的话，国遂大治。虽是收了效，却非原书本意。" 所以韩非说："先王有郢书，后世多燕说。"究竟格物致知四字作何解释，恐怕只有手著《大学》的人才明白，朱王二人中，至少有一人免不脱"郢书燕说"的批评。岂但格物致知四字，恐怕《十三经注疏》，《皇清经解》，宋元明清学案内面许多妙论，也逃不脱"郢书燕说"的批评。

韩非子乃法家思想之集大成者

学术上的黑幕，与政治上的黑幕，是一样的。圣人与君主，是一胎双生的，处处狼狈相依。圣人不仰仗君主的威力，圣人就莫得那么尊崇。君主不仰仗圣人的学说，君主也莫得那么猖獗。于是君主把他的名号分给圣人。圣人就称起王来了。圣人把他的名号分给君主，君主也称起圣来了。君主钳制人民的行动，圣人钳制人民的思想。君主任便下一道命令，人民都要遵从；如果有人违背了，就算是大逆不道，为法律所不容。圣人任便发一种议论，学者都要信从；如果有人批驳了，就算是非圣无法，为清议所不容。中国的人民，受了数千年君主的摧残压迫，民意不能出现，无怪乎政治紊乱。中国的学者,受了数千年圣人的摧残压迫,思想不能独立,无怪乎学术消沉。因为学说有差误,政治才会黑暗,所以君主之命该革,圣人之命尤其该革。

我不敢说孔子的人格不高,也不敢说孔子的学说不好,我只说除了孔子,也还有人格,也还有学说。孔子并莫有压制我们,也未尝禁止我们别创异说,无如后来的人,偏要抬出孔子,压倒一切,使学者的思想不敢出孔子范围之外。学者心坎上,被孔子盘踞久了,理应把他推开,思想才能独立,宇宙真理才研究得出来。前时,有人把孔子推开了,同时达尔文诸人就闯进来,盘踞学者心坎上,天下的言论,又热衷于达尔文诸人,成一个变形的孔子,执行圣人的任务。有人违反了他们的学说,又算是大逆不道,就要被报章杂志骂个不休。如果达尔文诸人去了,又会有人出来执行圣人的任务。他的学说,也是不许人违反的。依我想,学术是天下公物,应该听人批评,如果我说错了,改从他人之说,于我也无伤,何必取军阀态度,禁人批评。

凡事以平为本。君主对于人民不平等,故政治上生纠葛。圣人对于学者不平等,故学术上生纠葛。我主张把孔子降下来,与周秦诸子平列,我与阅者诸君一齐参加进去,与他们平坐一排,把达尔文诸人欢迎进来,分庭抗礼,发表意见,大家蹉商,不许孔子、达尔文诸人高踞我们之上,我们也不高踞孔子、达尔文诸人之上,人人思想独立,才能把真理研究得出来。

我对于圣人既已怀疑,所以每读古人之书,无在不疑。因定下读书三诀,为自己用功步骤。兹附录天下:

第一步,以古为敌:读古人之书,就想此人是我的劲敌,有了他,就莫得我,非与他血战一番不可。逐处寻他缝隙,一有缝隙,即便攻入;又代古人设法抗拒,愈战愈烈,愈攻愈深。必要如此,读书方能入理。

第二步,以古为友:我若读书有见,即提出一种主张,与古人的主张对抗,把古人当如良友,互相切磋。如我的主张错了,不妨改从古人;如古人主张错了,就依着我的主张,向前研究。

第三步,以古为徒:著书的古人,学识肤浅的很多。如果我自信学力在那些古人之上,不妨把他们的书拿来评阅,当如评阅学生文字一般。说得对的,与他加几个密圈;说得不对的,与他划几根杠子。世间俚语村言,含有妙趣的尚且不少，何况古人的书，自然有许多至理存乎其中。我评阅越多，智识自然越高，这就是普通所说的教学相长了。如遇一个古人，智识与我相等，我就把他请出来，以老友相待，如朱晦庵待蔡元定一般。如遇有智识在我上的，我又把他认为劲敌，寻他缝隙，看攻得进攻不进。

我虽然定下三步功夫，其实并莫有做到，自己很觉抱愧。我现在正做第一步功夫，想达第二步，还未达到。至于第三步，自量终身无达到之一日。譬如行路，虽然把路径寻出，无奈路太长了，脚力有限，只好努力前进，走一截算一截。

以上就是《我对圣人之怀疑》的原文。这原是我满清未年的思想，民国十六年才整理出来，刊入《宗吾臆谈》内。因为有了这种思想，才会发明厚黑学。此文同《厚黑学》，在我的思想上，算是破坏工作。自民国九年著《心理与力学》起，以后的文字，算是我的建设工作。而《心理与力学》一文，是我全部思想的中心点。

民国九年，我定出一条公例："心理变化，循力学公例而行。"又绘出甲乙两图，以后一切议论，都以之为出发点。批评他人的学说，就以之为基础，合得到这个方式的，我就说他对，合不到的，我就说他不对。这是我自己造出一把尺子，用以度量万事万物。我也自知不脱我见，但我开这间铺子，是用的这把尺子，不能不向众人声明。

墨子的兼爱思想很受穷苦百姓欢迎

我们试就甲乙两图，来研究孟荀杨墨四家的学说：孟子讲"差等之爱"，层层放大，是很合天然现象的，便他言"亲亲而仁民，仁民而爱物"与夫"老吾老，以及人之老"一类话，总是从第二圈说起走，对于第一圈之我，则浑而不言。杨子主张为我，算是把中心点寻出了，他却专在第一圈之我字上用功，第二以下各圈，置之不论。墨子摩顶放踵，是抛弃了第一圈之我，他主张"爱无差等"，是不分大圈小圈，统画一极大之圈了事。杨子有了小圈，就不管大圈；墨子有了大圈，就不管小圈。他两家都不知：天然现象，是大圈小圈层层包裹的。孟荀二人，把层层包裹的现象看见了，但孟子说是层层放大，荀子说是层层缩小，就不免流于一偏了。我们取杨子的我字，作为中心点，在外面加一个差等之爱，就与天然现象相合了。孟言性善，荀言性恶，杨子为我，墨子兼爱，我们只用“扩其为我之心”一语，就可将四家学说折衷为一。

孟子言“乍见孺子将入于井，皆有怵惕恻隐之心”。怵惕是自己畏死，恻隐是悯人之死。孟子知道人之天性，能因自己畏死，就会悯人之死，怵惕自然会扩大为恻隐，因教人再扩大之，推至于四海。道理本是对的，只因少说了一句：“恻隐是从怵惕扩充出来”，又未把“我与孺子同时将入井，此心作何状态”提出来讨论，以致生出宋明诸儒的误会，以为人之天性一发出来，就是恻隐，忘却恻隐之上还有怵惕二字。一部宋元明清学案，总是尽力发挥恻隐二字，把怵惕二字置之不理，就流弊百出了。

怵惕是利己心之表现，恻隐是利人心之表现。怵惕扩大即为恻隐，利己扩大即为利人。荀子知人有利己心，故倡性恶说；孟子知人有利人心，故倡性善说。我们可以说：荀子的学说，以怵惕为出发点；孟子的学说，以恻隐为出发点，譬如竹子，怵惕是第一节，恻隐是第二节。孟子的学说，叫人把利人心扩充出来，即是从第二节生枝发叶。荀子的学说，主张把利己心加以制裁，是怕他在第一节就生枝发叶横起长，以致生不出第二节。两家都是勉人为善，各有见地，宋儒扬孟而抑荀，未免不对。我解释厚黑经，曾经“汉高祖之分杯羹，唐太宗之杀建成、元吉，是充其本然之厚黑。”这即是竹子在第一节，就生枝发叶横起长。

王阳明传习录说：“孟子从源头上说来，荀子从流弊说来。”荀子所说，是否流弊，姑不深论，怵惕之上，有无源头，我们也不必深求，惟孟子所讲之恻隐，则确非源头。怵惕是恻隐之源，恻隐是怵惕之流。阳明所下流源二字，未免颠倒了。

孟子的学说，虽不以怵惕为出发点，但人有为我之天性，他是看清了的，怵惕二字，是明明白白提出了的。他对齐宣王说：“王如好货，与民同之。”又说：“王如好色，与民同之。”知道自己有一个我，同时又顾及他人之我，这本是孟子学说最精粹处。无奈后儒乃以为孟子这类话，是对时君而言，叫人把好货好色之根搜除尽净，别求所谓危微精一者，真是舍了康庄大道不走，反去攀援绝壁，另寻飞空鸟道来走。

孟子说：“**老吾老，以及人之老；幼吾幼，以及人之幼。**”又说：“**人人亲其亲长其长而天下平。**”吾字其字，俱是我字的代名词。孟子讲学，不脱我字；宋儒讲学，舍去我字。所以孟子的话，极近人情；宋儒的话，不近人情。例如程子说：“妇人饿死事小，失节事大。”这是舍去了我字。韩昌黎说：“臣罪当诛兮天王圣明。”程子很为叹赏，这也是舍去了我字。其原因就由宋儒读孺子将入井章，未能彻底研究，其弊流于自己已经身井在中，宋儒还怪他不救孺子。诸君试取宋儒语录及胡致堂著的《读史管见》读之，处处可见。

孟子的学说，不脱我字，所以敢于说：“闻诛一夫纣矣，未闻弑君也。”敢于说：“民为贵，社稷次之，君为轻。”敢于说：“君视臣如草芥，则臣视君如寇仇。”宋儒的学说，舍去我字，不得不说：“臣罪当诛，天王圣明。”

宋儒创出“去人欲存天理”之说，天理隐贴恻隐二字，把他存起，自是很好，惟人欲二字，界说不清。其流弊至于把怵惕认为人欲，想尽法子去铲除，甚至有身蹈危阶，练习不动心，这即是铲除怵惕的工作。于是“去人欲，存天理”变成了“去怵惕，存恻隐”。试思：怵惕为恻隐的来源，把怵惕去了，怎样会有恻隐？何以故呢？孺子为我身之放大形。恻隐为怵惕之放大形，我者圆心也，圆心既无，圆形安有？怵惕既无，恻隐安有？宋儒吕希哲目睹轿夫坠水淹死，安坐轿中，漠然不动。张魏公苻离之败，死人三十万，他终夜鼾声如雷，其子南轩，还夸其父心学很精。宋儒自称上承孟子之学，孟子曰：“今有同室之人斗者救之，虽被发缨冠而救之可也。”吕希哲的轿夫，张魏公的部下，当然要算同室之人，像他们这样漠不动心，未免显违孟氏家法。大凡去了怵惕的人，就会流于残忍，杀人不眨眼的恶匪，身临刑场，往往谈笑自若，就是明证。

我们研究古今人之学说，首先要研究他对于人性之观察，因为他对于人性是这样的观察，所以他的学说，才有这样的主张。把他学说的出发点寻出了，才能批评他的学说之得失。

小孩与母亲发生关系，共有三个场所：(1)一个小孩，一个母亲，一个外人，同在一处，小孩对乎母亲格外亲爱。这个时候，可以说小孩爱亲；(2)一个小孩，一个母亲，同在一处，小孩对乎母亲依恋不舍。这个时候，可以说小孩爱亲；(3)一个小孩，一个母亲，同在一处，发生了利害冲突，例如：有一块糕饼，母亲吃了,小孩就莫得吃,母亲放在口中,小孩就伸手取来,放在自己口中。这时候,断不能说小孩爱亲。

孟子看见前两种现象,忘了第三种,故创性善说。荀子看见第三种现象忘了前两种,故创性恶说。宋儒却把三种现象同时看见,但不知这三种现象原是一贯的,乃造出气质之性的说法,隐指第三种现象;又用义理之性四字,以求合于孟子的性善说。人的性只有一个,宋儒又要顾孟子,又要顾事实,无端把人性分而为二,越讲得精微,越不清。

孟子创性善说,以为凡人都有为善的天性,主张把善念扩充之以达于天下。荀子创性恶说,以为凡人都有为恶的天性,主张设法制裁,使不至为害人类。譬诸治水,孟子说水性向下,主张疏瀹,使之向下流去。孟子喜言时,诗者宣导人之意志,此疏瀹之说也。荀子说水会旁溢,主张筑堤,免得漂没人畜。荀子喜言礼,礼者约束人之行止,此筑堤之说也。告子曰:"性犹湍水也。"治水者疏瀹与筑堤二者并用。我们如奉告子之说,则知孟荀二家的学说可以同时并用。

苏东坡作《荀卿论》,以为:荀卿是儒家,何以他的门下会有李斯,很为诧异,其实不足怪。荀卿以为人之性恶,当用礼以制裁之。其门人韩非,以为礼之制裁力弱,不若法律之制裁力大,于是改而为刑名之学,主张严刑峻法,以制止轨外的行动。李斯与韩非同门,故其政见相同。我们提出性恶二字,即知荀卿之学变而为李斯,原是一贯的事。所以说:要批评他人的政见,当先考察他对于人性之观察。苏东坡不懂这个道理,所以他全集中论时事,论古人,俱有卓见,独于这篇文字,未免说外行话。

苏东坡与慧能

学问是进化的,小孩对于母亲有三种现象,孟子只看见前两种,故倡善性说;荀子生在孟子之后,看见第三种,故倡性恶说;宋儒生在更后,看得更清楚,看见小孩抢夺母亲口中糕饼的现象,故倡物欲说。这物欲二字,是从《礼记》上"感于物而动,性之欲也"两句话生出来的。物者何?母亲口中糕饼是也。感于物而动，即是看见糕饼，即伸手去抢也。宋儒把三种现象同时看见，真算特识。所以朱子注孟子，敢于说:“以事理考之，程子较孟子为密。”其原因就是程子于性字之外，发明了一个气字，说道“论性不论气不备。”问:“小孩何以会抢母亲口中糕饼?”曰:“气为之也，气质之性为之也。”宋儒虽把三种现象同时看见，惜乎不能贯通为一。把小孩爱亲敬兄认为天理，抢夺母亲口中糕饼认为人欲，把一贯之事剖分为二，此不能不待厚黑先生出而说明也。

《朱子家训》为理学家朱熹的著作

宋儒造出物欲的名词之后，自己细思之，还是有点不妥，何也?小儿见母亲口中糕饼，伸手去抢，可说感于物而动，但我与孺子同时将入井，此时只有赤裸裸一个怵惕之心，孟子所谓恻隐之心，忽然不见，这是甚么道理呢?要说是物欲出现，而此时并无所谓物，于是又把物欲二字改为人欲。抢母亲口中糕饼是人欲，我与孺子同时将入井，我心只有怵惕而无恻隐，也是人欲，在宋儒之意，提出人欲二字，就可把二者贯通为一了。他们这种组织法，很像八股中做截搭题的手笔。我辈生当今日，把天理人欲物欲气质等字念熟了，以为吾人心性中，果有这些东西，殊不知这些名词，是宋儒平空杜撰的。著者是八股先生出身，才把他们的手笔看得出来。

宋儒又见伪古文尚书上有“人心惟危，道心惟微”二语，故又以人心二字替代人欲，以道心二字替代天理。朱子中庸章句序曰:“人莫不有是形，故虽上智不能无人心，亦莫不有是性，故虽下愚不能无道心。”无异于说:当小孩的时候，就是孔子也会抢母亲口中糕饼，我与孺子同时将入井，就是孔子也是只有怵惕而无恻隐。何以故?虽上智不能无人心故。因为凡人必有这种天性，故生下地才会吃乳，井在我面前，才不会跳下去。朱子曰:“人莫不有是形，虽上智不能无人心。”换言之，即是人若无此种心，世界上即不会有人。道理本是对的，无奈这种说法，已经侵入荀子学说范围去了。据阎百诗考证:人心惟危十六字，是撰伪古文尚书者，窃取荀子之语，故曰侵入荀子范围。因为宇宙真理，明明白白摆在我们面前，任何人只要留心观察，俱见得到，荀子见得到，朱子也见得到，故不知不觉与之相合。无如朱子一心一意，想上继孟子道统，研究出来的道理，虽与荀子暗合，仍攻之遗余力，无非是门户之见而已。

细绎朱子之意，小孩抢母亲口中糕饼是人心，爱亲敬兄是道心，人心是气，是人欲，道心是性，是天理，人心是形气之私，道心是性命之正。这些五花八门的名词，真把人闹得头闷眼花。奉劝读者，与其读宋元明清学案，不如读厚黑学，详玩甲乙二图，则小孩抢母亲口中糕饼也，爱亲敬兄也，均可一以贯之，把天人理气等字一扫而空，岂不大快！

最可笑者，朱子中庸章句序又曰："必使道心常为一身之主，而人心每听命焉。"主者对仆而言，道心为主，人心为仆。道心者，为圣为贤之心，人心者，好货好色之心，听命者，仆人职供驱使，唯主人之命是听也。细绎朱子之意，等于说，我想为圣为贤，人心即把货与色藏起，我想吃饭，抑或想"男女居室，人之大伦"，人心就把货与色献出来。必如此方可曰："道心常为一身之主，而人心每听命焉。"总而言之，宋儒有了性善说横亘胸中，又不愿抹煞事实，故创出的学说，无在非迂曲难通。此《厚黑丛话》之所以以不得不作也。予岂好讲厚黑哉，予不得已也。

怵惕与恻隐，同是一物，天理与人欲也同是一物，犹之煮饭者是火，烧房子者也是火。宋明诸儒，不明此理，把天理人欲看作截然不同之二物，创出去人欲之说，其弊往往流于伤害天理。王阳明传习录说："无事时，将好色好货好名等私，逐一追究搜寻出来，定要拔去病根，永不复起，方始为快。常如猫之捕鼠，一眼看着，一耳听着，才有一念萌动，即与克去，斩钉截铁，不可姑容，与他方便，不可窝藏，不可放他出路，方是真实用功，方能扫除廓清。"这种说法，仿佛是：见了火会烧房子，就叫人以后看见了一星之火，立即扑灭，断绝火种，方始为快。传习录又载："一友问：欲于静坐时，将好名好色好货等根，逐一搜寻出来，扫除廓清，恐是剜肉做疮否？先生正色曰：这是我医人的方子，真是去得人病根。更有大本事人，过了十数年，亦还用得着。你如不用，且放起，不要作坏我的方法，是友愧谢。少间曰，此量非你事，必吾门稍知意思者，为此说以误汝，在坐者皆悚然。"我们试思：王阳明是很有涵养的人，他平日讲学，任人如何问难，总是勤勤恳恳的讲说，从未动气。何以门人这一问，他会动气？何以始终未把那门人误点指出？又何以承认说这话的人，是稍知意思者呢？因为阳明能把知行二者合而为一，能把明德亲民二者合而为一，能把格物、致知、诚意、正心、修身五者看作一事，独不能把天理人欲看作一物。这是他学说的缺点，他的门人这一问，正击中他的要害，所以他就动起气来了。究竟剜肉做疮四字，怎样讲呢？肉喻天理。疮喻人欲，剜肉做疮，即是把天理认作人欲，去人欲即未免伤及天理。门人的意思，即是说："我们如果见了一星之火，即把他扑灭，自然不会有烧房子之事，请问拿甚么东西来煮饭呢？换言之，即是把好货之心连根去尽，人就不会吃饭，岂不饿死吗？把好色之心连根去尽，就不会有男女居室之事，人类岂不灭绝吗？"这个问法何等利害！所以阳明无话可答，只好忿然作色。宋明诸儒主张去人欲存天理，所做的即是剜肉做疮的工作。其学说之不能餍服人心，就在这个地方。

以上一段，是从拙作《社会问题之商榷》第三章"人性善恶之研究"中录出来的，我当日深疑阳明讲学极为圆通，处处打成一片，何至会把天理、人欲歧而为二，近阅《龙溪语录》所载"天泉证道记"，钱绪山谓"无善无恶心之体，有善有恶意之动，知善知恶是良知，为善去恶是格物"四语，是师门定本。王龙溪谓："若悟得心是无善无恶之心，意即是无善无恶之意，知即是无善无恶之知，物即是无善无恶之物。"时阳明出征广西，晚坐天泉桥上，二人因质之。阳明曰："汝中（龙溪字）所见，我久欲发，恐人信不及，徒增躐等之弊，故含蓄到今。此是传心秘藏，颜子明道所不敢言，今既是说破，亦是天机该发泄时，岂容复秘"阳明至洪都，门人三百余人来请益，阳明曰："吾有向上一机，久未敢发，以待诸君自悟。近被王汝中拈出，亦是天机该发泄时。"明年广西平，阳明归，卒于途中。龙溪所说，即是把天理、人欲打成一片。阳明直到晚年，才揭示出来，由此知：门人提出剜肉做疮之问，阳明忿然作色，正是恐增门人躐等之弊。传习录是阳明早年的门人所记，故其教法如此。

钱德洪极似五祖门下的神秀，王龙溪极似慧能，德洪所说，时时勤拂拭也，所谓渐也。龙溪所说，本来无一物也，所谓顿也。阳明曰："汝中须用德洪工夫，德洪须透汝中本旨，二子之见，止可相取，不可相病，"此顿悟渐修之说也。《龙溪语录》所讲的道理，几与六祖坛经无异，成了殊途同归，何也？宇宙真理，只要研究得彻底，彼此所见，是相同的。

就真正的道理来说，把孟子的性善说、荀子的性恶说合而为一，理论就圆满了。二说相合，即成为告子性无善无不善之说。人问：孟子的学说，怎样与荀子学说相合？我说：孟子曰："人少则慕父母，知好色则慕少艾。"荀子曰："妻子具而孝衰于亲。"请问二人之说，岂不是一样吗？孟子曰："大孝终身慕父母，五十而慕者，予天大舜见之矣。"据孟子所说：满了50岁的人，还爱慕父母，他眼中只看见大舜一人。请问人性的真相，究是怎样？难道孟荀之说不能相合吗？

性善说与性恶说，既可合而为一，则王阳明之致良知，与李宗吾之厚黑学，即可合而为一。人问：怎么可合为一？我说：孟子曰："大孝终身慕父母。"《厚黑经》曰："大好色终身慕少艾。"孟子曰："五十而慕父母者，予于大舜见之矣，"《厚黑经》曰："八百岁而慕少艾者，予于彭祖见之矣。"爱亲是不学而能，不虑而知的，好色也是不学而能，不虑而知的。用致良知的方法，能把孩提爱亲的天性致出来，做到终身慕父母。同时就可把少壮好色的天性致出来，做到终身慕少艾。昔人说：王学末流之弊，至于荡检逾闲，这就是用致良知的方法，把厚黑学致出来的原故。

依宋儒之意，孩提爱亲，是性命之正，少壮好色，是形气之私。此等说法，真是穿凿附会。其实孩提爱亲，非爱亲也，爱其饮我食我也。孩子生下地，即交乳母抚养，则只爱乳母不爱生母，是其明证。爱乳母，与慕少艾，慕妻子，其心理原是一贯的，无非是为我而已。为我为人类天然现象，不能说他是善，也不能说他是恶，故告子性无善无不善之说，最为合理。告子曰："食、色性也。"孩提爱亲者，食也，少壮慕少艾慕妻子者，色也。食、色为人类生存所必需，求生存者，人类之天性也。故告子又曰："生之谓性。"

告子观察人性，既是这样，则对于人性之处置，又当怎样呢？于是告子设喻以明之曰："性犹湍水也，决诸东方则东流决诸西方则西流。"又曰："性犹杞柳也，义犹也，以人性为仁义，犹以杞柳为，"告子这种主张，是很对的。人性无善无恶，也即是可以为善，可以为恶。譬如深潭之水，平时水波不兴，看不出何种作用。从东方决一个口，则可以灌田亩，利行舟；从西方决一个口，则可以漂房舍，杀人畜。我们从东方决口好了。又譬如一块木头，可制为棍棒以打人，也可制为碗盏装食物。我们把他制为碗盏好了。这个说法，真可合孟荀而一之。

孟子书中载告子言性者五：曰性犹杞柳也，曰性犹湍水也，曰生之谓性，曰食色性也，曰性无善无不善也，此五者原是一贯的。朱子注食色章曰:“告子之辩屡屈，而屡变其说以求胜。”自今观之，告子之说，始终未变，而孟子亦卒未能屈之也。朱子注杞柳章，以为告子言仁义，必待矫揉而后成，其说非是。而注公都子章则曰:“气质所禀，虽有不善，而不害性之本善。性虽本善，而不可以无省察矫揉之功。”忽又提出矫揉二字，岂非自变其说乎?

朱子注“生之谓性”章曰:“杞柳湍水之喻，食色无善无不善之说，纵横缪戾，纷纭舛错，而此章之误，乃其本根。”殊不知告子言性者五，原是一贯说下，并无所谓纵横缪戾，绘纭舛错。“生之谓性”之生字，作生存二字讲，生存为人类重心，是世界学者所公认的。告子言性，以生存二字为出发点，由是而有“食色性也”之说，有“性无善无不善”之说，又以杞柳湍水为喻，其说最为合理。宋儒反认为根本错误，一切说法，离开生存立论，所以才有“妇人饿死事小，失节事大”一类怪话。然朱子能认出“生之谓性”一句为告子学说根本所在，亦不可谓非特识。

宋儒崇奉儒家言，力辟释道二家之说，在《尚书》上寻得“人心惟危，道心惟微，惟精惟一，允执厥中”四语，诧为虞廷十六字心传，遂自谓生于一千四百年之后，得不传之学于遗经。嗣经清朝阎百诗考出，这四句出诸伪古文尚书，作伪者系采自荀子，荀子又是引用道经之语。阎氏的说法，在经学界中，算是已定了的铁案。这十六字是宋儒学说的出发点，根本上就杂有道家和荀学的原素，反欲借孔子以排道家，借孟子以排荀子，遂无往而不支离穿凿。朱子曰:“气质所禀，虽有不善，而不害性之本善。性虽本善，而不可以无省察矫揉之功”又要顾事实，又要回护孟子，真可谓“纵横缪戾，纷纭舛错”也。以视告子扼定生存二字立论，明白简易，何啻天渊。

告子不知何许人，王龙溪说是孔门之徒，我看不错。孔子赞易，说:“天地之大德曰生”，告子以生字言性，可说是孔门嫡传。孟子学说，虽与告子微异，而处处仍不脱生字。如云:“黎民不饥不寒，然而不王者，未之有也。”又云:“内无怨女，外无旷夫，于王何有?”仍以食色二字立论，窃意孟子与告子论性之异同，等于子夏、子张论交之异同，其大旨要不出孔氏家法。孟子与告子之交谊，当如子夏与子张之交谊，平日辨疑析难，互相质证。孟子曰:“告子先我不动心。”心地隐微之际亦知之，交谊之深可想。宋儒有道统二字横亘在胸，左袒孟子，力诋告子为异端，而其自家之学说，则截去生字立论，叫妇人饿死，以殉其所谓节，叫臣子无罪受死，以殉其所谓忠。孟子有知，当必引告子为同调，而斥程朱为叛徒也。

孟子说：“人少则慕父母，知好色则慕少艾，有妻子则慕妻子，仕则慕君。”全是从需要生出来的。孩提所需者食也，故慕饮我食我之父母；少壮所需者色也，故慕能满色欲之少艾与妻子，出仕所需者功名也，君为功名所自出，故慕君。需要者目的物也，亦即所谓目标，目标一定，则只知向之而趋，旁的事物，是不管的。目标在功名，则吴起可以杀其妻，汉高祖可以分父之羹，乐羊子可以食子之羹。目标在父母，则郭巨可以埋儿，姜诗可以出妻，伍子胥可以鞭平王之尸。目标在色欲，则齐襄公可以淫其妹，卫宣公可以纳其媳，晋献公可以父妾。著者认为：人的天性，既是这样，所以性善性恶问题，我们无须多所争辩，负有领导国人之责者，只须确定目标，纠正国人的目标就是了。我国现在的大患，在列强，压迫，故当提出列强为目标，手有指，指列强，口有道，道列强，使全国人之视线集中在这一点。于是乎吴起也、汉高祖也、乐羊子也、郭巨也、姜诗也、伍子胥也、齐襄公也、卫宣公也、晋献公也，一一向目标而趋。救国之道，如是而已。全国四万万人，有四万万根力线，根根力线，直达列强。根根力线，挺然特立，此种主义，可名之曰“合力主义”，而其要点。则从人人思想独立开始。

有人问我道：“你既自称厚黑教主，当然无所不通，无所不晓。据你说：你不懂外国文，有人劝你看西洋心理学译本，你也不看，像你这样的孤陋寡闻，怎么够得上称教主？”我说道：“我试问，你们的孔夫子，不惟西洋译本未读过，连西洋这个名词，都未听过，怎样会称至圣先师？你进文庙去把他的牌位打来烧了，我这厚黑教主的名称，立即登报取消。我再问：西洋希腊三哲，不惟连他们西洋大哲学家康德诸人的书一本未读过，并且恐怕现在英法德美诸国的字，一个也认不得，怎么会称西洋圣人？更奇者：释迦佛，中国字、西洋字一个都认不得，中国人的姓名，西洋人的姓名，一个都不知道，他之孤陋寡闻，万倍于我这个厚黑教主，居然在为五洲万国第一个大圣人，这又是甚么道理？吁，诸君休矣！道不同不相为谋，我正在划出厚黑区域，建立厚黑哲学，我行我是，固不暇同诸君哓哓置辩也。”

我是八股学校的修业生，生平所知者，八股而已。常常有人向我说道："可惜你不懂科学，所以你种种说法，不合科学规律。"我说："我在讲八股，你怎么同我讲起科学来了？我正深恨西洋的科学家不懂八股，一切著作，全不合八股义法。我把达尔文的《种源论》，斯密士的《原富》，孟德斯鸠的《法意》，以评八股之法评之，每书上面，大批二字，曰："不通"……"

天下文章之不通，至八股可谓至矣尽矣，蔑以加矣，而不谓西洋科学家文章之不通，乃百倍于中国之八股。现在全世界纷纷扰扰，就是几部死不通的文章酿出来的。因为达尔文和斯密士的文章不通，世界才会第一次大战，第二次大战。因为孟德斯鸠的文章不通，我国过去廿四年，才会四分五裂，中央政府，才会组织不健全。人问："这部书也不通，那部书也不通，要甚么书才通？"我说："只有厚黑学，大通而特通。"

幸哉！我只懂八股而不懂科学也！如果我懂了科学，恐怕今日尚在朝朝日日地喊："达尔文圣人也，斯密士圣人也，孟德斯鸠圣人也，墨索里尼，希特勒，无一非圣人也。"怎么会写《厚黑丛话》呢！如果要想全世界太平，除非以我这《厚黑丛话》为新刑律，把古之达尔文、斯密士、孟德斯鸠，今之墨索里尼、希特，一一处以枪毙，而后国际上、经济上、政治上，乃有曙光之可言。

中国的八股研究好了，不过变成迂腐不堪的穷骨头，如李宗吾一类人是也。如果把西洋科学家，达尔文诸人的学说研究好了，立即要"尸骨成山，血水成河"。等我把中国圣人的话说完了，再来怀疑西洋圣人。

我之所以成为厚黑教主者，得力处全在不肯读书，不惟西洋译本不喜读，就是中国书也不认真读。凡与我相熟的朋友，都晓得我的脾气，无论甚么书，抓着就看，先把序看了，或只看首几页，或从末尾倒起看，或随在中间乱翻来看，或跳几页看，略知书中大意就是了。如认为有趣味的几句，我就细细的反复咀嚼，于是一而二，二而三，就想到别个地方去了。无论甚么高深的哲学书和最粗浅的戏曲小说，我心目中都是一例视之，都是一样读法。

我认为世间的书有三种，一为宇宙自然的书，二为我脑中固有的书，三为古今人所著的书。我辈当以第一种、第二种融合读之，至于第三种，不过借以引起我脑中蕴藏之理而已或供我之印证而已。我所需于第三种者，不过如是。中国之书，已足供我之用而有余，安用疲敝精神，读西洋译本为？

我读书的秘决，是“跑马观花”四字，甚至有时跑马而不观花。中国的花圃，马儿都跑不完，怎能说到外国？人问：“你读书既是跑马观花，何以你这《厚黑丛话》中，有时把书缝缝里细微事说得津津有味？”我说：“说了奇怪！这些细微事，一触目即刺眼。我打马飞跑时，瞥见一朵鲜艳之花，即下马细细赏玩。有时觉得芥子大的花儿，反比斗大的牡丹更有趣味，所以书缝缝里细微事，也会跳入《厚黑丛话》中来。”

我是懒人，懒则不肯苦心读书，然而我有我的懒人哲学。古今善用兵者，莫如项羽，七十余战，战无不胜，到了乌江，身边只有二十八骑，还三战三胜。然而他学兵法，不过略知其意罢了。古今政治家，推诸葛武侯为第一，他读书也是只观大略。陶渊明在诗界中，可算第一流，他乃是一个好读书不求甚解的人。反之，熟读兵书者莫如赵括，长平之役，一败涂地。读书最多者莫如刘歆，辅佐王莽，以周礼治天下，闹得天怒人怨。注《昭明文选》的李善，号称书簏，而作出的文章就不通。书这个东西，等于食物一般，食所以疗饥，书所以疗愚。饮食吃多了不消化，会生病，书读多了不消化，也会作怪。越读得多，其人越愚，古今所谓书呆子是也。王安石读书不消化，新法才行不走。程伊川读书不消化，才有洛蜀之争。朱元晦读书不消化，才有庆元党案，才有朱陆之争。

世界是进化的，从前的读书人是埋头苦读，进化到项羽和诸葛武侯，发明了读书略观大意的法子。夫所谓略观大意者，必能了解大意也。则并大意亦未必了解。再进化到厚黑教主，不求甚解，进化到了陶渊明，好读书不求甚解，则并大意亦未必了解。再进化到厚黑教主，不求甚解，而并且不好读书。将来再进化，必至一书不读，一字不识，并且无理可解。呜呼，世无慧能，斯言也，从谁印证？

我写《厚黑丛话》，遇着典故不够用，就杜撰一个来用。人问：何必这样干？我说：自有宇宙以来，即应该有这种典故，乃竟无这种典故出现，自是宇宙之罪，我杜撰一个所以补造化之穷。人说：这类典故，古书中原有之，你书读少了，宜乎寻不出。我说：此乃典故之罪，非我之罪。典故之最古者，莫如天上之日月，昼夜摆在面前，举目即见。既是好典故，我写《厚黑丛话》时，为甚躲在书堆中，不会跳出来？既不会跳出，即是死东西，这种死典故，要他何用！

近日有人向我说：“你主张思想独立，讲来讲去，终逃不出孔子范围。”我说：岂但孔子，我发明厚黑学，未逃出荀子性恶说的范围；我说“心理变化，循力学公例而行，”未逃出告子“性犹湍水也”的范围；我做有一本《中国学术之趋势》，未逃出我家聃大公的范围；格外还有一位说法四十九年的先生，更逃不出他的范围。

宇宙真理，明明摆在我们面前，任何人只要能够细心观察，得出的结果，俱是相同。我主张思想独立，揭出宗吾二字，以为标帜，一切道理，经我心考虑而过。认为对的即说出，不管人曾否说过。如果自己已经认为是对的了，因古人曾经说过，我就别创异说，求逃出古人范围。则是：非对古人立异，乃是对我自己立异，是为以吾叛吾，不得谓之宗吾。孔子也、荀子也、告子也、老子也、释迦也，甚至村言俗语，与夫其他等等也，合一炉而冶之，无畛域，无门户，一一以我心衡之，是谓宗吾。

宗吾者，主见之谓也。我见为是者则是之，我见为非者则非之。前日之我以为是，今日之我以为非，则以今日之我为主。如或回护前日之我，则今日之我，为前日之我之奴，是曰奴见，非主见，仍不得谓之宗吾。

老子曰：“上士闻道，勤而行之；中士闻道，若存若亡；下士闻道则大笑，不笑不足以为道。”滔滔天下，皆周程朱张信徒也，皆达尔文诸人信徒也，一听见厚黑学三字，即破口大骂。吾因续老子之语曰：“下下士闻道则大骂，不骂不足以为道。”

日前我同某君谈话，引了几句孔子的话。某君道：“你是讲厚黑学的，怎么讲起孔子的学说来了？”我说：从前孔子出游，马吃了农民的禾，农民把马捉住。孔子命子贡去说，把话说尽了，不肯把马退还。回见孔子，孔子命马夫去，几句话说得农民大喜，立即退还。你想：孔门中，子贡是第一个会说的，当初齐伐鲁，孔子命子贡去游说，子贡一出而却齐存鲁，破吴霸越。以这样会说的人，独无奈何农民何。其原因是子贡智识太高，说的话，农民听不入耳，马夫的智识与之相等，故一说即入。观世音曰：应以宰官身得度者，现宰官身而为说法。应以婆罗门身得度者，现婆罗门身而为说法。你当过厅长，我现厅长身而说法，你口诵孔子之言，我现孔子身而说法。一般人都说：“今日的人，远不如三代以上。”果然不错。鄙人虽不才，自问可以当孔子的马夫，而民国时代的厅长，不如孔子时代的农民。

有一次我同友人某君谈话，旁有某君警告之曰：你少同李宗谈些"谨防你把写入《厚黑丛话》！"我说："两君放心，我这《厚黑丛话》中人物，是预备将来配享厚黑庙的，两君自问，有何功德，可以配享？你怕我把你们写入《厚黑丛话》，我正怕你们将来混入厚黑庙。"因此我写这段文字，记其事而隐其名。

我生怕我的厚黑庙中，五花八门的人，钻些进来，闹得来如孔庙一般。我撰有敬临食谱序一篇，即表明此意，录之如下：

我有个六十六岁的老学生，黄敬临，他要求入厚黑庙配享，我业已允许，写入《厚黑丛话》第一卷。读者想还记得，他在成都百花潭侧开一姑姑筵。备具极精美的肴馔，招徕顾主，读者或许照顾过。昨日我到他公馆，见他正在凝神静气，楷书《资治通鉴》。我诧异道："你怎么干这个事？"他说："我自四十八岁以后，即矢志写书，已手写十三经一通，补写新旧唐书合钞，李善注文选，相台礼记、坡门唱和集各一通，现打算再写一部《资治通鉴》，以完夙愿而垂示子孙。"我说："你这种主意就错了。你从前历任射洪、巫溪、荥经等县知事，我游踪所至，询之人民，你政声很好，以为你一定在官场努力，干一番惊人事业。归而询知，退为庖师，自食其力，不禁大赞曰：'真吾徒也。'特许入厚黑庙配享，不料你在干这个生活。须知：古今干这一类生活的人，车载斗量，有你插足之地吗？庖师是你特别专长，弃其所长而与人争胜负，何若乃尔！鄙人所长者厚黑学，故专读厚黑学，你所长者庖师，不如把所写十三经与夫《资治通鉴》等等，一火而焚之，撰一部食谱，倒还是不朽的盛业。"

敬临闻言，颇以为然，说道："往所在成都省立第一女子师范学校充烹饪教师，曾分'薰、蒸、烘、爆、烤、酱、酢、卤、糟'十门教授学生，今打算就此十门条分缕析，作为一种教科书。但滋事体大，苦无暇晷，奈何！"我说："你又太拘了，何必一做就想做完善。我为你计，每日高兴时，任写一二段，以随笔体裁出之，积久成帙，有暇再把他分出门类，如不暇，既有底本，他日也有人替你整理。倘不及早写出，将来老病侵寻，虽欲写而力有不能，悔之何及？"敬临深感余言，乃着手写去。

敬临的烹饪学，可称家学渊源。其祖父由江西宦游到川，精于治馔，为其子聘妇，非精烹饪者不合选。闻陈氏女，在室，能制咸菜三百余种，乃聘之，即敬临母也。于是以黄陈两家烹饪法冶为一炉。清末,敬临宦游北京,慈禧后赏以四品衔,供职光禄寺三载,复以天厨之味,融合南北之味。敬临之于烹饪,真可谓集大成者矣。有此绝艺,自己乃不甚重视,不以之公诸世而传诸后,不亦大可惜乎?敬临勉乎哉!

古者有功德于民则祀之。我尝笑:孔庙中七十子之徒,中间一二十人有言行可述外,其大半则姓名亦在若有若无之间,遑论功德?徒以依附孔子末光,高坐吃冷猪肉,亦可谓僭且滥矣。敬临撰食谱嘉惠后人,有此功德,自足庙食千秋,生前具美馔以食人,死后人具美馔以祀之。此固报施之至平,正不必依附厚黑教主而始可不朽也。人贵自立,敬临勉乎哉!

孔子平日饭蔬饮水,后人以其不讲肴馔,至今以冷猪肉祀之,腥臭不可向迩。他日厚黑庙中,有敬临配享,后人不敢不以美馔进,吾可傲于众曰:吾门有敬临,冷猪肉可不入于口矣!是为序。

民国二十四年十二月六日,李宗吾,于成都。

近有某君发行某种月刊,叫我做文一篇。我说:我做则做,但有一种条件,我是专门讲厚黑学的,三句不离本行,文成直署我名,你则非刊不可。他惶然大吓,婉言辞谢。我执定非替他做不可,他没法,只好"王顾左右而言他"。读者只知我会讲厚黑学,殊不知我还会作各种散文。诸君如欲表章先德,有墓志传状等件,请我作,包管光生泉壤,绝不会蹈韩昌黎谀墓之嫌。至于作寿文,尤是我的拿手好戏,寿星老读之,必多活若干岁。君如不信,有谢慧生寿文为证。寿文曰:

慧生谢兄,六旬大庆,自撰征文启事云:"知旧矜之而锡之以言,以纠过去六十年之失,乃所愿承。苟过爱而望其年之延,多为之辞,乃多持(慧生名)之惭且,益不可仰矣。"等语。慧生与我同乡,前此之失,惟我能纠之,若欲望其年之延,我也有妙法。故特撰此文为献。

民国元年二三月,我在成都报上发表《厚黑学》。其时张君列五,任四川副都督,有天见着我,说道:"你疯了吗?甚么厚黑学,天天在报上登载,成都近有一伙疯子,巡警总监杨莘友,成都府知事但怒刚,其他如卢锡卿、方琢章等,朝日跑来同我吵闹,我将修一疯人院,把这些疯子一齐关起。你这个乱说大仙,也非关在疯人院不可。”我说:“噫!我是救苦救难的大菩萨,你把他认为疯子,我很替你的甑子担忧。”后来列五改任民政长,袁世凯调之进京,他把印交了。第二天会着我,说道:“昨夜谢慧生说:‘下细想来,李宗吾那个说法,真是用得着。’”我拍案叫道:“田舍奴,我岂妄哉!疯子的话,都听得吗?好倒好,只是甑子已经倒了。今当临别赠言,我告诉你两句:往者不可谏,来者犹可追。”哪知他信道不笃,后在天津织袜,被袁世凯逮京枪毙。他在天牢内坐了几个月,不知五更梦醒之时,会想及四川李疯子的学说否?宣布死刑时,列五神色夷然,负手旁立,作微笑状。同刑某君,呼冤忿骂。列五呼之曰:“某君!不说了!今日之事,你还在梦中。”大约列五此时,大梦已醒,知道今日之死,实系违反疯子学说所致。

同学雷君铁崖,留学日本,卖文为活,满肚皮不合时宜,满清末年跑在西湖白云寺去做和尚。反正时,任孙总统秘书,未几辞职。作诗云:“一笑飘然去,霜风透骨寒。八年革命党,半月秘书官。稷下竽方滥,邯郸梦已残。西湖山色好,莫让老僧看。”他对时事非常愤懑,在上海,曾语某君云:“你回去告诉李宗吾,叫他厚黑学少讲些。”旋得疯癫病,终日抱一酒瓶,逢人即乱说,常常独自一人,倒卧街中,人事不省。警察看见,把他弄回,时愈时发,民国九年竟死。我这种学说,正是医他那种病的妙药,他不惟不照方服药,反痛诋医生,其死也宜哉!

列五、铁崖,均系慧生兄好友,渠二人反对我的学说,结果如此。独慧生知道,疯子的学说,用得着,居然活了六十岁。倘循着这条路走去,就再活六十岁也是很可能的。我发明厚黑学二十余年,私淑弟子遍天下,尽都轰轰烈烈,做出许多惊天动地的事业,偏偏同我讲学的几个朋友,列五、铁崖而外,如廖君绪初、杨君泽溥、王君简恒、谢君绶青、张君荔丹,对于吾道,均茫无所得,先后憔悴忧伤以死。慧生于吾道似乎有明了的认识了,独不解何以蛰居海上,寂然无闻?得非过我门而不入我室耶?然因其略窥涯,亦获享此高寿,足征吾道至大,其用至妙,进之可以干惊天动地的事业,退之亦可延年益寿。今者远隔数千里,不获登堂拜祝,谨献此文,为慧生兄庆,兼为吾党劝。想慧生兄读之,当亦掀髯大笑,满饮数觞也。

民国二十四年元月,弟宗吾拜撰。

后来我在重庆，遇着慧生侄又华新自上海归来，说道："家叔见此文，非常高兴，说道：'李先生说我，还要再活六十岁，那个时候，你们都八九十岁了，恐怕还活我不赢！'"子章骷髅不过愈疟疾而已，陈琳檄文不过愈头风而已，我的学说，直能延年益寿。诸君试买一本读读，比吃红色补丸、参茸卫生丸，功效何啻万倍！

民国二年，讨袁失败后，我在成都会着一人，瘦而长，问其姓名，为隆昌黄容九。他问了我的姓名，而现惊愕色，说道："你是不是讲厚黑学那个李某？"我说："是的，你怎么知道？"他说："我在北京听见列五说过。"我想：列五能在北京宣传吾道，一定研究有得，深为之庆幸。民三下半年，我在中坝省立第二中校，列五由天津致我一信，历叙近况及织袜情形，并说当局如何如何与他为难，中有云："复不肯，乞怜于心性驰背之人！"我读了，失惊道："噫！列五死矣，知而不行，奈何！奈何！"不久，即闻被逮入京。此信我已裱作手卷，请名人题跋，以为信道不笃者戒。

列五是民国四年一月七日在天津被逮，三月四日在北京枪毙，如今整整的死了二十一年。我这疯子的徽号，最初是他喊起的。诸君旁观者清，请批评一下："究竟我是疯的，他是疯的？"宋朝米芾，人呼之为"米癫"。一日苏东坡请客，酒酣，米芾起言曰："人呼我为米癫，我是否癫？请质之子瞻。"东坡笑曰："吾从众。"我请诸君批评，我是不是疯子？诸君一定说："吾从众。"果若此，吾替诸君危矣！且替中华民国危矣！何以故？曰："有张列五的先例在，有民国过去二十四年的历史在。"

米芾人称米癫，宋朝人

厚黑丛话卷五

成都《华西日报》二十五年一月二月

去岁元旦，华西报的元旦增刊上，我作有一篇文字，题曰《元旦预言》。我的预言，是“中国必兴，日本必败”八个字，这是从我的厚黑史观推论出来，必然的结果，不过其中未提明厚黑二字罢了。今年华西报发元旦增刊，先数日总编辑请我做篇文字。我说：做则必做，但我做了，你则非刊上不可，我的题目，是“厚黑年”三字。他听了默然不语，所以二十五年华西报元旦增刊，诸名流都有文字，独莫得厚黑教主的文字，就是这个原因，我认为民国廿五年，是中国的厚黑年，也即是1936年，为全世界的厚黑年。诸君不信，且看事实之证明。

昔人说：“丈夫不能流芳百世，亦当遗臭万年。”我民国元年发表《厚黑学》，至今已二十五年，遗臭万年的工作，算是做了四百分之一，俯仰千古，常以自豪。所以民国二十五年，在我个人方面，也可说是厚黑年，是应该开庆祝大会的。我想我的信徒，将来一定会仿耶稣纪年的办法，以厚黑纪年，使厚黑学三字与国同休，每二十五年，开庆祝大会一次，自今以后，再开三百九十九次，那就是民国万年了。我写至此处，不禁高呼曰：中华民国万岁！厚黑学万岁！

去年吴稚晖在重庆时，新闻记者友人毛畅熙，约我同去会他。我说：“我何必去会他呢？他读尽中外奇书，独莫有读过厚黑学。他自称是大观园中的刘姥姥，此次由重庆，到成都，登峨眉，游嘉定，大观园中的风景和人物，算是看遍了，独于大观园外面，有一个最清白的石狮子，他却未见过。次迎吴先生，我也去了来，他的演说，我也听过，石狮子看见刘姥姥在大观园进进出出，刘姥姥独未看见石狮子！我不去会他，特别与他留点憾事。”

有人听见厚黑学三字，即骂曰：“李宗吾是坏人！”我即还骂之曰：“你是宋儒。”要说坏，李宗吾与宋儒同是坏人，要说好，李宗吾与宋儒同是圣人。就宋学言之，宋儒是圣人，李宗吾是坏人，就厚黑学言之，李宗吾是圣人，宋儒是坏人。故骂我为坏人者，其人即是坏人，何以故？是宋儒故。

我所最不了解者，是宋儒去私之说。程伊川身为洛党首领，造成洛蜀相攻，种下南渡之祸，我不知他的私字去掉了莫有？宋儒讲性善，流而为洛党，在他们目中视之，人性皆善，我们洛党，尽是好人，惟有苏东坡，其性与人殊，是一个坏人。王阳明讲致良知，满街都是圣人，一变而为东林党。吾党尽是好人，惟有力抗满清的熊廷弼是坏人，是应该拿来杀的。清朝的皇帝，披览廷弼遗疏，认为他的计划实行，满清断不能入关，悯其忠而见杀，下诏访求他的后人，优加抚恤。而当日排挤廷弼最力，上疏请杀他的，不是别人，乃是至今公认为忠臣义士的杨涟、左光斗等。这个道理，拿来怎讲？呜呼洛党！呜呼东林党！我不知苍颉夫子，当日何苦造下一个党字，拿与程伊川、杨涟、左光斗一般贤人君子这样用！奉劝读者诸君，与其研究宋学，研究王学不如切切实实的研究厚黑学。研究厚黑学，倒还可以做些福国利民的事。

宋儒主张去私，究竟私是个甚么东西，非把他研究清楚不可。私字的意义，许氏说文，是引韩非子之语来解释。韩子原文，是“仓颉作书，自环者谓之

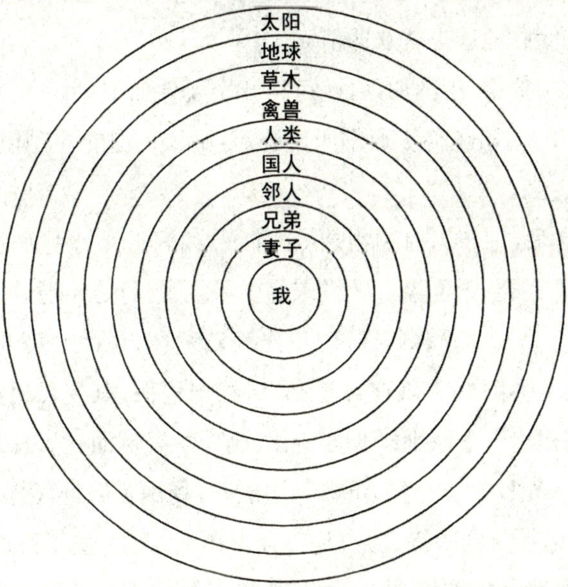

丙图 私与公的推演图

私，背私谓之公。”环即是圈子。私字古文作厶，篆文是厶，画一个圈圈。公字，从八从厶，八是把一个东西破为两块的意思，故八者背也。“背私谓之公”，即是说：把圈子打破了，才谓之公。假使我们只知有我，不顾妻子，这是环吾身画一个圈；妻子必说我徇私，我于是把我字这个圈子撤去，环妻子画一圈；但弟兄在圈之外，弟兄又要说我徇私，于是把妻子这个圈撤去，环弟兄画一个圈；但邻人在圈之外，又要说我徇私，于是把弟兄这个圈撤去，环邻人画一个圈，但国人在圈外，又说我徇私，于是把邻人这个圈撤去，环国人画一个圈；但他国人在圈外，又要说我徇私，这只好把本国人这个圈撤了，环人类画一个大圈，才可谓之公。但还不能谓之公。假使世界上动植矿都会说话，禽兽一定说：你们人类为甚么要宰杀我们？未免太自私了！草木问禽兽道：你为甚么要吃我们？你也未免自私。泥土沙石问木道：你为甚么要吸取我的养料？你草木未免自私。并且泥土沙石可以问地心道：你为甚么把我们向你中心牵引？你地心也未免自私。地球又问太阳道：你为甚么把我向你牵引？你未免自私。太阳又可问地球道：我牵引你，你为甚么不拢来！时时想向外逃走，并且还暗暗的牵引我？你也未免自私。再反过来说：假令太阳怕地球说他徇私，他不牵引地球，地球也不知飞向何处去了。地心怕泥土沙石说他徇私，也不牵引了，这泥土沙石，立即灰飞而散，地球也就立即消灭。

我们从上项推论，绘图如丙，就可得几个要件如下：

(1)遍世界寻不出公字。通常所谓公，是画了范围的，范围内人谓之公，范围外人，仍谓之私。

(2)人心之私，通于万有引力，私字除不掉，等于万有引力之除不掉，如果除掉了，就会无人类，无世界。无怪宋儒去私之说，行之不通。

(3)我们讨论人性善恶问题，曾绘出甲乙两图，说：“心理的现象，与磁场相象，与地心引力相像。”现在讨论私字，绘出丙图，其现象仍与甲乙两图相合。所以我们提出一条原则：“心理变化，循力学公例而行”，想来不会错。

我们详玩丙图，中心之我，仿佛一块磁石，周围是磁场，磁力之大小，与距离成反比例。孟子讲的差等之爱，是很合天然现象的。墨子讲兼爱，只画一个人类的大圈，主张爱无差等，内面各小圈俱无之，宜其深为孟子驳斥。

墨子志在救人，摩顶放踵以利天下。杨朱主张为我，叫他拔一毛以利天下，他都不肯。在普通人看来，墨子的品格，宜乎在杨朱之上，乃孟子曰："逃墨必归于杨，逃杨必归于儒。"认为杨子在墨子之上，去儒家为近，岂非很奇的事吗？这正是孟子的卓见，我非宜下细研究。

墨家学说的创立者墨子

凡人在社会上做事，总须人己两利，乃能通行无碍。孔孟的学说，正是此等主张。孔子所说："己立立人，己达达人。"《大学》所说："修齐治平。"孟子所说："王如好货，与民同之。""王如好色，与民同之"等语，都是本着人己两利的原则立论。叫儒家损人利己，固然绝对不做，就叫他损己利人，他也认为不对。观于孔子答宰我"井有人焉"之问，和孟子所说"君视臣如草芥，则臣视君如寇仇"等语，就可把儒家真精神看出来，此等主张，最为平正通达。墨子摩顶放踵以利天下，舍去我字，成为损己利人之行为，当然为孔门所不许。

杨子为我，是寻着了中心点，故孟子认为他的学说，高出墨子之上。杨子学说中最精粹的，是"智之所贵，存我为贵；力之所贱，侵物为贱"四语（见《列子》）。他知道自己有一个我，把他存起；同时知道，他人也有一个我，不去侵犯他。这种学说，真是精当极了，然而尚为孟子所斥，这是甚么道理呢？因为儒家的学说，是人己两利，杨子只做到利己而无损于人，失去人我之关联。孔门以仁字为主，仁字从二人，是专在人我间做工作，以我之所利，普及于人人。所以杨子学说，亦为孟子所斥。

我因为穷究厚黑之根源，造出甲乙丙三图，据三图以评判各家之学说，就觉得若网在纲，有条不紊了。即如王阳明所讲的"致良知"，与夫"知行合一"，都可用这图解释。把图中之我字作为一块磁石，磁性能相推用引，是具有离心向心两种力量。阳明所说的良知，与孟子所说的良知不同：孟子之良知，指仁爱之心而言，是一种引力；阳明之良知，指是非之心而言，是者引之使近，非者推之使远，两种力量俱具备了的。故阳明的学说，较孟子更为圆通。阳明所谓致良知，在我个人的研究，无非是把力学原理应用到事事物物上罢了。

王阳明讲“知行合一”，说道：“知是行的主意，行是知的工夫；知是行之始，行是知之成。”这个道理，用力学公例一说就明白了。例如我闻友人病重想去看他，我心中这样想，即是心中发出一根力线，直射到友人方面。我由家起身，走到病人面前，即是沿着这根力线一直前进。知友人病重，是此线之起点，走到病人面前，是此线的终点，两点俱一根直线上，故曰：“知行合一”。一闻友病，即把这根路线画定，故曰“知是行的主意”。画定了，即沿着此线走去，故曰：“行是知的工夫。”阳明把明德亲民二者合为一事，把博学、审问、慎思、明辨、笃行五者合为一事，把格致诚正、修齐治平八者合为一事，即是用的这个方式，都是在一根直线上，从起点说至终点。

王阳明解释《大学。诚意章》“如好好色，如恶恶臭”二句，说道：“见好色属知，好好色属行。只见好色时，已自好了，不是见后又立个心去好。闻恶臭属知，恶恶臭属行。只闻恶臭时，已自恶了，不是闻后别立一个心去恶。”他这种说法，用磁电感应之理一说就明白了。异性相引，同性相推，是磁电的定例。能判别同性异性者知也，推之引之者行也。我们在讲室中试验，即知磁电一遇异性，立即相引，一遇同性，立即相推，并不是判定同性异性后，才去推之引之，知行二者，简直分不出来，恰是阳明所说“即知即行”的现象。

历来讲心学者，每以镜为喻，以水为喻，我们用磁电来说明，尤为确切。倘再进一步，说：“人之性灵，与地球之磁电同出一源。”讲起来更觉圆通。人事与物理，就可一以贯之。科学家说：“磁电见同性自然相推，见异性自然相引。”王阳明说：“凡人见父自然知孝，见兄自然知弟。”李宗吾说：“小孩见母亲口中有糕饼，自然会取来放在自己口中，在母亲怀中吃乳吃糕饼，见哥哥近前来，自然会推他打他。”像这样的讲，则致良知也，厚黑学也，就成为一而二，二而一了。

万物有引力，万物有离力，引力胜过离力，则其物存，离力胜过引力，则其物毁。目前存在之物，都是引力胜过离力的，故有“万有引力”之说。其离力胜过引力之物，早已消灭，无人看见，所以“万有离力”一层，无人注意。地球是现存之物，故把外面的东西向内部牵引；心是现存之物，故把六尘缘影向内部牵引。小儿是求生存之物，故见外面的东西，即取来放入自己口中；人类是求生存之物，故见有利之事，即牵引到自己身上。我们旷观宇宙，即知天然现象，无一不是向内部牵引，地球也，心也，小儿也，人类也，将来本是要由万有离力的作用，消归乌有的，但是未到消灭的时候，他那向内牵引之力，无论如何是不能除去的。宋儒去私之说，等于想除去地心吸力，怎能办得到？只好承认其私，提出生存二字为重心，人人各遂其私，使人人能够生存，天下自然太平。此鄙人之厚黑学所以不得不作，阅者诸君所以不得不研究也。

人人各遂其私，可说是私到极点。也即是公到极点。杨朱的学说，即是基于此种学理生出来的。他说道："智之所贵，存我为贵"，即是"各遂其私"的说法；同时他又恐各人放纵其私，妨害他人之私，所以跟着即说："力之所贱，侵物为贱。"这种学说，真是精当极了，施之现今，最为适宜，我们应当特别阐扬。所以研究厚黑学的人，同时应当研究杨朱的学说。杨氏之学，在吾道虽为异端，然亦可借证，对钝根人不能说上乘法，不妨谈谈杨朱学说。

地球是一个大磁石，磁石本具有引之推之两种力量，其被地球所推之物，已不知推到何方去了，出了我们视觉之外，只能看见他引而向内的力量，看不出推而向外的力量，所以只能说地球有引力，不能说地球有推力。人心犹如一块磁石，是具备了引之推之两种力量，由这两种力相推相引，才构成一个社会，其组织法，绝像太空中众星球之相推相引一般。人但知人世相贼相害，是出于人心之私。不知人世相亲相爱，也出于人心之私，人但知私心扩充出来，可以造成战争，扰乱世界和平；殊不知人类由渔猎，而游牧，而农业，而工商业，造成种种文明，也由于一个私字在暗中鼓荡。斯义也，彼程朱诸儒，乌足知之！此厚黑学所以为千古绝学也。

厚黑二字，是从一个私字生出来的，不能说他是好，也不能说他是坏，这就是我那个同学朋友谢绶青跋《厚黑学》所说的："如利刃然，用以诛盗贼则善，用以屠良民则恶，善与恶何关于刃，故用厚黑以为善则为善人，用厚黑以为恶，则为恶人……。"我发明厚黑学，等于瓦特发明蒸汽，无施不可。利用蒸汽，造成火车，驾驶得法，可以日行千里，驾驶不得法，就会跌下岩去。我提出"厚黑救国"的口号，就是希望司机生驾驶火车，向列强冲去，不要向前日朝岩下开，也不要在街上横冲直撞，碾死行人。

物质不灭，能力不灭，这是科学家公认的定律。吾人之性灵，算是一种能力，请问：其生也从何而来，其死也从何而去，岂非难解的问题吗？假定：吾人之性灵，与地球之磁电，同出而异名，这个问题，就可解释了。其生也，地球之物质，变为吾身之毛发骨血，同时地球之磁电，变为吾之性灵；其死也，毛发骨血，退还地球，仍为泥土，是谓物质不灭。同时性灵退还地球，仍为磁电，是谓能力不灭。我们这样的解释，则昔人所谓"浩气还太虚"，所谓"天地有正气，下为河岳，上为日星，于人曰浩然"，所谓"自其不变者而观之，则物与我皆无尽也？"种种说法，就不是得空谈了。倘有人问，灵魂是否存在？我们可以说："这是在各人的看法：吾人一死，此身化为泥土，性灵化为磁电，可谓之灵魂消灭。然吾身虽死，物质尚存，磁电尚存，即谓之灵魂尚存，亦无不可。性灵者吾人之灵魂也，磁电者地球之灵魂也，性灵与磁电，同出一源。我所绘甲乙丙三图，即基于此种观察生出来的，是为厚黑哲学的基础。至于实际的真理是否如此，我不知道，我只自己认为合理，就写出来，是之谓宗吾。

我虽讲厚黑学，有时亦涉猎外道诸书，一一以厚黑哲理绳之。佛氏说：佛性是不生不灭，不增不减，无边际，无终始；楞严七处征心，说心不在内，不在外，不在中间。我认为吾人之性灵，与地球之磁电，同出而异名，则佛氏所说，与太空磁电何异？佛说："本性圆融，周遍法世。"又说："非有非无。"推此与磁电中和现象何异？黄宗羲著《明儒学案》自序，开口第一句曰："盈天下皆心也。"高攀龙自序为学之次弟云："程子谓：'心要在腔子里'，不知腔子何所指，果在方寸间否耶？觅注不得，忽于小学中见其解曰：'腔子犹言身子耳'，以为心不专在方寸，浑身是心也。"我们要解释黄高二氏之说，可假定宇宙之内，有一致灵妙之物，无处不是灌满了的。就其灌满全身躯壳言之，名之曰心，就其灌满宇宙言之，名之曰磁电，二者原是二而一，一而二的。佛氏研究心理，西人研究磁电，其途虽殊，终有沟通之一日。佛有天眼通，天耳通，能见远处之物，能闻远处之语。西人发明催眠术，发明无线电，也是能见远处之物，能闻远处之语，这即二者沟通之初基。

我们把物质的分子加以分析，即得原子，把原子再分析，即得电子。电子是一种力，这是科学家业已证明了的。我们的身体，是物质集合而成，也即是电子集合而成。身与心本是一物，所以我们心理的变化，逃不出磁电学的规律，逃不脱力学的规律。

人类有夸大性，自以为万物之灵，仿佛心理之变化，不受物理学的支配。其实只能说，人是物中之较高等者，终逃不出物理学的大原则。我们试验理化，温度变更或参入他种药品，形状和性质均要改变。吾人遇天气大热，心中就烦燥，这是温度的关系。饮了酒，性情也会改变，这是参入一种药品，起了化学作用。从此等地方观察，人与物有何区别？故物理学中的力学规律，可适用到心理学上。

王阳明说"知行合一"，即是"思想与行为合一"。如把知字改作思想二字，更为明了。因为人的行为，是受思想的支配，所以观察人的行为，即可窥见其心理，知道他的心理，即可预料其行为，古人说："诚于中，形于外。"又说："中心达于面目。"又说："根于心，见于面，盎于背，施于四体。"这都是心中起了一个念头，力线一发动，即依着直线进行的公例，达于面目，跟着即见于行事了。但有时心中起了一个念头，竟未见诸实行，这是甚么缘故呢？这是心中另起一种念头，把前线阻住了，犹如我起身去看友人之病，行至中途，因事见阻一样。

阳明说的"知行合一"，不必定要走到病人面前才算行，只要动了看病人的念头，即算行了。他说："见好色属知，好好色属知。"普通心理学，分知、情、意三者，这"好好色"，明明是情，何以谓之行呢！因为一动念，这力线即注到色字上去了，已经是行之始，故阳明把情字看作行字。他说的"知行合一"，可说是"知情合一"。

人心如磁石一般。我们学过物理，即知道：凡是铁条，都有磁力，因为内部分子凌乱，南极北极相消，才显不出磁力来。如用磁石在铁条上引导一下，内部分子，南北极排顺，立即发出磁力。我国四万万人，本有极大的力量，只因内部凌乱，致受列强的欺凌。我们只要把内部力线排顺，四万万人的心理，走在同一的线上，发出来的力量，还了得吗？问：内部分子，如何才能排顺？我说：你只有研究厚黑学，我所写的《厚黑丛话》，即是引导铁条的磁石。

我国有四万万人，只要能够联为一气，就等于联合了欧洲十几国。我们现受日本的压迫，与其哭哭啼啼，跪求国联援助，跪求英美诸国援助，毋宁哭哭啼啼，跪求国人，化除意见，协助中央政府，先把日本驱逐了，再说下文。人问：国内意见，怎能化除？我说：你把厚黑学广为宣传，使一般人了解厚黑精义及厚黑学使用法，自然就办得到了。

我发明厚黑学，一般人未免拿来用反了，对列强用厚字，摇尾乞怜，无所不用其极；对国人用黑字，排挤倾轧，无所不用其极，以致把中国闹得这样糟。我主张翻过来用，对国人用厚字，事事让步，任何气都受，任何旧帐都不算；对列强用黑字，凡可以破坏帝国主义者，无所不用其极，一点不让步，一点气都不受，一切旧帐，非算清不可。然此非空言所能办到，其下手方法，则在调整内部，把四万万根力线排顺，根根力线，直射列强，这即是我说“厚黑救国”。

人问我：对外的主张如何？我说：我无所谓主张，日本是入室之狼，俄国是当门之虎，欧美诸强国，是宅左宅石之狮豹，请问诸君，处此环境，室内人当如何主张？

世界第二次大战，迫在眉睫，有主张联英美以抗日本的，有主张联合日本以抗俄国的，又有主张如何如何的，若以我的厚黑哲学推论之，都未免错误。我写的《厚黑丛话》第二卷内面，曾有“黑厚国”这个名词，迩来外交紧急，我主张将“厚黑国”从速建立起来，即以厚黑教主兼充厚黑国的国王，将来还要钦颁厚黑宪法。此时东邻日本，有甚么水鸟外交、啄木外交，我先把我的厚黑外交提出来，同我的厚黑弟子讨论一下：

我们学物理化学，可先在讲室中试验。惟有国家这个东西，不能在讲室中试验，据我看来，还是可以试验，现在五洲之中，各国林立，诸大强国，互相竞争，与我国春秋战国时代是一样的。我们可以说：现在的五洲万国，是春秋战国的放大形，当日的春秋战国，即是我们的试验品。

春秋战国，贤人才士最多，他们研究出来的政策，很可供我们的参考。那个时候，共计发生两大政策：第一是春秋时代，管仲“尊周攘夷”的政策。第二是战国时代，苏秦“联六国以抗强秦”的政策。自从管仲定下“尊周攘夷”的政策，齐国遂崛起为五霸之首；后来晋文称霸，也沿袭他的政策；就是孔子修春秋，也不外“尊周攘夷”的主张。这个政策，很值得我们的研究。战国时，苏秦倡“联六国以抗强秦”之议，他的从约成功，秦人不敢出关者十五年，这政策，更值得研究。我国现在情形，既与春秋战国相似，我主张把管仲、苏秦的两个法子融合为一，定为厚黑国的外交政策。管仲的政策，是完全成功的，苏秦的政策，是始而成功，终而失败。究竟成功之点安在？失败之点安在？我们可以细细讨论。

春秋时，周天子失了统驭能力，诸侯互相攻伐，外夷乘间侵入，弱小国很受蹂躏，与现在情形是一样的。楚国把汉阳诸姬灭了，还要问鼎中原，与日本灭了琉球、高丽，进而占据东北四省，进而占据平津，是一样的。那个时候，一般人正寻不着出路，忽然跳出一个大厚黑家，名曰管仲，霹雳一声，揭出“尊周攘夷”的旗帜，用周天子的名义驱逐外夷，保全弱小国家的领土，大得一般人的欢迎。他的办法，是九合诸侯，把弱小民族的力量集中起来，向外夷攻打，伐山戎以救燕，伐狄以救卫邢。这是用一种合力政策，把外夷各个击破。以那时国际情形而论，楚国是第一强国，齐虽泱泱大国，但经襄公荒淫之后，国内大乱。桓公即位之初，长勺之战，连鲁国这种弱国都战不过，其衰弱情形可想。召陵之役，竟把楚国屈伏，全由管仲政策适宜之战。我国在世界弱小民族中，弱则有之，小则未也，绝像春秋时的齐国，天然是盟主资格。当今之世，“管厚黑”复生，他的政策，一定是：“拥护中央政府，把全国力量集中起来，然后进而联合弱小民族，把全世界力量集中起来，向诸大强国攻打。”基于此种研究，我国当九一八事变之后，早就该使下厚黑学，退出国际联盟，另组一个“世界弱小民族联盟”，与那个分赃集团的国联成一个对抗形势，由我国出来，当一个齐桓公，领导全世界被压迫民族，对诸大强国奋斗。

到了战国，国际情形又变，齐楚燕赵韩魏秦，七雄并立，周天子已经扶不起来，纸老虎成了无用之物，尊周二字，说不上了。秦楚在春秋时，为夷狄之国，到了此时，攘夷二字更不适用。七国之中，秦最强，有并吞六国之势，于是第二个大厚黑家苏秦，挺身出来，倡议联合六国，以抗秦国，即是联合众弱国，攻打一强国，仍是一种合力政策，可说是“管厚黑政策的变形”。基于此种研究，我们可把日俄英美法意德诸国，合看为一个强秦，把全世界弱小民族看作六国，当然组织一个“弱小民族联盟”，以与诸强国周旋。

诸君莫把苏秦的法子小视了，他是经过引锥刺股的工夫，揣摹期年，才研究出来。他这个法子，含有甚深的学理。他读的是太公阴符，阴符是道家之书。古阴符不传，现行的阴符，是伪书。我们既知是道家之书，就可借老子的《道德经》来说明。《老子》一书，包藏有很精深的厚黑原理。战国时厚黑大家文种、范蠡，汉初厚黑大家张良、陈平等，都是从道家一派出来的。管子之书，《汉书。艺文志》列入道家，所以管仲的内政外交，暗中以厚黑二字为根据。鄙人发明厚

老子论道图

黑学，进一步研究，创一条定理：“心理变化，循力学公例而行。”还读老子之书，就觉得处处可用力学公例来解释，将来我讲“中国学术”时，才来逐一说明。此时谈厚黑外交，谈到苏秦，我只能说，苏大厚黑的政策，与老子学说相合，与力学公例相合。

老子曰：**“天之道，其犹张弓欤？高者抑之，下者举之，有余者损之，不足者补之。”**这明明是归到一个平字上。力学公例，两力平衡，才能稳定。水不平则流，人不平则鸣。苏秦窥见这个道理，游说六国，抱定一个平字立论，与近世孙中山学说相合。他说六国，每用“宁为鸡首，无为牛后”和“称东藩，筑帝宫，受冠带，祠春秋”一类话，激动人不平之气。孙中山说：中国人，连高丽、安南等亡国人都不如，位置在“殖民地”之下，当名曰“次殖民地”。其论调是一样的，无非是求归于平而已。苏秦的对付秦国的法子，是“把六国联合起来，秦攻一国，五国出兵相救”。此种办法，合得到克鲁泡特金“互助”之说。秦虽强，而六国联合起来，力量就比他大，合得到达尔文“强权竞争”之说。他把他的政策定名为“合纵”，更可寻味。齐楚燕赵韩魏六国，发出六根力线，取纵的方向，向强秦攻打，明明是力学上的合力方式。他这个法子，较诸管仲政策，含义更深，所以必须揣摹期年，才研究得出来。他一研究出来，自己深信不疑地说道：“此真可以说当世之君矣。”果然一说就行，六国之君，都听他的话。《战国策》曰：“当此之时，天下之大，万民之众，王侯之威，谋臣之权，皆决于苏秦之策。”又曰：“廷说诸侯之王，杜左右之口，天下莫之能抗。”你想：战国时候，百家争鸣，是学术最发达时代，而苏厚黑的政策，能

管仲是春秋时期的大厚黑家

够风靡天下，岂是莫得真理吗？

管苏两位大厚黑家定下的外交政策。形式虽不同，里子是一样的，都是合众弱国以攻打强国，都是合力政策，然而管仲之政策成功，苏秦之政策终归失败，纵约终归解散，其原因安在呢？管仲和苏秦，都是起的联军，大凡联军，总要有负责的首领。唐朝九节度相州之败，中有郭子仪、李光弼诸名将，卒至溃败者，就由于莫得负责的首领。齐国是联军的中坚分子，战争责任，一肩担起，其他诸国，立于协助地位。六国则彼此立于对等地位，不相统辖，缺乏重心。苏秦当纵约长，本然是六国的重心，无奈他这个人，莫得事业心，当初只因受了妻不下机，嫂不为炊的气，才发愤读书，及佩了六国相印，可以骄傲父母妻嫂，就志满意得，不复努力。你想当首领的人，都这个样子，怎能成功？假令管大厚黑来当六国的纵约长，是决定成功的。

苏秦的政策，确从学理上研究出来，而后人反鄙视之，其故何也？这只怪他早生了二千多年，未克复领教李宗吾的学说。他陈书数十箧，中间缺少了一部《厚黑丛话》，不知道“厚黑为里，仁义为表”的法子。他游说六国，纯从利害上立论，赤裸裸的把厚黑表现出来，忘却在上面糊一层仁义，所以他的学说，就成为邪说，无人研究，这是很可惜的。我们用厚黑史观的眼光看去，他这个人，学识有余，实行不足，平生事迹，可分两截看：从刺股至当纵约长，为一截，是学理上之成功；当纵约长以后，为一截，是实行上之失败。前一截，我们当奉以为师；后一截，当引以为戒。

我们把春秋战国外交政策研究清楚了，再来研究魏蜀吴三国的外交政策。三国中，魏最强，吴、蜀俱弱。诸葛武侯，在隆中，同刘备定的大政方针，是东联孙吴，北攻曹魏，合两弱国以攻一强国，仍是苏大厚黑的法子。史称：孔明自比管、乐。我请问读者一下：孔明治蜀，略似管仲治齐，自比管仲，尚说得去，惟他平生政绩，无一点与乐毅相似，以之自比，是何道理？这就很值得研究了。考之《战国策》：燕昭王伐齐，是合五国之兵，以乐毅为上将军。他是联军的统帅，与管仲相桓公，帅诸侯之兵以攻楚是一样。

孔明乃三国第一军师

燕昭王欲伐齐，乐毅献策道："夫齐霸国之余教，而聚胜之遗事也，闲于兵甲，习于战攻，王若欲攻之，则必举天下而图之。"因主张合赵楚魏宋以攻之。孔明在隆中，对刘先帝说道："曹操已拥百万之众，挟天子以令诸侯，此诚不可与争锋。"因主张：西和诸戎，南抚夷越，东联孙权，然后北伐曹魏，其政策与乐毅完全一样。乐毅曾奉昭王之命，亲身赴赵，把赵联好了，再合楚魏宋之兵，才把齐打破。孔明奉命入吴，说和孙权，共破曹操于赤壁，其举动也是一样，此即孔明自比乐毅所由来也。至于管仲纠合众弱国，以讨伐最强之楚，与孔明政策相同，更不待言。由此知孔明联吴伐魏的主张，不外管仲、乐毅的遗策。

东汉之末，天子失去统驭能力，群雄并起，与春秋战国相似。孔明隐居南阳时，与诸名士讨论天下大势，大家认定：曹操势力最强，非联合天下之力，不能把他消灭，希望有春秋时的管仲和战国时的乐毅这类人才出现。于是孔明遂自许：有管仲、乐毅的本事，能够联合群雄，攻打曹魏。这是所谓"自比管乐"了。不过古史简略，只记"自比管仲乐毅"一句，把他和诸名士的议论概行删去了，及到刘先帝三顾草庐时，所有袁绍、袁术、吕布、刘表等，一一消灭，仅剩一个孙权，所以隆中定的政策，是东联孙吴，北攻曹魏。这种政策，是同诸名士细细讨论过的，故终身照着这个政策行去。

"联合众弱国攻打强国"的政策，是苏秦揣摹期年研究出来的，是孔明隐居南阳，同诸名士讨论出来的，中间含有绝大的道理。人称孔明为王者之才，殊不知：孔明澹泊宁静，颇近道家，他生平所读的，是最粗浅的两部厚黑教科书，第一部是《韩非子》，他治国之术，纯是师法申韩，曾手写申韩以教后主，申子之书不传，等我讲厚黑政治时再谈。第二部是《战国策》，他的外交政策，纯是师法苏秦。《战国策》载：苏秦说韩王曰："臣闻鄙谚曰：'宁为鸡口，无为牛后。'今大王西面交臂而臣事秦，何以异于牛后乎？"韩王忿然作色，攘臂按剑，仰天太息曰："寡人虽死，必不能事秦。"《三国志》载：孔明说孙权，叫他案兵束甲，北面降曹，孙权勃然曰："吾不能举全吴之地，十万之众，受制于人！"我们对照观之，孔明的策略，岂不是与苏厚黑一样？

"联众弱国，攻打强国"的政策，非统筹全局从大处着眼看不出来。这种政策，在蜀只有孔明一人能了解，在吴只有鲁肃一人能了解。鲁肃主张舍出荆州，以期与刘备联合，其眼光之远大，几欲驾孔明而上之。蜀之关羽，吴之周瑜，吕蒙、陆逊，号称英杰，俱只见着眼前小利害，对于这种大政策全不了解。刘备孙权有相当的了解，无奈认不清，拿不定，时而联合，时而破裂，破裂之后，又复联合。最了解者，莫如曹操。他听见孙权把荆州借与刘备，二人实行联合了，正在写字手中之笔都落了。其实孙刘联合，不过抄写苏厚黑的旧文章，曹操是千古奸雄，听了都要心惊胆战，这个法子的厉害，也就可想而知了。

策划了火烧连营七百里的陆逊

从上面的研究，可得一结论曰："当今之世，诸葛武侯复生，他的政策，决定是：退出国联，组织世界弱小民族联盟，向诸大强国进攻。"

我们倡出"弱小民族联盟"之议，闻者必惶然大骇，以为列强势力这样的大，我们组织弱小民族联盟，岂不触列强之怒，岂不立取灭亡？这种疑虑，是一般人所有的。当时六国之君，也有这样疑虑。张仪知六国之君胆怯，就乘势恐吓之，说道："你们如果这样干，秦国必如何如何的攻打你。我劝你还是西向事秦，将来有如何的好处。"六国听他的话，遂连袂事秦，卒至一一为秦所灭。历史俱在，诸君试取战国策细读一过，看张仪对六国的话，像不像拿现在列强势力，去恐吓弱小国一般？六国信张仪的话而灭亡，然则为小民族计，何去何从，不言而决。

苏秦说六国联盟，是从利害立论，说得娓娓动听；张仪劝六国事秦，也是从利害立论，也是说得娓娓动听。同是就利害立论，二说极端相反，何以俱能动听呢？其差异之点：苏秦所说利害，是就大者远者言之，张仪是就小者近者言之。常人目光短浅，只看到眼前利害，虽以关羽、周瑜、吕蒙、陆逊这类才俊之士：尚不免为眼前小利害所惑，何况六国昏庸之主？所以张仪之言，一说即入。由后日的事实来证明，从张仪之说而亡国，足知苏秦之主张是对的。今之论者，怕触怒列强，不敢组织弱小民族联盟，恰走入张仪途径。愿读者深思之！深思之！

苏秦与张仪同学，自以为不及仪，后来回到家中，引锥刺股，揣摩期年，加了一番自修的苦功，其学力遂超出张仪之上，说出的话，确有真理。孟子对齐宣王曰："海内之地，方千里者九，齐集有其一，以一服八，何以异于邹敌楚哉？"这种说法，宛然合纵声口。孟子讥公孙衍、张仪以顺为正，是妾妇之道，独未说及苏秦。我们细加研究，公孙衍、张仪教六国事秦，俨如妾妇事夫，以顺为正，若苏秦之反抗强秦，正是孟子所谓"威武不能屈"之大丈夫。

孟子之学说，最富于独立性。我们读孟子答滕文公"事齐事楚"之问，答"齐人筑薛"之问，答"事大国则不得免焉"之问，独立精神，跃然纸上。假令孟子生今之世，绝不会仰承列强鼻息，绝不会接受丧权辱国的条件。

宇宙真理，只要能够彻底研究，得出的结果，彼此是相同的，所以管仲"尊周攘夷"的政策，律以孔子的《春秋》是合的，苏秦"合众弱国以抗一个强国"的政策，律以孟子的学说，也是合的，司马光著《资治通鉴》，也说合纵是六国之利，足征苏秦的政策是对的。我讲厚黑学有两句秘诀："厚黑为里，仁义为表。"假令我们明告于众曰："我们应当师法苏秦联合六国之法，联合世界弱小民族。"一般人必诧异道："苏秦是讲厚黑学的，是李疯子一流人物，他的话都信得吗？信了立会亡国。"我们改口说道："此孔孟遗意也，此诸葛武侯之政策也，此司马温公之主张也。"听者必欢然接受。

大丈夫宁为鸡首，无为牛后，宁为玉碎，无为瓦全。我国以四万万民众之国，在国联中求一理事而不可得，事事惟列强马首是瞻，亡国之祸，迫于眉睫。与其坐以待毙，孰若起而攻之？与其在国联中仰承列强鼻息，受列强之宰割，曷若退而为弱小民族之盟主，与列强为对等之周旋？春秋之义，虽败犹荣，而况乎断断不败也。

晋时李特入蜀，周览山川形势，叹曰："刘禅有如此江山而降于人，岂非庸才？"我国有这样的土地人民，而受制于东邻三岛，千秋万岁后，读史者将谓之何！余岂好讲厚黑哉，余不得已也，凡我四万万民众，快快的厚黑起来，一致对外！全世界被压迫民族，快快的厚黑起来，向列强进攻。

孙中山演说集，载有一段故事，日俄战争的时候，俄国把波罗的海的舰队调来，绕过非洲，走入日本对马岛，被日本打得全军覆没。这个消息传出来，孙中山适从苏彝士河经过，有许多土人，看见孙中山是黄色人，现出很喜欢的样子来问道："你是不是日本人呀？"孙中山说道："我是中国人。你们为甚么这样的高兴呢?”他答应道:“我们东方民族,总是被西方民族压迫,总是受痛苦,以为没有出头的日子。这次日本打败俄国,我们当如自己打胜仗一样,这是应该欢喜的,所以我们便这样的高兴。”我们试想:日本打败俄国,与苏彝士河边的土人何关?日本又从莫说过要替他们解除痛苦的话。他们现出这种样子,世界弱小民族心理,也就可想见了。威尔逊提出“民族自决”的口号,大受弱小民族的欢迎。我们组织弱小民族联盟,于“民族自决”之外,再加以“弱小民族互助”的口号,对内自决,对外互助,当然更受欢迎。且威尔逊不过徒呼口号而已,我们组织弱小民族联盟,有特设之机关提挈之,更容易成功。

威尔逊“民族自决”之主张,其所以不能成功者,由于本身上是矛盾的。弱小民族,是被压迫者,威尔逊代表美国,美国是列强之一,是站在压迫者方面。威尔逊个人虽有这种主张,其奈美国之立场不同何?我国与弱小民族是站在一个立场,出来提倡民族自决,组织弱小民族联盟,彼此互助,是决定成功的。

至于和会上威尔逊之所以失败者,则由威尔逊是教授出身,不脱书生本色,未曾研究过厚黑学。美国参战之初,提出十四条原则,主张民族自决。巴黎和会初开,全世界弱小民族,把威尔逊当如救世主一般,以为他们的痛苦可以在和会上解除了。哪知英国的路易。乔治,法国的克利满梭,都是精研厚黑学的人,就说克利满梭,绰号“母大虫”,尤为凶悍,初闻威尔逊鼎鼎大名,见面之后,才知黔驴无技,时时奚落他,甚至说道:“上帝只有十诫,你提出十四条,比上帝还多了四条,只好拿在天国去行使。”威尔逊只好忍受。后来意大利全权代表下旗归国,日本全权代表也要下旗归国,就把威尔逊吓慌了,俯首贴耳,接受他们要求,而民族自决四字遂成泡影。

假令我这个厚黑教主是威尔逊,我就装痴卖呆,听凭他们奚落,坐在和会席上,一言不发,直待意大利下旗归国,日本下旗归国,已经出了国门,猝然站起来,在席上一拍巴掌说道:“你们要这样干吗?我当初提出十四条原则,主张民族自决,你们认了可,我美国才参战,而今你们这样干,使我失信于美国人民,失信于全世界弱小民族,而今只好领率全世界弱小民族,向你们英法意日四国决一死战,才可见应谅于天下后世。你母大虫说我这十四条应拿在天国行使,你看我于一个星期内,用鲜血将这个地球染红,就从这鲜血中现出一个天国，与你母大虫看！”说毕，退出和会，应用我的补锅法，把锅敲破了再说，三十分钟内，通电全世界，叫所有弱小民族一致起来，对列强反戈相向，由美国指挥作战。这样一来，请问英法敢开战吗？当日事实俱在，我们不妨研究一下，德国战斗力并未损失，最感痛苦者，食料被列国封锁耳。只要接济他的粮食，单是一个德国，已够英法对付。大战之初，英法许殖民地许多权利，弱小民族抛弃旧日嫌怨，一致赞助。印度甘地，也叫他的党徒帮助英国，原想战胜之后，可以抬头，哪知和会上，列强食言，弱小民族，正在含血喷天。有了威尔逊这样的主张，他们在战地，还有不立即倒戈吗？兼之美国是生力军，国家又富，英法已是精疲力倦，如果实行开战，可断定：一个星期，把英法打得落花流水。这个战火，请问英法敢打吗？如果要我美国不打，除非十四条条条实行，并须加点利息，格外增加两条。何以故呢？因为你英法诸国，素无信义，明明白白的承认了的条件，都要翻悔，所以十四条之外，非增加两条，以资保障不可。威尔逊果然这样干，难道民族自决之主张，不能实现吗？无奈威尔逊一见意大利和日本的使臣下旗归国，就手忙脚乱，用“锯箭法”了事，竟把千载一时之机会失去，惜哉！惜哉！不久箭头在内面陆续发作，我国东北四省，无端失去，阿比西尼亚，无端受意大利之摧残。世界第二次大战，行将爆发。凡此种种，都由威尔逊在和会席上少拍了一巴掌之故。甚矣，厚黑学之不可不讲也！

上述的办法，以威尔逊的学识，难道见不到吗？就说威尔逊是书呆子，不懂厚黑学，同威尔逊一路到和会的，有那么多专门人才，那么多外交家，一个个都是在厚黑场中来来往往的人，难道这种粗浅的厚黑技术都不懂得，还待李疯子来说吗？他们懂是懂得的，只是不肯这样干，其原因就是弱小民族是被压迫者，美国是压迫者之一，根本上有了这种大矛盾，美国怎能这样干呢？

威尔逊提出“民族自决”四字，与他本国的立场是矛盾的。日本是精研厚黑学的，窥破威尔逊有此弱点，就在和会上提出“人种平等”案，朝着他的弱点攻去，意若曰：“你会唱高调，等我唱个高调，比你更高。”这本是厚黑学的妙用，果然把威尔逊制住了。然而威尔逊毕竟是天禀聪明，他并莫有读过厚黑学译本，居然懂得厚黑哲理，他明知民族自决之主张，为列强所不许，为本国所不许，竟大吹大擂起来，闹得举世震惊，此即是鄙人“办事二妙法”中之“补锅法”也，把锅之裂痕，敲得长长的，乘势大出风头，迨至意大利和日本全权代表要下旗归国，他就马马虎虎了事，此“办事二妙法”中之“锯箭法”也。威尔逊可以昭告世界曰：“民族自决之主张，其所以不能贯彻者，非我不尽力也，其奈环境不许何！其奈英法意日之不赞成何。”是无异外科医生对人说道：“我之只锯箭干而不取箭头者，非外科医生不尽力也，其奈内科医生袖手旁观何！”噫，威尔逊真厚黑界之圣人哉！

中国八股先生有言曰：“东海有圣人，西海有圣人，此心同，此理同也。”鄙人发明补锅法锯箭法，此先知先觉之东方圣人也。威尔逊实行补锅法、锯箭法，不勉而中，不思而得，虽欲不谓之西方圣人，不可得已。

我当日深疑：威尔逊是个老教书匠出身，是一个书呆子，何以会懂得补锅法，锯箭法？后来我多方考察，才知他背后站有一位军师，豪斯大佐，是著名的阴谋家，是威尔逊的脑筋。威尔逊之当总统，他出力最多。威尔逊的阁员，大半是他推荐的。所有美国绝交参战也，山东问题也，都是此公的主张。他专门唱后台戏，威尔逊不过登场之傀儡罢了。威尔逊听信此公的话，等于刘邦之听信张子房。我们既承认刘邦为厚黑圣人，就呼威尔逊为厚黑圣人，也非过誉。

一般人都以为巴黎和会，威尔逊厚黑学失败，殊不知威尔逊之失败，即是威尔逊之成功；他当美国第二十八届的总统，试问：从前二十七位总统，读者诸君，记得几人姓名？我想除了华盛顿、林肯二人，鼎鼎大名而外，第三恐怕要数威尔逊了。任人如何批评，他总算是历史上有名人物。问其何修而得此，无非是善用补锅法、锯箭法罢了，假使他不懂点厚黑学，不过混在从前二十七位总统中间，姓名若有若无，威尔逊三字，安能赫赫在人耳目？由是知：厚黑之功用大矣哉！成则建千古不朽之盛业，败亦留宇宙大名，读者诸君快快的与我拜门，只要把脸儿弄得厚厚的，心儿弄得黑黑的，跳上国际舞台，包管你名垂宇宙，包管你把世界列强打得弃甲曳兵而逃。

巴黎和会，聚世界厚黑家于一堂，钩心斗角，仿佛一群拳术家在擂台上较技。我们站在台下，把他们的拳法看得清清楚楚，当用何种拳法才能破他，台下人了了然然，台上人反漠然不觉。当初威尔逊提出“民族自决”之主张，大得弱小民族之欢迎，深为英法意日所不喜，可知“民族自决”四字，可以击中列强的要害。及后日本提出“人种平等”案，威尔逊就哑口无言，而“民族自决”案就无形打消，可知“人种平等”四字，可以击中欧美人的要害。我国如出来提倡“弱小民族联盟”，把威尔逊的“民族自决”案和日本的“人种平等”案合一炉而冶之，岂不更足以击中他们的要害吗？

美国和日本，是站在压迫者方面的，威尔逊主张的“民族自决”，日本主张的“人种平等”，不过口头拿来说说，并无实行的决心，已经闹得举世震惊，列强大吓；我国是站在被压迫者方面，循着这个路子做去，口头这样说，实际上就这样做，并且猛力做，当然收很大的效果。

譬之打战，先要侦探一下，再用兵略略攻打一下，才知敌人某处虚、某处实，既把虚实明了了，然后才向着他的弱点猛攻。陆逊大破刘先帝，就是用的这个法子。刘先帝连营七百里，陆逊先攻一营不利，对众人说道：“他的虚实，我已知道了，自有破之之法。”于是纵火烧之，刘先帝遂全军溃败。威尔逊提出“民族自决”案，举世震动，算替弱小民族侦探了一下，日本提出“人种平等”案，就把威尔逊夹持着了，算是向列强略略攻了一下。他们几位厚黑家，把自家的弱点尽情暴露，我们就向着这个弱点猛力攻去，他们的帝国主义，当然可以一举而摧灭之。

刘先帝之失败，是由于连营七百里，战线太摆宽了。陆逊令军士每人持一把茅，隔一营，烧一营，同时动作，刘先帝首尾不能相顾，遂至全军溃败。列强殖民地太宽，仿佛刘先帝连营七百里一般。我们纠约世界弱小民族，同时动作，等于陆逊烧连营，遍地是火，列强首尾不能相顾，他们的帝国主义，当然溃败。英国自夸：凡是太阳所照之地，都有英国的国旗。我们把“弱联会”组织好了，可说：凡是太阳所照之地，英国人都该挨打。刘先帝身经百战，矜骄极了，以为陆逊是个少年，不把他放在眼里。不知陆逊能够忍辱负重，是厚黑界后起之秀，猝然而起，出其不意，把这位老厚黑打得一败涂地。列强自恃军械精利，把我国看不在眼，矜骄极了。我国备受欺凌，事事让步，忍辱负重，已经到了十二万分，当然学陆逊，猝然而起，奋力一击。

有人谓：弱小民族，极形涣散，不易联合。这也不必虑，以历史证之；嬴秦之末，天下苦秦苛政，陈涉振臂一呼，山东豪俊，群起响应，立即嬴秦灭了。这是甚么道理呢？因为人人积恨嬴秦已久，人人都想推倒他，心中发出的力线，成为方向相同的合力线，所以陈涉起事之初，并未派人去联络山东豪俊，而山东豪俊，自然与之行动一致。现在列强压迫弱小民族，苛虐情形，较诸嬴秦，有过之无不及，嬴秦亡国条件，列强是具备了的。我国出来，当一个陈涉，振臂一呼，世界当然闻风响应。

刘备、孙权两位厚黑家，本是郎舅之亲，大家的眼光注射在荆州上，刘备把他向西拖，孙权把他向东拖，力线相反。于是郎舅决裂，夫妇生离，关羽被杀，七百里之连营被烧，刘先帝东征兵败，身死白帝城，吴蜀二国，几成了不共戴天之仇。后来诸葛亮遣邓芝入吴，约定同齐伐魏，目标一变，心理即变，于是仇雠之国，立即和好。心理变化，循力学公例而行。是横的方向，彼此是冲突的，是纵的方向，是合力的方式，彼此不生冲突。

我国连年内乱，其原因是由国人的目光注射在国内之某一点，彼此的力线，成了横的方向，当然生冲突。我们应当师法诸葛武侯，另提目标，使力线成纵的方向，国内冲突，立即消灭。问："提甚么目标？"答曰：提出组织弱小民族联盟之主张，全国人一致去干这种工作。譬之射箭，以列强为箭垛，四万万人，有四万万支箭，支支箭向同一只箭垛射去，成了方向相同之合力线，每支箭是不生冲突的。于是安内也，攘外也，就成为二而一、一而二了。奉劝读者诸君，如果有志救国，非研究我的厚黑学不可。

我们学过物理学，即知道凡是铁条，都有磁力。只因内部分子凌乱，南极北极相消，才显不出磁力来。如用磁石在铁条上引导了一下，内部分子，南北极排顺，立即发出磁力。我国四万万人，本有极大的力量，只因内部凌乱，故受外人的欺凌。我们只要把内部排顺了，四万万人的心理，走在同一的线上，发出来的力量，还了得吗？问："四万万人的心理，怎能走在同一的线上呢？"我说：我发明的厚黑学，等于一块磁石，你把他向国人宣传，就等于在铁条上引导了一下，全国分子，立可排顺，以此制敌，何敌不摧？以此图功，何功不克？只要把厚黑学研究好了，何畏乎日本？何畏乎列强？

日本的厚黑家，可以反诘我道：据你说，吴蜀二国结下不解之深仇，诸葛武侯提出伐魏之说，以魏为目标，二国立即和好。而今你们中国人仇视日本，我日本提出"中日联合，抵抗苏俄"的主张，以苏俄为目标，岂不与诸葛武侯联吴伐魏的政策一样吗？怎么你这个厚黑教主，还说要攻打日本呢？我说：你这话可谓不通之极！荆州本是孙权借与刘备的，孙权取得荆州，物归原主，吴蜀二国，立于对等地位，故能说联合伐魏的话。日本占据东四省，进窥平津，纯是劫贼行为，世间哪有同劫贼联合之理？必须恢复了九一八以前的状况，荆州归还了孙权，才能说联合对俄的话。日本是入室之狼，俄国是卧门之虎，欧美列强，是宅左宅右之狮豹，必须把室中之狼驱逐出去了，才能说及门前之虎，才能说及宅左宅右之狮豹。

厚黑丛话卷六

成都《华西日报》二十五年三月四月

我是八股学校的修业生，中国的八股，博大精深，真所谓宗庙之美，百官之富。我寝馈数十年，只能说是修业。不敢言毕业。我作八股有两个秘诀：一曰：抄袭古本；二曰：作翻案文字。先生出了一道题，寻一篇类似的题文，略略改换数字，沐手敬书的写去，是曰抄袭古本。我主张弱小民族联盟，这是抄袭管仲、苏秦和诸葛亮三位的古本。人说冬瓜做不得甑子，我说，冬瓜做得甑子并且冬瓜做的甑子，比世界上任何甑子还要好些。何以故呢？世界上的甑子，只有里面蒸的东西吃得，甑子吃不得，惟有冬瓜做的甑子，连甑子都可以当饭吃。此种说法，即所谓翻案文字也。我说：厚黑可以救国，等于说冬瓜可以做甑子，所以我的学说最切实用，是可以当饭吃的。

剿袭陈言，为作文之大忌，俾斯麦唱了一出铁血主义的戏，全场喝采，德皇维廉第二，重演一出，一败涂地，日本接着再演，将来决定一败涂地。诸君不信，请拭目以观其后。

俾斯麦的铁腕政策对当时的德国贡献很大

抄袭古本，总要来得高明，诸葛武侯，治国师法申韩，外交师法苏秦，明明是纵横杂霸之学，反人反说他有儒者气象，明明是霸佐之才，反说他是王佐之才。此公可算是抄袭古本的圣手。

剿写文字的人，每喜欢剿写中式之文，殊不知应当剿写落卷，铁血主义四字，俾斯麦中式之文也，我们万不可剿写，民族自决四字，是威尔逊的落卷，人种平等四字，是日本的落卷，如果沐手敬书出来，一定高高中式。九一八这类事，与其诉诸国联，诉诸英美，无宁诉诸非洲澳洲那些野蛮

威尔逊总统是美国三大总统之一

人，诉诸高丽、台湾那些亡国民，表面看去，似是做翻案文字，实在是抄写威尔逊的落卷，抄写日本的落卷。

川省未修马路以前，我每次走路，见着推车的、抬轿的、邀驮马的、挑担子的，来来往往，如蚂蚁一般，宽坦的地方，安然过去，一到窄路，就彼此大骂，你怪我走得不对，我怪你走得不对。我心中暗暗想道：何尝是走得不对，无非是路窄了的关系。我国组织、政权集中在上面，任你有何种抱负，非握得政权施展不出来，于是你说我不对，我说你不对。其实非不对也，政治舞台，地位有限，容不了许多人，等于走入窄路一般。无怪乎全国中志士和志士，吵闹不休。

以外交言之，我们当辟一条极宽的路来走，不能把责任属诸当局的几个人。甚么是宽路呢?提出组织弱小民族联盟的主张，这个路子就极宽了，舞台就极大了，任有若干人，俱容得下。在国外的商人、留学生和游历家，可以直接向弱小民族运动；在国内的，无论在朝在野，无论哪一界，都可担任种种工作。四万万人的目标，集中于弱小民族联盟之一点，根根力线，不相冲突，不言合作，而合作自在其中。有了这种宽坦的大路可走，政治舞台，只算一小部分，不须取得政权，救国的工作，也可表现出来，在野党、在朝党，也就无须吵吵闹闹的了。

民主国人民是皇帝，无奈我国四万万人，不想当英明的皇帝，大家都以阿斗自居，希望出一个诸葛亮，把日本打倒，把列强打倒，四万万阿斗，好坐享其成。我不禁大呼道：陛下误矣！阿斗者，亡国之主也！有阿斗就有黄皓，诸葛亮千载不一出，且必三顾而后出，黄皓则遍地皆是，不请而自来。我国之所以濒于危亡者，正由全国人以阿斗自居所致。我只好照抄一句《出师表》曰：“陛下不宜妄自菲薄。”我们何妨自己就当一个诸葛亮，自己就当一个刘先帝。我这个厚黑教主，不揣冒昧，自己就当起诸葛亮来，我写的《厚黑丛话》，即是我的“隆中对”我希望读者诸君，大家都来当诸葛亮，各人提出一种主张，四万万人就有四万万篇"隆中对"。同时我们又化身为刘先帝，成了四万万刘先帝，把四万万篇"隆中对"。加意选择。假令把李厚黑的"弱小民族联盟"选上了，我们四万万刘先帝，就亲动圣驾，做联吴伐魏的工作，想出种种法子，去把非洲澳洲那些野蛮国，与夫高丽、台湾、安南、缅甸那些亡国民联为一气，向世界列强进攻。

欲求我国独立？必先求四万万人能独立，四万万根力线挺然特立，根根力线，直射列强，欲求国之不独立，不可得已。问：四万万力线何以能独立？曰：先求思想独立。能独立乃能合作，我国四万万人不能合作者，由于四万万人不能独立之故。不独立则为奴隶，奴隶者，受驱使而已，独立何有！合作何有！

野心家办事，包揽把持，视众人如奴隶，彼所谓抗日者，率奴隶以抗日以谓也。日本在东亚，包揽把持，视中国人如奴隶，彼所谓抗俄者，率奴隶以抗俄之谓也。既无独立的能力，哪有抵抗的能力，所以我们要想抵抗日本，抵抗列强，当培植人民的独立性，不当加重其奴隶性。我写这部《厚黑丛话》，千言万话，无非教人思想独立而已。故厚黑国的外交，是独立外交，厚黑国的政策，是合力政策。军商政学各界的厚黑家，把平日的本事直接向列强行使，是之谓厚黑救国。

孔子谓子夏曰："汝为君子儒，无为小人儒。"我教门弟子曰："汝为大厚黑，无为小厚黑。"请问大小厚黑，如何分别？张仪教唆六国互相攻打，是小厚黑。孙权和刘备，互争夺荆州，是小厚黑。要管仲和苏秦的法子，才算大厚黑。日本占据东北四省，占据平津，是小厚黑。欧美列强，掠夺殖民地，是小厚黑。鄙人主张运动全世界弱小民族，反抗日本和列强，才算大厚黑。孟子曰："小固不可以敌大。"我们的大厚黑成功，日本和列强的小厚黑，当然失败。

我国只要把弱小民族联盟明定为外交政策，政府与人民打成一片，全国总动员，一致去做这种工作，全国目光，注射国外，成了方向相同的合力线，不但内争消灭，并且抵抗日本和列强，也就绰绰然有余裕了，开战也可，不开战也可。惜乎诸葛武侯死了，恨不得起斯人于地下，而与之细细商榷。

我们一谈及弱小民族联盟，反抗列强，闻者必疑道：列强有那样的武力，弱小民族如何敌得过？殊不知战争的方式最多，武力只占很小一部分。以战争之进化言之，最初只有戈矛弓矢，后来进化，才有枪弹，这是旧式战争。再进化有飞机炸弹，这是日本在淞沪之役用以取胜的，是墨索里尼在阿比西尼亚用以取胜的。再进化则为化学战争，有毒瓦斯、毒菌、死光等等，这是第二次世界大战，一般人所凛凛畏惧的。再进化则为经济战争，英国对意制裁，即算是用这种战术。人问：经济战争之上，还有战术莫得？我答道：还有，再进化则为心理战争。三国时马谡曾说："用兵之道，攻心为上，攻城为下，心战为上，兵战为下。"这即是心理战争。心理战争的学说我国发明最早。战国时，孟子说："天时不如地利，地利不如人和。"此心理战争之说也。又云："……则邻国之民，仰之若父母矣，率其子弟，攻其父母，自生民以来，未有能济者也，如此则无敌于天下。"此心理战争之说也。我们从表面上看去，这种说法，岂非极迂腐的怪话吗？而不知这是战术中最精深的学说，一般人特未之思耳。

现在列强峙立的情形，很像春秋战国时代。春秋战国，为我国学术最发达时代，贤人才士最多。一般学者所倡的学说，都是适应环境生出来的，都是经过苦心研究，想实际的解决时局，并不是徒托空谈，所以他们的学说很可供我们今日之参考。即以兵争一端而论，春秋时战争剧烈，于是孙子的学说应运而生，他手著的十三篇，所谈的是军事上最高深的学理。这是中外军事家所公认的。到了战国时代，竞争更激烈，孙子的学说已经成了普通常识。于是孟子的学说，又应运而生，发明了心理战争的原则，说道："可使制挺，以挞秦楚之坚甲利兵。"无奈这种理论太高深了，一般人都不了解，以为世间哪有这类的事！哪知孟子死后，未及百年，陈涉揭竿而起，立把强秦推倒，孟子的说法居然实现，岂非很奇的事吗？

孙子是我国著名的军事家

现在全世界兵争不已，识者都认为非到世界大同，人民是不能安定的。战国时情形也是这样，所以梁襄王问："天下恶乎定？"孟子对曰："定于一。"也认为：非统一是不能安定的。然则用何种方法来统一呢？现今的人，总是主张武力统一，而孟子的学说则恰恰相反。梁襄王问："孰能一之？"孟子曰："不嗜杀人者能一之。"主张武力统一者，正是用杀字来统一，孟子的学说，岂非又是极迂腐的怪话吗？后来秦始皇并吞六国，算是用武力把天下统一了，迨至汉高入关，除秦苛政，约法三章，从"不嗜杀"三字做去，竟把秦的天下夺了。孟子的学说，又居然实现，岂不更奇吗？楚项羽坑秦降卒二十余万人于新安城南，又屠咸阳，烧秦宫室，火三月不绝，其手段之残酷，岂不等于墨索里尼在阿比西尼亚种种暴行吗？然而项羽武力统一的迷梦，终归失败，死在汉高祖手里。这是甚么道理呢？因为高祖的谋臣，是张良、陈平，他二人是精研厚黑学的，懂得心理战争的学理，应用最高等战术，故把项羽杀死。这是历史上的事实，很可供我们的研究。

中国的第一个皇帝秦始皇

秦始皇和楚项羽，纯恃武力，是用一个杀字来统一；汉高祖不嗜杀人，是用一个生字来统一。生与杀二者，极端相反，然而俱有统一之可能，这是甚么道理呢？因为凡人皆怕死，你不服从我，我要杀死你，所以杀字可以统一；凡人皆贪生，你如果拥护我，我可以替你谋生路，所以生字也可以统一。孟子说的："不嗜杀人者能一之"，完全是从利害二字立论，律以我的厚黑学，是讲得通的，所以他的学说，能够生效。

当举世战云密布的时候，各弱小国的人民，正在走投无路，不知死所，忽然有一个国家，定出一种大政方针，循着这个方针走去，是惟一的生路，这个国家，岂不等于父母替子弟谋生路吗？难道不受弱小国的人民热烈拥戴吗？孟子说："邻国之民，仰之若父母，率其子弟，攻其父母，自生民以来，未有能济者也。"就是基于这种原则生出来的。不过我这种说法，道学先生不承认的，他们认为："孟子的学说，纯是道德化人，若参有利害二字，未免有损孟子学说的价值。"这种说法，我也不敢深辩，只好同我的及门弟子和私淑弟子研究研究！

秦始皇、楚项羽，用杀字镇慑人民，汉高祖用生字歆动人民，人之天性，好生而恶死，故秦皇、项羽为人民所厌弃，汉高祖为人民所乐戴。秦项败，而汉独成功，都是势所必至，理有固然。由此知杀字政策，敌不过生字政策。日本及列强，极力扩张军备，用武力镇压殖民地，是走的秦皇、项羽的途径。大战爆发在即，全世界弱小民族，正在走投无路，我们趁此时机，提倡弱小民族联盟，向他们说道："这是惟一的生路，所谓民族自决也，人种平等也，扫灭帝国主义也，惟有走这条路，才能实现。你们如果跟着列强走，将来大战爆发，还不是第一次大战一样，只有越是增加你们的痛苦的。”我们倡出这种论调，弱小民族还有不欢迎的吗？我们获得弱小民族的同情，把弱联会组织起，以后的办法就很多很多，外交方面，就进退裕如了。

楚汉相争，项羽百战百胜，其力最强，高祖百战百败，其力最弱，而高祖卒把项羽打败者，他有句名言：“吾宁斗智不斗力。”这即是楚汉成败的关键。汉高祖是厚黑界的圣人，他的圣训，我们应该细细研究。日本和欧美列强，极力扩张军备，是为斗力，我们组织世界弱小民族联盟，采用经济战争和心理战争，是为斗智。我们也不是废去武力不用，只是专门研究经济和心理两种战争的方术，辅之以微弱的武力，就足以打倒帝国主义而有余了。

请问：汉高祖斗智，究竟用的甚么法子呢？他从彭城大败而回，问群臣有甚么策略，张良劝他把关以东之地捐与韩信、彭越、黥布三人，信为齐王，越为梁王，黥布为九江王。高祖联合他们，仍是一种联军方式。高祖用主力兵，在荥阳成，与项羽相持，而使信、越等三人，从他方面进攻，项羽遂大困。鸿沟议和后，项羽引兵东还，高祖追之，项羽还击，高祖大败，乃用张良之计，把睢阳以北之地划归彭越，陈以东之地划归韩信，于是诸侯之师，会于垓下，才把项羽杀死。由是知：汉高祖所谓斗智者，还不是袭用管厚黑、苏厚黑的故智，起一种联军罢了。

我们从历史上研究，得出一种公例：“凡是列国纷争之际，弱国惟一的方法，是纠合众弱国，攻打强国。”任是第一流政治家，如管仲、诸葛武侯诸人，第一流谋臣策士，如张良、陈平诸人，都只有走这一条路，已成了历史上的定例。然而同是用这种法子，其结果则有成有败，其原因安在呢？我们可再加研究。

我们在前面，曾举出五个实例：(1)管仲纠合诸侯，以伐狄，伐戎，伐楚，这是成了功的。(2)乐毅合五国之兵以伐齐，这是成了功的。(3)苏秦联合六国以攻秦，卒之六国为秦所灭，这是失败了的。(4)汉高祖合诸侯之兵以攻项羽，这是成了功的。(5)诸葛亮倡吴蜀联盟之策，诸葛亮和孙权在时，尚能支持曹魏，他二人死后，后人秉承遗策做去，而吴蜀二国，终为司马氏所灭，这也算是失败了的。我们就这五种实例推求成败之原因，又可得出一种公例：“各国联盟，中有一国为主干，其余各国为协助者，则成功；各国立于对等对位，不相统属者，则失败。”齐之称霸，是齐为主干，其他诸侯则为

我们从历史上研究，得出一种公例：『凡是列国纷争之际，弱国惟一的方法，是纠合众弱国，攻打强国。』

协助；燕之伐齐，燕为主干，其他四国则为协助；汉之灭楚，汉高祖为主干，众诸侯为协助，所以皆能成功。六国联盟，六国不能统属；吴蜀联盟，二国也不相统属，所以俱为敌人所灭。我国组织弱联会，我国当然是主干，当然成功。

现在国际的情形，既与春秋战国相似，我们就应该把春秋时管厚黑的方法和战国时苏厚黑的方法，融合为一而用之，管仲的政策，是尊周攘夷，先揭出尊周的旗帜，一致拥护周天子，把全国力量集中起来，然后才向外夷攻打，伐狄，伐戎，伐楚，各个击破。苏秦的政策，是合六个弱国，攻打一个强秦。我们可把全世界弱小民族，看作战国时之六国，把英法德美意俄日诸强国，合看为一个强秦，先用管仲的法子，把全国力量集中起来，拥护中央政府，以整个的中国与全世界弱小民族联合，组织一个联盟会；迨至这种聪盟组织成功，即用堂堂之鼓，正正之旗，向列强一致进攻，他们赤白两色帝国主义，自然崩溃。

有人问：中国内部这样的涣散，全国力量，怎能集中起来？我说：我所谓集中者，是思想集中，全国人的心理，走在一条线上，不必定要有何种形式。例如：我李疯子提出“弱小民族联盟”之主张，有人说：这种办法是对的，又有人说不对，大家著些文字，在报章杂志上讨论，结果一致认为不对，则不用说，如一般人认为对，政府也认为对，我们就实行下去。如此，则不言拥护中央政府，自然是拥护中央政府，不言全国力量集中，自然是全国力量集中。所以我们要想统一全国，当先统一全国思想。所谓统一思想者，不是强迫全国人之思想必须走入某一条路，乃是使人人思想独立，从学理上、事势上彻底研究，大家公认为某一条路可以走，才谓之思想统一。

有人难我道：你会讲厚黑学，联合弱小民族，向列强进攻，难道列强不能讲厚黑学，一齐联合起来，向弱小民族进攻吗？我说：这是不足虑的，证以过去的历史，他们这种联合，是不能成功的。

战国时，六国联盟，有人批评他：“连鸡不能俱飞。”六国之失败，就是这个原因。如果列强想联合起来，对付弱小民族，恰犯了连鸡不能俱飞之弊。语曰：“蛇无头而不行。”列强不相统属，寻不出首领，是谓无头之蛇。我们出来组织弱小民族联盟，我国是天然的首领，是谓有头之蛇。列强与列强，利害冲突，矛盾之点太多，步调断不能一致，要联合，是联合不起的。弱小民族，利害共同，彼此之间，寻不出丝毫冲突之点，一经联合，团体一定很坚固。

前次大战，列强许殖民地许多权利，战后食言，不惟所许利益不能得，反增加许多痛苦。殖民地含恨在心，如果大战重开，断难得殖民地之赞助，且或乘机独立，这是列强所深虑的。日本精研厚黑学，窥破此点，所以九一八之役，悍然不顾，硬以第二次大战相威胁，列强相顾失色。就中英国殖民地更宽，怕得更厉害，因此国联只好牺牲我国的满州，任凭日本为所欲为。德国窥破此点，乘机撕毁和约，英法也无如之何。墨索里尼窥破此点，以武力压迫阿比西尼亚，英国也无如之何。其惟一之方法，无非是以第二次大战相威胁而已，无非是实厚黑学而已。

世界列强，大讲其厚黑学，看这个趋势，第二次世界大战是断不能避免的。战争结果，无论谁胜谁负，弱小民族总是供他们牺牲的。我们应该应用厚黑哲理，趁大战将发未发之际，赶急把弱小民族联盟组织好，乘机予列强一种威胁，这个大战，与其由列强造成，弱小民族居于被动地位，毋宁由弱小民族造成，使列强居于被动地位。明明白白告诉列强道："你不接受我们弱小民族的要求，我们就把第二次大战与你们造起来。"请问世界弱小民族，哪个敢谈这个话呢？这恐怕除了我中华民国，再莫有第二个。请问我中国怎敢谈这类强硬话呢？则非联合世界弱小民族为后盾不要。

从前陈涉起事，曾经说过："逃走也死，起事也死，同是一死，不如起事好了。"弱小民族今日所处地位，恰与陈涉相同，大战所以迟迟未发者，由于死强内部尚未准备完好，我们与其坐受宰割，毋宁先发制人，约集全世界弱小民族，死中求生。不然他们准备好了，大战一开，弱小民族就永无翻身之日了。

全世界已划为两大战线，一为压迫者，一为被压迫者，孙中山讲民族主义，已断定第二次世界大战是被压迫者对压迫者作战，是十二万万五千万人对二万万五千万人作战，无奈……日本人口，除去台湾、高丽而外，全国约计六千万，也辜负孙中山之期望，变为明火劫抢之恶贼。所以我们应当秉承孙中山遗教，纠集被压迫之十万万四千万人，向赤白两色帝国主义四万万六千万人作战，才算顺应进化之趋势。现在这伙强盗，互相火并，乃是全世界被压迫民族同时起事的好机会，我们平日练习的厚黑本事，正好拿出来行使，以大厚黑破他的小厚黑。不然，第二次大战：仍是列强与列强作战，弱小民族，牵入漩涡，受无谓之牺牲，岂不违反中山遗训吗？岂不违反进化公例吗？

我讲厚黑学，分三步工夫，诸君想还记得。第一步：面皮之厚，厚如城墙；心子之黑，黑如煤炭。第二步：厚而硬，黑而亮。第三步：厚而无形，黑而无色。日本对于我国，时而用劫贼式，武力侵夺，时而用娼妓式，大谈亲善，狼之毒，狐之媚，二者俱备。所谓厚如城墙，黑如煤炭，他是做到了的，厚而硬，也是做到了的，惟有黑而亮的工夫，他却毫未梦见。曹操是著名的黑心子，而招牌则透亮，天下豪俊奔集其门，明知其为绝世奸雄，而处处觉得可爱，令人佩服。日本则"心子与招牌同黑"，成了世界公敌，如蛇蝎一般，任何人看见，都喊"打！打！"所以日本人的厚黑学越讲得好，将来失败越厉害。何以故？黑而不亮故。它只懂得厚黑学的下乘法，不懂上乘法，他同不懂厚黑学的人交手，自然处处获胜，若遇着名手，当然一败涂地。

我们组织弱小民族联盟，向列强攻打，用以消灭赤白两色帝国主义，本是用的黑字诀，然而这种方法，是从威尔逊"民族自决"四字抄袭出来，全世界都欢迎，是之谓黑而亮。闻者必起来争辩道："威尔逊主义，是和平之福音，是大同主义之初基，岂是面厚心黑的人干得来吗？实行这种主义，尚得谓之厚黑吗？"李疯子闻而叹曰："然哉！然哉！是谓'厚而无形，黑而无色'。"

有人难我道："你主张联合弱小民族，向列强攻打。我请问，一个日本，我国都对付不了，何敢去惹世界列强？日本以武力压迫我国，欧美列强，深抱不平，很同情于我国，我们正该联合他们，去攻打日本，你反要联合世界弱小民族，去攻打列强，这种外交，岂非疯子外交吗？你这类话，前几年说可以，再过若干年后来说也可以，现在这样说，真算是疯子。"我说：我历来都是这样说，不是今日才说，数年前我写有一篇《世界大战：我国应走的途径》，即是这样说的。四川省立国书馆，存有原印本，可资考证。这个话，前几年该说，现在更该说，再过若干年，也就无须说。你说是疯子外交，这是由于你不懂厚黑学的原故。我讲厚黑学，不是有锯箭法和补锅法吗？我们把弱小民族联盟组织好了，就应用补锅法中之敲锅法，手执铁锤，向某某诸国说道："信不信，我这一锤敲下去，叫你这锅立即破裂，再想补也补不起！"口中这样说，而手中之铁锤则欲敲下不敲下，这其间有无限妙用。如列强不睬，就略略敲一下，使锅上裂痕增第一点；再不睬，再敲一下。如果日本和列强，要倒行逆施，宰割弱小民族，供他们的欲壑，我们就一锤下去，把裂痕增至无限长，纠合全世界被压迫人类，一齐暴动起来，十万万四千万被压迫者，对四万六千万压迫者作战，而孙中山先生之主张，于是乎实现。但是我们着手之初，则在组织弱小民族联盟，把弱联会组织好，然后铁锤在手，操纵自如，在国际上才能平等自由。

敲锅要有艺术，轻不得，重不得。轻了锅上裂痕不能增长，是无益的；敲重了，裂痕太长补不起。要想轻重适宜，非精研厚黑学不可。戏剧中有《补缸》一出，一锤下去，把缸子打得粉碎。这种敲法，未免太不高明。我们在国际上，如果这样干，真所谓疯子外交，岂足以言厚黑学！

我讲厚黑学，曾说："管仲劝齐桓公伐楚，是把锅敲烂了来补。"他那种敲法，是很艺术的。讲到楚之罪名共有二项，一为周天子在上，他敢于称王；二为汉阳诸姬，楚实尽之，这本是彰彰大罪。乃楚遣使问出师理由，桓公使管仲对曰："尔贡包茅不入，王祭不共，无以缩酒，寡人是征。"又曰："昭王南征而不复，寡人是问。"舍去两大罪，而责问此极不要紧之事，岂非滑天下之大稽？昭王渡汉水，船覆而死，与楚何关？况且事隔数百年，更是毫无理由。管子为天下才，这是他亲自答复的，难道莫得斟酌吗？他是厚黑名家，用补锅法之初，已留锯箭法地步。假令把楚国真实罪状宣布出来，叫他把王号削去，把汉阳诸姬的地方退出来，楚国岂不与齐拚命血战吗？你想长勺之役，齐国连鲁国这种弱国都战不过，他敢与楚国打硬战吗？只好借周天子之招牌，对楚国轻轻敲一下罢了。楚是堂堂大国，管仲不敢伤他的面子，责问昭王不复一事，故意使楚国有抗辩的余地。楚王可以对臣下说道："他责问二事，某一事，我与他骂转去，骂得他哑口无言，包茅是河边上芦苇一类东西，周天子是我的旧上司，砍几捆送他就是了。"这正是管仲的妙用，口骂无凭，贡包茅有实物表现，齐桓公于是背着包茅，进之周天子，作为楚国归服之实证。古者国之大事惟祀与戎，周天子祭祀的时候，把包茅陈列出来，贴一红纸签，写道："这是楚国贡的包茅"。助祭的诸侯看见，周天子面上岂不光辉光辉？楚国都降伏了，众小国敢有异议吗？我写《厚黑传习录》曾说："召陵一役，以补锅法始，以锯箭法终。"其妙用如是如是。我们把弱小民族联盟组织好了，就用铁锤在列强的锅上轻轻敲他一下，到达相当时机，就锯箭干了事。到某一时期，再敲一下，箭干出来一截，又锯一截。像这样不断的敲，不断的锯，待到终局，箭头退出来了，轻轻用手拈去，于是乎锯箭法告终，而锅也补起了。

外交上，原是锯箭法、补锅法二者互用，如车之双轮，鸟之双翼，不可偏废。我国外交之失败，其病根在专用锯箭法。自五口通商以来，所有外交，无一非锯箭干了事。九一八以后，尤为显著。应该添一个补锅法，才合外交方式。我们组织弱小民族联盟，即是应用补锅法的学理产生出来的。

现在日本人的花样，层出不穷，杀得我国只有招架之功，并无还兵之力，并且欲招架而不能。我们就应该还他一手，揭出"弱小民族联盟"的旗帜。你会讲"大亚细亚主义"，想把中国吞下去，进而侵略亚洲各国，进而窥伺全世界，我们就进"弱小民族联盟"，以中国为主干，而台湾，而琉球，而高丽，而安南、缅甸，而暹罗、印度，而澳洲、非洲一切野蛮民族。日本把一个大亚细亚主义大吹大擂，我们也把一个弱小民族联盟大吹大擂，这才是旗鼓相当，才足以济补锅法之穷。

民国二年，我在某机关任职，后来该机关裁撤，我与同乡陈健人借银五十元，以作归计。他回信说道："我现无钱，好在为数无多，特向某某人转借，凑足五十元，与你送来。"信末附一诗云："五十块钱不为多，借了一又一坡，我今专人送与你，格外再送一道歌。"我读了，诗兴勃发，不可遏止，立复一信道："捧读佳作，大发诗兴。奉和一首，敬步原韵。辞达而已，工拙不论。君如不信，有诗为证。诗曰：'厚黑先生手艺多，哪怕甑子滚下坡。讨口就打莲花落，放牛我会唱山歌'。"诗既成，余举未已，又作一首："大风起兮甑滚坡，收拾行李兮回旧窝，安得猛士兮守沙锅。"我出东门，走至石桥赶船，望见江水滔滔，诗兴又来了，又作一首曰："风萧萧兮江水寒，甑子一去兮不复还。"千古倒甑子的人，闻此歌，定当同声一哭。

近来军政各机关，常常起大风，甑子一批一批的向坡下滚去，许多朋友，向我叹息道："安得猛士兮守沙锅。"我说道：我的学问，而今长进了，沙锅无须守，也无须请猛士，只须所你的手杖向对方的沙锅一敲，他的沙锅打破，你的沙锅遂岿然独存。你如果莫得敲破对方沙锅的本事，自己的沙锅断不能保存。

东北四省，被日本占去，国人都有"甑子一去兮不复还"的感想，见日本在华北华南积极进行，又同声说道："安得猛士兮守沙锅。"这都是我先年的见解，应当纠正。甑子与沙锅，是一物之二名，日本人想把我国的甑子打破，把里面的饭贮入他的沙锅内，国人只知双手把甑子掩护，真是干的笨事！我们四万万人，每人拿一根打狗棒，向日本的沙锅敲去，包管发生奇效。问:“打狗棒怎样敲法？”曰:组织弱小民族联盟。

我们对于日本，应该取攻势，不该取守势，对于列强，取威胁式，不取乞怜式。我们组织弱小民族联盟，即是对日本取攻势，对列强取威胁式。日本侵略我国，列强抱不平，对我国表同情，难道是怀好意吗？岂真站在公理立场上吗？日本希望的是独占，列强希望的是共管，方式虽不同，其为厚黑则一也。为我国前途计，应该极力联合世界弱小民族，努力促成世界大战，被压迫者对压迫者作战，全世界弱小民族，同齐暴动，把列强的帝国主义打破，即是把列强的沙锅打破，弱小民族的沙锅，才能保存。

威尔逊播下“民族自决”的种子，一天一天的潜滋暗长，现在快要成熟了。我国出来当一个陈涉，振臂一呼，揭出弱小民族联盟的旗帜，与威尔逊主义遥遥相应，全世界弱小民族，当然闻风响应。嬴秦亡国条件，列强是具备了的，而以日本具备尤多。一般人震于日本和列强之声威，反抗二字，生怕出诸口，这是由于平日不研究厚黑学，才会这样的畏惧。如果把我的《厚黑学》单行本熟读一万遍，立即发生一种勇气来，区区日本和列强，何足道哉！他们都是外强中干，自身内部，矛盾之点太多，譬诸筑墙，基础莫有稳固。我们组织弱小民族联盟，直向墙脚攻打，“弱联”一成功，日本和列强的帝国主义，当然崩溃。

我们联合弱小民族之初，当取甘地不抵抗主义，任他何种压迫俱不管，只埋头干“弱联”的工作，并且加紧工作，哪有闲心同他开战？等到“弱联”组织成功了，任何不平等条约，撕了即是，到了那时，他们敢于不接受我们的要求，就纠合全世界弱小民族，同时动作，以武力解决，由我国当主帅，指挥作战，把苏秦的老法子拿来行使，“秦攻一国，五国出兵助之或山兵挠秦之后”。像这样干去，赤白两色帝国主义，哪有不崩溃之理！以英国言之，他自夸凡是太阳所照之地，都有英国人的国旗，我们的“弱联”组织成功，可以说:凡是太阳所照之地，英国人都有挨打的资格。这样干，才是图谋和平的根本办法。机会一成熟，立把箭头取出，无须

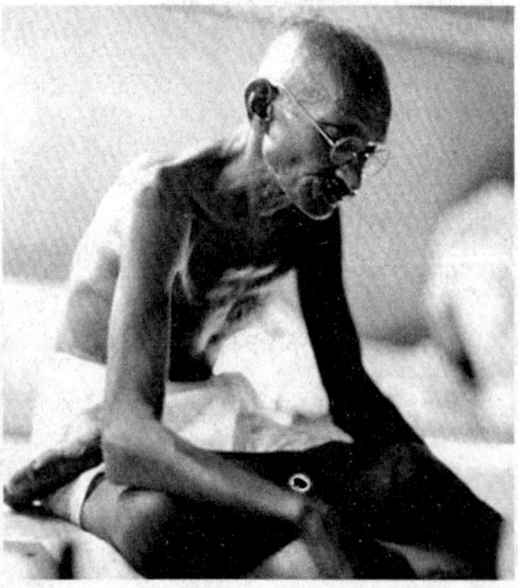

印度圣雄甘地

再用锯箭法。我们不从此种办法着手，徒悻悻然对日作战，从武力上同他决胜负，真是苏东坡所说的："匹夫见辱，拔剑而起，挺身而斗"了，律以我的厚黑哲理，是违反的。日本倡言亲善，如果就同他亲善，事事仰承日本鼻息，不敢反抗，不敢组织弱小民族联盟，更是厚黑界之小丑，够不上谈厚黑哲理。

日本是我国室中之狼，俄国是门前之虎，欧美列强，是宅左宅右之狮豹。日本是我国的仇国，当然无妥协余地，其他列强，为敌为友，尚不能预定，何也？因其尚在门前，尚在宅左宅右也。

威尔逊倡民族自决，想成一个国际联盟，以实现他的主张。哪知一成立，就被列强利用，成为分赃的集团，与威尔逊主义背道而驰。孙中山曾讲过大亚细亚主义，意在为黄种人吐气，哪知日本就想利用这种主张，以遂他独霸东亚之野心。所以我们成立弱小民族联盟，首先声明，英美德法意俄日等国永无入会之资格，日本不用说了。我们把英美等国划在会外，也不一定视为敌人，为敌为友，视其行为而定。如能赞助弱联，我们也可视为良友，但只能在会外，不能在会中说话，使他莫得利用操纵之机会。

我们对日抗战，当发挥自力，不能依赖某某强国，请他帮助。就使有时想列强帮助，也不能向他作乞怜语，更不能许以丝毫权利，只是埋头干"弱小民族联盟"的工作，一眼觑着列强的沙锅，努力攻打。要我不打破你的沙锅，除非帮助我把日本驱出东北四省，恢复九一八以前状况，我们也可以锯箭干了事。因为九一八之变，是国联不能执行任务酿出来的，当然寻国联算帐，当然成一个"弱联"，推翻现在的"国联"。所以对付列强，当如对付横牛，牵着鼻子走，不能同他善说。问：列强的鼻子，怎能受我们的牵？曰努力的联合弱小民族，即是牵列强的鼻子，如列强扭着鼻子不受我们牵，我们就实行把沙锅与他打烂，实现孙中山之主张，十万万四千万被压迫者，对四万万六千万压迫者实行作战，忍一下痛苦，硬把箭头取出，废去锯箭法不用，更是直截了当。我认为这种办法，是我国惟一的出路，请全国厚黑同志研究研究。

和平是整个的，现在世界关联密切，一处发生战事，就波动全世界，就有第二次世界大战的可能。列强殖民地太宽，弱小民族受了威尔逊的宣传，早已蠢蠢欲动，大战争一发生，列强的沙锅就有破裂的危险。这一层，日本和列强都是看得很清楚的。日本自九一八以后，一切事悍然不顾，墨索里尼侵占阿比西尼亚,也悍然不顾,都是看清此点,以世界大战相威胁,料定国联不敢动作。果然国联顾忌此点,不敢实行制裁,只好因循敷衍,牺牲弱小民族利益,以饱横暴者之贪囊,暂维目前状况,于是国际联盟,就成为列强的分赃集团。我们看清此点,知道"国联"已经衰朽不适用了,就乘机推翻他,新兴一个"弱联",以替代"国联"这种机构,催促威尔逊之主张早日实现。这种办法,才适合时代之要求。这种责任,应由我国出来担负,除了我国,其他国家是担负不起的。

我们组织弱小民族联盟,把甘地办法扩大之,改良之,当然发生绝大的效果。印度是亡了国的,甘地是赤手空拳,尚能有那样的成绩。我国是堂堂的独立大国,有强大的战斗力,淞沪之役,已经小小的表现一下,有这样的战斗力,而却不遽然行使,只努力于"弱联"工作,所得效果,当然百倍甘地。这种办法,我想一般厚黑同志,决定赞成的。

我是害了两重病的,一曰疯病,二曰八股病,而我之疯病,是从八股病生出来的。八股家遇着长题目,头绪纷繁,抑或合数章为一题,其作法,往往取题中一字,或一句,或一章作主,用以贯穿全题。曾国藩者,八股之雄也,其论作文之法曰:"万山磅礴,必有主峰,龙九章,但挈一领。"斯言也,通于治国,通于厚黑学。我国内政外交,处处棘手,财政军政,纷如乱丝,这就像八股家遇着了合数章书的长题目,头绪纷繁,无从着笔。如果枝枝节节而为之,势必费力不讨好,所以我们解决时局,就该应用八股,寻出问题之中心点,埋头干去,纷乱的时局,自必厘然就绪。我们做这篇八股,应该提出抗日二字为中心点,基于抗日之主张,生出内政外交之办法。内政外交的方针既定了,一切措施,都与这个方针适应,是之谓:"万山磅礴,必有主峰,龙九章,但挈一领。"我以后所写文字,就本此主张写去,但我从满清末年,就奔走宦场,发明求官六字真言,做官六字真言,八股一道,荒废已久,写出的文字,难免不通,希望八股老同志纠正纠正。

科举时代的功令,作八股必遵朱注,试场中片纸不准夹带,应考的人,只好把朱子的《四书集注》读来背得,所以朱子可称为八股界之老祖宗。而他解决时局的办法,是很合八股义法的。他生当南宋,初见宋孝宗即说道:"当今之世,要首先认定:金人是我不共戴天之敌,断绝和议,召还使臣,这层决定了,一切事才有办法。一般怀疑的人,都说根本未固,设备未周,进不能图恢复,退不能谋防御,故不得已而暂与金人讲和,以便从容准备,殊不知这话大错了。其所以根本不固，设备不周，进不能攻，退不能守者，正由有讲和之说的原故。一有讲和之说，则进无决死之心，退有迁延之计，其气先馁，而人心遂涣然离沮。故讲和之说不罢，天下事无一可成。为今之计，必须闭门绝和，才可激发忠勇之气，才可言恢复。”这是朱子在隆兴元年对孝宗所说的话。他这篇文字，很合现在的题目，我们可以全部抄用。首先认定日本是仇国，使全国人有了公共的目标，然后才能说“对内团结，对外抵抗”的话。我国一般人，对于抗日，本下了最大决心，不过循着外交常轨，口头不能不说说亲善和调整这类话，不知亲善和调整这类名词，是西洋的八股话，对于中国全不适用，其弊害，朱子说得很明白。

国人见国势日危，主张保存国粹，主张读经，这算是从根本上治疗了。八股是国粹的结晶体，我的厚黑学，是从八股出来的，算是根本之根本。我希望各校国文先生，把朱子对孝宗说的这段文字选与学生读，培养点中国八股智识，以便打倒西洋八股。

朱子是宋代大儒

中国的八股，有甚深的历史，一般文人，涵濡其中，如鱼在水，所以今人文字，以鼻嗅之，大都作八股气，酸溜酸溜的。章太炎文字，韩慕庐一类八股也；严又陵文字，管韫山一类八股也；康有为文字，“十八科闱墨”一类八股也；梁启超文字，“江汉炳灵”一类八股也；鄙人文字，小试场中，截搭题一类八股也；当代文豪，某某诸公，则是《聊斋》上的贾奉雉，得了仙人指点，高中经魁之八股也。“诸君莫笑八股酸，八股越酸越革命。”黄兴、蔡松坡，秀才也；吴稚晖、于右任，举人也；谭延、蔡元培，进士翰林也。我所知的同乡同学，几个革命专家，廖绪初举人也；雷铁崖、张列五、谢彗生，秀才也；曹叔实，则是一个屡试不售的童生。猗欤！盛哉！八股之功用大矣哉！满清末年，一伙八股先生，起而排满革命，我甚愿今之爱国志士，把西洋八股一火焚之，返而研究中国的八股，才好与我们的仇国日本奋斗到底。

唐宋八家中，我最喜欢三苏，因为苏氏父子，俱懂得厚黑学。老泉之学，出于申韩。申子之书不传，老泉《嘉佑集》，一切议论，极类韩非，文笔之峭厉深刻，亦复相似。老泉喜言兵，他对于孙子也很有研究。东坡之学，是战国纵横者流，熟于人情，明于利害，故辩才无碍，嬉笑怒骂，皆成文章。其为文诙诡恣肆，亦与战国策文字相似。子由深于老子，著有《老子解》。明李卓吾有言曰："解老子者众矣，而子由独高。"子由文汪洋淡泊，在八家中，最为平易。渐于黄老者深，其文固应尔尔。《孙子》、《韩非子》和《战国策》，可说是古代厚黑学教科书。《老子》一书，包涵厚黑哲理，尤为宏富。诸君如想研究孔子的学说，则孔子所研习的诗经书经易经，不可不熟读；万一想研究厚黑学，只读我的作品，不过等于读孔子的《论语》，必须上读《老子》、《孙子》、《韩非子》和《战国策》诸书，如儒家之读《诗》、《书》、《易》诸书，把这些书读熟了，参之以廿五史和现今东西洋事变，融会贯通，那就有得厚黑博士之希望了。

有人问我：厚黑学三字，宜以何字作对？我说：对以道德经三字。李老子的道德经和李疯子的厚黑学，不但字面可以相对，实质上，二者原是相通，于何征之呢？有朱子之言可证。《朱子全书》中有云："老氏之学最忍，他闲时似个虚无卑弱底人，莫教紧要处，发出来，更教你支格不住，如张子房是也。子房皆老氏是学，如关之战，与秦将连和了，忽乘其懈击之。鸿沟之约，与项羽讲和了，忽回军杀之。这个便是他卑弱之发处，可畏可畏。他计策不须多，只消两三处如此，高祖之业成矣。"依朱子这样说：老子一部道德经，岂不明明是一部厚黑学吗？我在《厚黑丛话》卷二之末，曾说："苏东坡的《留侯论》，全篇是以一个厚字立柱。"朱子则直将子房之黑字揭出，并探本穷源，说是出于老子，其论尤为精到。朱子认为函关、鸿沟，这些狠心事，是卑弱之发处，足知厚黑二者，原是一贯之事。

厚与黑，是一物体之二面，厚者可以变而为黑，黑者亦可变而为厚。朱子曰："老氏之学最忍。"他以一个忍字，总括厚黑二者。忍于己之谓厚。忍于人之谓黑。忍于己，故闭时虚无卑弱；忍于人，故发出来教你支持不住。张子房替老人取履，跪而纳之，此忍于己也；函关鸿沟，败盟弃约，置人于死，此忍于人也。观此则知厚黑同源，二者可以互相为变。我特告诉读者诸君，假如有人在你面前胁肩谄笑，事事要好，你须谨防他变而为黑。你一朝失势，首先坠井下石，即是这类人。又假如有人在你面前肆意凌侮，诸多不情，你也不须怨恨，你若一朝得志，他自然会变而为厚，在你面前，事事要好。历史上这类事很多，诸君自去考证。

我发明厚黑学，进一步研究，得出一条定理："心理变化，循力学公例而行。"有了这条定理，厚黑学就有哲理上之根据了。水之变化，纯是依力学公例而变化。有时徐徐而流，有物当前，总是避之而行，总是向低处流去，可说是世间卑弱之物，无过于水。有时怒而奔流，排山倒海，任何物不能阻之，阻之则立被摧灭，又可说世间凶悍之物，无过于水。老子的学说，即是基于此种学理生出来的。其言曰："天下莫柔弱于水，而攻坚强者，莫之能胜。"诸君能把这个道理会通，即知李老子的道德经和鄙人的厚黑学，是莫得甚么区别的。

忍于己之谓厚，忍于人之谓黑，在人如此，在水亦然。徐徐而流，避物而行，此忍于己之说也；怒而奔流，人物阻挡之，立被摧灭，此忍于人之说也。避物而行和摧灭人物，现象虽殊，理实一贯，人事与物理相通，心理与力学相通，明乎此，而后可以读李老子的道德经，而后可以读李疯子的厚黑学。

老子学说，纯是取法于水道德经中，言水者不一而足，如曰："上善若水，水善利万物而不争，处众人之所恶，故几于道。"又曰："江海所以能为百谷王者，以其善下之，故能为百谷王。"水之变化，循力学公例而行，老子深有契于水，故其学说，以力学公例绳之，无不一一吻合。惟其然也，宇宙事事物物，遂逃不出老子学说的范围。

老子曰："吾言甚易知，甚易行，天下莫能知，莫能行。"这几句话，简直是他老人家替厚黑学做的赞语。面厚心黑，哪个不知道？哪个不能做？是谓"甚易知，甚易行"。然而厚黑学三字，载籍中绝未一见，必待李疯子出来才发明，岂非"天下莫能知"的明证吗？我国受日本和列强的欺凌，管厚黑、苏厚黑的法子俱在，不敢拿来行使，厚黑圣人勾践和刘邦对付敌人的先例俱在，也不一加研究，岂非"天下莫能行"的明证吗？

我发明的厚黑学，是一种独立的科学，与诸子百家的学说绝不相类，但是会通来看，又可说诸子百家的学说无一不与厚黑学相通，我所讲一切道理，无一不经别人说过，我也莫有新发明。我在厚黑界的位置，只好等于你们儒家的孔子。孔子祖述尧舜，宪章文武，述而不作，信而好古，他也莫得甚么新发明。然而严格言之，儒家学说与诸子百家，又绝不相类，我之厚黑学，亦如是而已。孔子曰："知我者，其惟春秋乎！罪我者，其惟春秋乎！"鄙人亦曰："知我者，其惟厚黑学乎！罪我者，其惟厚黑学乎！”

老子也是一个“述而不作，信而好古”的人，他书中如“建言有之”，如“用兵有言”，如“古所谓”……一类话，都是明明白白的引用古书。依朱子的说法，《老子》一书，确是一部厚黑学，而老子的说法，又是古人遗传下来的，可见我发明的厚黑学，真是贯通古今，可以质诸鬼神而无疑，百世以俟圣人而不惑。

据学者的考证，周秦诸子的学说，无一人不渊源于老子，因此周秦诸子，无一不带点厚黑气味。我国诸子百家的学说，当以老子为总代表。老子之前，如伊尹，如太公，如管子诸人，《汉书。艺文志》都把他列入道家，所以前乎老子和后乎老子者，都脱不了老子的范围。周秦诸子中，最末一人，是韩非子。与非同时，虽有《吕览》一书，但此书是吕不韦的食客纂集的，是一部类书，寻不出主名，故当以韩非为最末一人。非之书有《解老》、《喻老》两篇，把老子的话一句一句解释，呼老子为圣人。他的学问，是直接承述老子的，所以说：“刑名原于道德。”由此知周秦诸子，彻始彻终，都是在研究厚黑这种学理，不过莫有发明厚黑这个名词罢了。

韩非之书，对于各家学说俱有批评，足知他于各家学说，都一一研究过，然后才独创一派学说。商鞅言法，申子言术，韩非则合法、术而一之，是周秦时代法家一派之集大成者。据我看来，他实是周秦时代厚黑学之集大成者。不过其时莫得厚黑这个名词，一般批评者，只好说他惨刻少恩罢了。

秦国大丞相吕不韦

老子在周秦诸子中，如昆论山一般，一切山脉，俱从此处发出；韩非则如东海，为众河流之总汇处。老子言厚黑之体，韩非言厚黑之用，其他诸子，则为一支山脉或一支河流，于厚黑哲理，都有发明。

道法两家的学说，根本上原是相通，敛之则为老子之清静无为，发之则为韩非之惨刻少恩，其中关键，许多人都看不出来。朱子是好学深思的人，独看破此点。他指出张子房之可畏，是他卑弱之发处，算是一针见血之语。卑弱者，敛之之时也，所谓厚也；可畏者，发之之时，所谓黑也。即厚即黑，原不能歧而为二。

道法两家，原是一贯，故史迁修《史记》，以老庄申韩合为一传，后世一孔之儒，只知有一个孔子，于诸子学术源流，茫乎不解，至有谓李耳与韩非同传，不伦不类，力诋史迁之失，真是梦中呓语。史迁父子，是道家一派学者，所著《六家要指》，字字是内行话。史迁论大道则先黄老，老子是他最崇拜的人。他把老子与韩非同列一传，岂是莫得道理吗？还待后人为老子抱不平吗？世人连老子一韩非的关系都不了解，岂足上窥厚黑学？宜乎李厚黑又名李疯子也。

厚黑这个名词，古代莫得，而这种学理，则中外古今，人人都见得到。有看见全体的，有看见一部分的，有看得清清楚楚的，有看得依稀恍惚的，所见形态千差万别。所定的名词，亦遂千差万别。老子见之，名之曰道德，孔子见之，名之曰仁义，孔子见之，名之曰庙算，韩非见之，名之曰法术，达尔文见之，名之曰竞争，俾斯麦见之，名之曰铁血，马克思见之，名之曰唯物，其信徒威廉氏见之，名之曰生存，其他哲学家，各有所见，各创一名，真所谓"横看成岭侧成峰，远近高低无一同，不识庐山真面目，只缘身在此山中"。

有人诘问我道："你主张'组织弱小民族联盟，向列强攻打。'这本是一种正义，你何得呼之为厚黑？"我说："这无须争辩，即如天上有两个亮壳，从东边溜到西边，从西边溜到东边，溜来溜去，昼夜不停。这两个东西，我们中国人呼之为日月，英国人则呼之为 Sun 或 Moon，名词虽不同，其所指之物则一。我们看见英文中之 Sun、Moon 二字，即译为日月二字。读者见了我的厚黑二字，把他译成正义二字可也，即译之为道德二字或仁义二字，也无不可。"

周秦诸子，无一人不是研究厚黑学理，惟老子窥见至深，故其言最为玄妙。非有朱子这类好学深思的人，看不出老子的学问。非有张子房这类身有仙骨的人，又得仙人指点，不能把老子的学问用得圆转自如。

周秦诸子，表面上，众喙争鸣，里子上，同是研究厚黑哲理，其学说能否适用，以所含厚黑成分多少为断。《老子》和《韩非》二书，完全是谈厚黑学，所以汉文行黄老之术，致治为三代下第一；武侯以申韩之术治蜀，相业为古今所艳称。孙吴苏张，于厚黑哲理，俱精研有得，故孙吴之兵，战胜攻取，苏秦、张仪，出而游说，天下风靡。由是知：凡一种学说，含有厚黑哲理者，施行出来，社会上立即发生重大影响。儒家高谈仁义，仁近于厚，义近于黑，所得者不过近似而已。故用儒术治国，不痒不痛，社会上养成一种大肿病，儒家强为之解曰：

“王道无近功。”请问汉文帝在位，不过23年，武侯治蜀，亦仅二十年，于短时间收大效，何以会有近功？难道汉文帝是用的霸术吗？诸葛武侯，岂非后儒称为王佐之才吗？究竟是甚么道理？请儒家有以语我来，厚黑是天性中固有之物，周秦诸子无一不窥见此点，我也不能说儒家莫有窥见，惜乎窥见太少，此其所以“博而寡要，劳而少功”也。此其所以“迂远而阔于事情”也。

老庄申韩，是厚黑学的嫡派。孔孟是反对派。吾国二千余年以来，除汉之文景、蜀之诸葛武侯、明之张江陵而外，皆是反对派执政，无怪乎治日少而乱日多也。

我深恨厚黑之学不明，把好好一个中国闹得这样糟，所以奋然而起，大声疾呼，以期唤醒世人。每日报纸上，写厚黑丛话一二段，等于开办一个厚黑学的函授学校。经我这样的努力，果然生了点效。许多人向我说道：“我把你所说的道理，证以亲身经历的事项，果然不错。”又有个朋友说道：“我把你发明的原则，去读《资治通鉴》，读了几本，觉得处处俱合。”我听见这类话，知道一般人已经有了厚黑常识，程度渐渐增高，我讲的学理，不能不加深点，所以才谈及周秦诸子，见得我发明的厚黑学，不但证以一部二十五史，处处俱合，就证以周秦诸子的学说，也无一不合。读者诸君，尚有志斯学，请细细研究。

教授学生，要用启发式、自修式，最坏的是注入式。我民国元年发表《厚黑学》，只举曹操、刘备、孙权、刘邦、司马懿几人为例，其余的，叫读者自去搜寻，我写的《厚黑学》和《厚黑传习录》，也只简简单单的举出纲要，不一一详说，恐流于注入式，致减读者自修能力。此次我说：周秦诸子的学说，俱含厚黑哲理，也只能说个大概，让读者自去研究。

诗经、书经、易经、周礼、仪礼等书，是儒门的经典，凡想研究儒学的，这些书不能不熟读。周秦诸子的书，是厚黑学的经典，如不能遍读，可先读《老子》和《韩非子》二书，知道了厚黑的体用，再读诸子之书，自然头头是道。凡是研究儒家学说的人，开口即是“诗曰、书曰”，鄙人讲厚黑哲理，不时也要说几句“老子曰、韩非曰”。

四书五经，虽是外道的书，苟能用正法眼读之，也可寻出许多厚黑哲理。即如孟子书上的“孩提爱亲”章、“孺子将入井”章，岂非儒家学说的基础吗？鄙人就此两章书，绘出甲乙两图，反成了厚黑学的哲学基础，这是鄙人治厚黑学的秘诀。诸君有志斯学，不妨这样的研究。

第四篇 厚黑别论

自序

我原来是孔子的信徒，小的时候父亲给我命的名，我嫌他不好，见《礼记》上孔子说，儒有今人与居，古人与稽，今世行之，后世以为楷，就自己改名世楷，字宗儒，表示信从儒教之意。光绪癸卯年，我从富顺赴成都读书，与友人雷皆同路，每日步行百里，途中无事，纵谈时局，并寻些经史，彼此讨论。他对于时事，非常愤慨，心想铁肩担宇宙，就改字铁崖。我觉得儒家学说，有许多缺点，心想与其宗孔子，不如宗自己，因改字宗吾。从此之后，我的思想，也就改变，每读古人的书，就有点怀疑，对于孔子，虽未宣布独立，却是宗吾二字，是我思想独立的旗帜，二十多年前，已经树立了。

我见二十四史上一切是非都是颠倒错乱的，曾做了一本《厚黑学》，说古来成功的人，不过面厚心黑罢了，民国元年，曾在成都报纸上发表。我对于尧舜禹汤文武周公孔子十分怀疑，做了一篇《我对于圣人之怀疑》。这篇文字，我从前未曾发表。

我做了这些文字之后，心中把一部二十四史，一部宋元明清学案扫除干净，另用物理学的规律来研究心理学，觉得人心的变化，处处是跟着力学轨道走的，从古人事迹上，现今政治上，日用琐事上，自己心坎上，理化数学上，中国古书上，西洋学说上，四面八方，印证起来，似觉处处可通。我于是创设了一条臆说：心理之变化，循力学公例而行。这是我一人的拘墟之见，是否合理，不得而知，特著《心理与力学》一篇，请阅者赐教。

孔子的儒家学说影响了中国人几千年

我应用这条臆说，觉得现在的法令制度，很有些错误的地方，我置身学界把学制拿来研究，曾做了一篇《考试制之商榷》，又著了一篇《学业成绩考察会之计划》，曾在成都报纸发表，并经四川教育厅印行。那个时候，我这个臆说，还未发表，文中只就现在的学制陈说利弊，我的根本原理，未曾说出，诸君能把那两篇文字，与这篇《心理与力学》对看，合并赐教，更是感激。我近日做有一篇《推广平民教育之计划》，也附带请教。

我从癸卯年，发下一个疑问道，孔孟的道理，既是不对，真正的道理，究竟在甚么地方？这个疑团，蓄在心中，迟至二十四年，才勉强寻出一个答案，真可谓笨极了，我重在解释这个疑问，很希望阅者指示迷途，我绝对不敢自以为是，指驳越严，我越是感激。如果我说错了，他人说得有理，我就抛弃我的主张，改从他人之说，也未尝不可。诸君有赐教的，请在报纸上发表，如能交成都国民公报社社长李澄波先生或成都新四川日刊社社长周雁翔先生代转，那就更好了。

我从前做的《厚黑学》及《我对于圣人之怀疑》，两种文字的底稿，早已不知抛往何处去了，我把大意写出来，附在后面，表明我思想之过程。凡事有破坏，才有建设，这两篇文字，算是一种破坏，目的在使我自己的思想独立，所以文中多偏激之论，我们重在寻求真理，无须乎同已死的古人争闹不休，况且我们每研究一理，全靠古人供给许多材料，我们对于古人，只有感谢的，更不该吹毛求疵。这两篇文字的误点，我自己也知道，诸君不加以指正也使得。

二十七年一月十五日

李世楷序于成都

我对于圣人之怀疑

我先年对于圣人，很为怀疑，细加研究，觉得圣人内面有种种黑幕，曾做了一篇《圣人的黑幕》。民国元年本想与《厚黑学》同时发表，因为《厚黑学》还未登载完，已经众议哗然，说我破坏道德，煽惑人心，这篇文字，更不敢发表了，只好藉以解放自己的思想。现在国内学者，已经把圣人攻击得身无完肤，中国的圣人，已是日暮途穷。我幼年曾受过他的教育，本不该乘圣人之危，坠井下石，但是我要表明我思想的过程，不妨把我当日怀疑之点，略说一下。

世间顶怪的东西，要算圣人，三代以上，产生最多，层见叠出，同时可以产生许多圣人。三代以下，就绝了种，并莫产出一个。秦汉而后，想学圣人的，不知有几千百万人，结果莫得一个成为圣人，最高的，不过到了贤人地位就止了。请问圣人这个东西，究竟学得到学不到？如说学得到，秦汉而后，有那么多人学，至少也该再出一个圣人；如果学不到，我们何苦朝朝日日，读他的书，拼命去学？

世间顶怪的东西，要算圣人，三代以上，产生最多，层见叠出，同时可以产生许多圣人。三代以下，就绝了种，并莫产出一个。

三代上有圣人，三代下无圣人，这是古今最大怪事，我们通常所称的圣人，是尧舜禹汤文武周公孔子。我们把他分析一下，只有孔子一人是平民，其余的圣人，尽是开国之君，并且是后世学派的始祖，他的破绽，就现出来了。

原来周秦诸子，各人特创一种学说，自以为寻着真理了，自信如果见诸实行，立可救国救民，无奈人微言轻，无人信从。他们心想，人类通性，都是敬畏权势的，凡是有权势的人说的话，人人都能够听从。世间权势之大者，莫如人君，尤其是开国之君，兼之那个时候的书，是竹简做的，能够得书读的很少，所以新创一种学说的人都说道，我这种主张，是见之书上，是某个开国之君遗传下来的。于是道家托于黄帝，墨家托于大禹，倡并耕的托于神农，著本草的也托于神农，著医书的，著兵书的，俱托于黄帝。此外百家杂技，与夫各种发明，无不托始于开国之君。孔子生当其间，当然也不能违背这个公例。他所托的更多，尧舜禹汤文武之外，更把鲁国开国的周公加入，所以说孔子是集大成之人。

周秦诸子,个个都是这个办法,拿些嘉言懿行,与古帝王加上去,古帝王坐享大名,无一个不成为后世学派之祖。周秦诸子,各人把各人的学说发布出来,聚徒讲授,各人的门徒,都说我们的先生是个圣人。原来圣人二字,在古时并不算高贵,依《庄子。天下篇》所说,圣人之上,还有天人、神人、至人等名称,圣人列在第四等;圣字的意思,不过是闻声知情,事无不通罢了,只要是聪明通达的人,都可呼之为圣人,犹之古时的朕字一般,人人都称得,后来把朕字、圣字收归御用,不许凡人冒称,朕字、圣字才高贵起来。周秦诸子的门徒,尊称自己的先生是圣人,也不为僭妄。孔子的门徒,说孔子是圣人,孟子的门徒说孟子是圣人,老庄扬墨诸人,当然也有人喊他为圣人。到了汉武帝的时候,表章六经,罢黜百家,从周秦诸子中,把孔子挑选出来,承认他一人是圣人,诸子的圣人名号,一齐削夺,孔子就成为御赐的圣人了。孔子既成为圣人,他所尊崇的尧舜禹汤文武周公当然也成为圣人。所以中国的圣人,只有孔子一人是平民,其余的是开国之君。

孟子继承了孔子的学说

周秦诸子的学说,要依托古之人君,也是不得已而为之,这可举例证明。南北朝有个张士简,把他的文章拿与虞讷看,虞讷痛加诋斥。随后张士简把文改作,托名沈约,又拿与虞讷看,他就读一句,称赞一句。清朝陈修园,著了一本《医学三字经》,其初托名叶天士,及到其书流行了,才改归己名。有修园的自序可证。从上列两事看来,假使周秦诸子不依托开国之君,恐怕他们的学说早已消灭,岂能传到今日?周秦诸子,志在救世,用了这种方法,他们的学说才能推行,后人受赐不少。我们对于他们是应该感谢的,但是为研究真理起见,他们的内幕,是不能不揭穿的。

孔子之后,平民之中,也还出了一个圣人,此人就是人人知道的关羽。凡人死了,事业就完毕,惟有关羽死了过后,还干了许多事业,竟自挣得圣人的名号,又著有《桃园经》、《觉世真经》等书,流传于世。孔子以前,那些圣人的事业与书籍,我想恐怕也与关羽差不多。

现在乡僻之区偶然有一人得了小小富贵,讲因果的,就说他阴功积得多,讲风水的，就说他坟地葬得好，看相的，算命的，就说他面貌生庚与众不同。我想古时的人心与现在差不多，大约也有讲因果的人，看见那些开基立国的帝王，一定说他品行如何好，道德如何好，这些说法流传下来，就成为周秦诸子著书的材料了。兼之，凡人皆有我见，心中有了成见，眼中所见的东西，就会改变形象。带绿眼镜的人，见凡物皆成绿色；带黄眼镜的人，见凡物皆成黄色。周秦诸人，创了一种学说，用自己的眼光去观察古人，古人自然会改形变相，恰与他的学说符合。

关羽是三国时代的著名武将

我们权且把圣人中的大禹提出来研究一下。他腓无胈，胫无毛，尤其黔首，颜色黎墨，宛然是摩顶放踵的兼爱家。韩非子说："禹朝诸侯于会稽，防风氏之君后至而禹斩之。"他又成了执法如山的大法家。孔子说："禹，吾无间然矣。菲饮食而致孝乎鬼神，恶衣服而致美乎黻冕，卑宫室而尽力乎沟洫。"俨然是恂恂儒者，又带点栖栖不已的气象。读魏晋以后禅让文，他的行径，又与曹丕、刘裕诸人相似。宋儒说他得了危微精一的心传，他又成了一个析义理于毫芒的理学家。杂书上说他娶涂山氏女，是个狐狸精，仿佛是《聊斋》上的公子书生；说他替涂山氏造傅面的粉，又仿佛是画眉的风流张敞；又说他治水的时候，驱遣神怪，又有点像《西游记》上的孙行者，《封神榜》上的姜子牙。据著者的眼光看来，他始而忘亲事仇，继而夺仇人的天下，终而把仇人逼死苍梧之野，简直是厚黑学中重要人物。他这个人，光怪陆离，真是莫名其妙。其余的圣人，其神妙也与大禹差不多。我们略加思索，圣人的内幕，也就可以了然了。因为圣人是后人幻想结成的人物，各人的幻想不同，所以圣人的形状，有种种不同。

我做了一本《厚黑学》，从现在逆推到秦汉是相合的，又推到春秋战国，也是相合的，可见从春秋以至今日，一般人的心理是相同的。再追溯到尧舜禹汤文武周公，就觉得他们的心理神妙莫测，尽都是天理流行，惟精惟一，对厚黑学来说是不适用的。大家都说三代下人心不古，仿佛三代上的人心，与三代下

假如老子也有孔子那样的际遇，成了御赐的圣人，我想孟轲那个亚圣的名号，一定会被庄子夺去的

的人心，成为两截了，岂不是很奇的事吗？其实并不奇。假如文景之世，也像汉武帝的办法，把百家罢黜了，单留老子一人，说他是个圣人，老子推崇的黄帝，当然也是圣人，于是乎平民之中，只有老子一人是圣人，开国之君，只有黄帝一人是圣人。老子的心，微妙玄通，深不可识。黄帝的心，也是微妙玄通，深不可识。其政闷闷，其民淳淳。黄帝而后，人心就不古：尧夺哥哥的天下，舜夺妇翁的天下，禹夺仇人的天下，成汤文武以臣叛君，周公以弟弑兄。我那本《厚黑学》，直可逆推到尧舜而止，三代上的人心，三代下的人心，就融成一片了。无奈再追溯上去，黄帝时代的人心，与尧舜而后的人心，还是要成为两截的。

假如老子果然像孔子那样际遇，成了御赐的圣人，我想孟轲那个亚圣名号，一定会被庄子夺去，我们读的四子书，一定是老子、庄子、列子、关尹子，所读的经书，一定是《老子》、《庄子》、《列子》和《关尹子》，所读的经书，一定是《灵枢素问》。孔孟的书，与管商申韩的书，一齐成为异端，束诸高阁，不过遇着好奇的人，偶尔翻来看看，《大学》、《中庸》在《礼记》内，与王制、月令并列。人心惟危十六字，混在曰若稽古之内，也就莫得甚么精微奥妙了。后世讲道学的人，一定会向道德经中，玄牝之门，埋头钻研，一定又会造出天玄人玄，理牝欲牝种种名词，互相讨论。依我想，圣人的真相不过如是。

儒家的学说，以仁义为立足点，定下一条公例，行仁义者昌，不行仁义者亡。古今成败，能合这个公例的，就引来做证据，不合这个公例的，就置诸不论。举个例来说，举个例来说，太史公《殷本纪》说："西伯归，乃阴修德行善。"《周本纪》说："西伯阴行善。"连下两个阴字，其作用就可想见了。《齐世家》更直截了当说道："周西伯昌之脱羑里归，与吕尚阴谋修德以倾商政，其事多兵权与奇计。"可见文王之行仁义，明明是一种权术，何尝是实心为民。儒家见文王成了功，就把他推尊得了不得。徐偃王行仁义，汉东诸候朝者三十六国，荆文王恶其害己也，举兵灭之。这是行仁义失败了的，儒者就绝口不提。他们的论调，完全与乡间讲因果报应的一样，见人富贵，就说他积得有阴德，见人触电器死了，就说他忤逆不孝。推其本心，固是劝人为善，其实真正的道理，并不是那么样。

古来的圣人，真是怪极了！虞芮质成，脚踏了圣人的土地，立即洗心革面。圣人感化人，有如此的神妙，我不解管蔡的父亲是圣人，母亲是圣人，哥哥弟弟是圣人，四面八方被圣人围住了，何以中间会产生鸱鸮。清世宗呼允禩为阿其那，允禟为塞思赫，翻译出来，是猪狗二字。这个猪狗的父亲也是圣人，哥哥也是圣人，鸱鸮猪狗，会与圣人错杂而生，圣人的价值，也就可以想见了。

李自成是个流贼，他进了北京，寻着崇祯帝后的尸，载轻宫扉，盛以柳棺，放在东华门，听人祭奠。武王是个圣人，他走至纣死的地方，射他三箭，取黄钺把头斩下来，悬在太白旗上。他们爷儿，曾在纣名下称过几天臣，做出这宗举动，他们的品行连流贼都不如，公然也成为惟精惟一的圣人，真是妙极了。假使莫得陈圆圆那场公案，吴三桂投降了，李自成岂不成为太祖高皇帝吗？他自然也会成为圣人，他那闯太祖本纪，所载深仁厚泽，恐怕比周本纪要高几倍。

李自成起义失败了，于是没有成为圣人

太王实始翦商，王季、文王继之，孔子称武王缵太王、王季、文王之绪，其实与司马炎缵懿师昭之绪何异？所异者，一个生在孔子前，得了世世圣人之名，一个生在孔子后，得了世世逆臣之名。

后人见圣人做了不道德的事，就千方百计替他开脱，到了证据确凿，无从开脱的时候，就说书上的事迹，出于后人附会。这个例是孟子开的，他说以至仁伐至不仁，断不会有流血的事，就断定武成上血流漂杵那句话是假的。我们从殷民三叛，多方大诰，那些文字看来，可知伐纣之时，血流漂杵不假，只怕以至仁伐至不仁那句话有点假。

子贡曰："纣之不善，不如是之甚也。是以君子恶居下流，而天下之恶皆归焉。"我也说："尧舜禹汤文武周公不善，不如是之甚也。是以君子愿居上流，而天下之美皆归焉。"若把下流二字改作失败，把上流二字改作成功，更觉确切。

古人神道设教，祭祀的时候，叫一个人当尸，向众人指说道:“这就是所祭之神。”众人就朝着他磕头礼拜。同时又以至道设教，对众人说:“我的学说，是圣人遗传下来的。”有人问:“哪个是圣人？”他就顺手指着尧舜禹汤文武周公说道:“这就是圣人。”众人也把你当如尸一般，朝着他磕头礼拜。后来进化了，人民醒悟了，祭祀的时候，就把尸撤消，惟有圣人的迷梦，数千年未醒，尧舜禹汤文武周公，竟受了数千年的崇拜。

讲因果的人，说有个阎王，问阎王在何处，他说在地下。讲耶教的人，说有个上帝，问上帝在何处，他说在天上。讲理学的人，说有许多圣人，问圣人在何处，他说在古时。这三种怪物，都是只可意中想象，不能目睹，不能证实。惟其不能证实，他的道理就越是玄妙，信从的人就越是多。在创这种议论的人，本是劝人为善，其意固可嘉，无如事实不真确，就会生出流弊。因果之弊，流为拳匪圣人之弊，使真理不能出现。

汉武帝把孔子尊为圣人过后，天下的言论，都折衷于孔子，不敢违背。孔融对于父母问题，略略讨论一下，曹操就把他杀了。嵇康非薄汤武，司马昭也就把他杀了。儒教能够推行，全是曹操、司马昭一般人维持之力，后来开科取士，读书人若不读儒家的书，就莫得进身之路。一个死孔子，他会左手拿官爵，右手拿钢刀，哪得不成为万世师表？宋元明清学案中人，都是孔圣人马蹄脚下人物，他们的心坎上受了圣人的摧残蹂躏，他们的议论，焉得不支离穿凿？焉得不迂曲难通？

秦皇汉武，两代君王成就了中国古代霸业

中国的圣人，是专横极了，他莫有说过的话，后人就不敢说，如果说出来，众人就说他是异端，就要攻击他。朱子发明了一种学说，不敢说是自己发明的只好把孔门的“格物致知”加一番解释，说他的学说，是孔子嫡传，然后才有人信从。王阳明发明一种学说，也只好把“格物致知”加一番新解释，以附会己说，说朱子讲错了，他的学说才是孔子嫡传。本来朱、王二人的学说，都可以独树一帜，无须依附孔子，无如处于孔子势力范围之内，不依附孔子，他们的学说万万不能推行。他二人费尽心力去依附当时的人，还说是伪学，受重大的攻击。圣人专横到了这个田地，怎么能把真理搜寻得出来。

韩非子集法家之大成，可惜却最终被李斯所杀

韩非子说得有个笑话，郢人致书于燕相国，写书的时候，天黑了，喊“举烛”，写书的人，就写上“举烛”二字，把书送去。燕相得书，想了许久，说道，举烛是尚明，尚明是任用贤人的意思，就对燕王说了。燕王听他的话，国遂大治。虽是收了效，却非原书本意，所以韩非说：“先王有郢书，后世多燕说。”究竟“格物致知”四字，作何解释，恐怕只有手著《大学》的人才明白，朱、王二人中，至少有一人免不脱郢书燕说的批评，岂但“格物致知”四字，恐怕十三经注疏，皇清经解，宋元明清学案内面，许多妙论也逃不脱郢书燕说的批评。

学术上的黑幕，与政治上的黑幕，是一样的。圣人与君主，是一胎双生的，处处狼狈相依。圣人不仰仗君主的威力，圣人就莫得那么尊崇；君主不仰仗圣人的学说，君主也莫得那么猖獗。于是君主把他的名号分给圣人，圣人就称起王来了；圣人把他的名号分给君主，君主也称起圣来了。君主钳制人民的行动，圣人钳制人民的思想。君主任便下一道命令，人民都要遵从；如果有人违背了，就算是大逆不道，为法律所不容。圣人任便发一种议论，学者都要信从；如果有人批驳了，就算是非圣无法，为清议所不容。中国的人民，受了数千年君主的摧残压迫，民意不能出现，无怪乎政治紊乱；中国的学者，受了数千年圣人的摧残压迫，思想不能独立，无怪乎学术销沉。因为学说有差误，政治才会黑暗，所以君主之命该革，圣人之命尤其该革。

我不敢说孔子的人格不高，也不敢说孔子的学说不好，我只说除了孔子，也还有人格，也还有学说。孔子并莫有压制我们，也未尝禁止我们别创异说，无如后来的人，偏要抬出孔子，压倒一切，使学者的思想不敢出孔子的范围之外。学者心坎上被孔子盘踞久了，理应把他推开，思想才能独立，宇宙真理才研究得出来。前几年，有人把孔子推开了，同时杜威、罗素就闯进来，盘踞学者心坎上，天下的言论，又热衷于杜威、罗素，成一个变形的孔子，有人违反了他的学说，又算是大逆不道，就要被报章杂志骂个不休。如果杜威、罗素去了，又会有人出来，执行孔子的任务。他的学说，也是不许人违反的。依我想，学术是天下公物，应该听人攻击，如果说错了，改从他人之说，于己也无伤，何必取军阀态度，禁人批评。

凡事以平为本。君主对于人民不平等，故政治上生纠葛；圣人对于学者不平等，故学术上生纠葛。我主张把孔子降下来，与周秦诸子平列，我与阅者诸君一齐参加进去，与他们平坐一排，把杜威、罗素诸人欢迎进来，分庭抗礼，发表意见，大家磋商，不许孔子、杜威、罗素高踞我们之上，我们也不高踞孔子、杜威、罗素之上，人人思想独立，才能把真理研究得出来。

我对于众人既已怀疑，所以每读古人之书，无在不疑，因定下读书三诀，为自己用功步骤。兹附寻于下。

读书三诀：

第一步，以古为敌。读古人之书，就想此人是我的劲敌，有了他，就没得我，非与他血战一番不可。逐处寻他缝隙，一有缝隙，即便攻入；又代古人设法抗拒，愈战愈烈，愈攻愈深。必要如此，读书方能入理。

第二步，以古为友。我若读书有见，即提出一种主张，与古人的主张对抗，把古人当如良友，互相切磋。如我的主张错了，不妨改从古人；如古人主张错了，就依着我的主张，向前研究。

第三步，以古为徒。著书的古人，学识肤浅的很多，如果我自信学力在那些古人之上，不妨把他们的书拿来评阅，当如评阅学生文字一般。说得对的，与他加几个密圈；说得不对的，与他划几根杠子。我想世间俚语村言，含有妙趣的，尚且不少，何况古人的书，自然有许多至理存乎其中，我评阅越多，智识自然越高，这就是普通所说的教学相长了。如遇一个古人，智识与我相等，我就把他请出来，以老友相待，如朱晦庵待蔡元定一般。如遇有智识在我上的，我又把他认为劲敌，寻他缝隙，看攻得进攻不进。

我虽然定下三步功夫，其实并莫有做到，自己很觉抱愧。我现在正做第一步功夫，想达第二步还未达到。至于第三步，自量终身无达到之一日。譬如行路，虽然把路径寻出，无奈路太长了，脚力有限，只好努力前进，走一截，算一截。

怕老婆的哲学

大凡一国之成立，必有一定重心，我国号称礼教之邦，首重的就是五伦。古之圣人，于五伦中，特别提出一个孝字，以为百行之本，故曰："事君不忠非孝也，朋友不信非孝也，战阵无勇非孝也。"全国重心在一个孝字上，因而产出种种文明，我国雄视东亚数千年良非无因也。自从欧风东渐，一般学者大呼礼教是吃人的东西，首先打倒的就是孝字，全国失去重心，于是谋国就不忠了，朋友就不信了，战阵就无勇了，有了这种现象，国家焉得不衰落，外患焉得不欺凌？

我辈如想复兴中国，首先要寻出重心，然后才有措手的地方。请问：应以何者为重心？难道恢复孝字吗？这却不能，我国有谋学者，戊戌政变后，高唱君主立宪，后来袁世凯称帝，他首先出来反对，说道："君主这个东西，等于庙中之菩萨，如有人把他丢在厕坑内，我们断不能洗净供起，只好另塑一个。"他这个说法，很有至理，父子间的孝字不能恢复，所以我辈爱国志士，应当另寻一个字，以代替古之孝字，这个字仍当在五伦中去寻。

五伦中君臣是革了命的，父子是平了权的，兄弟朋友之伦，更是早已抛弃了，犹幸五伦中尚有夫妇一伦，巍然独存。我们就应当把一切文化，建筑在这一伦上，全国有了重心，才可以说复兴的话。

孩提之童，无不知爱其亲也，积爱成孝，所以古时的文化建筑在孝字上。世间的丈夫，无不爱其妻也，积爱成怕，所以今后的文化，应当建筑在怕字上。古人云："天下岂有无父之国哉"，故孝字可以为全国重心，同时可说，"天下岂有无妻之国哉"，故怕字也可以为全国重心，这其间有甚深的哲理，诸君应当细细研究。

我们四川的文化，无一不落后，惟怕学一门，是很可以自豪的。河东狮吼，是怕学界的佳话，此事就出在我们四川。其人为谁？即是苏东坡所做方山子传上的陈慥季常。他是四川青神人，与东坡为内亲；他怕老婆的状态，东坡所深

苏东坡写了方山子传，里面有河东狮吼的典故

知，故作诗赞美之曰："忽闻河东狮子吼，拄杖落手心茫然。"四川出了这种伟人，是应当特别替他表扬的。

我们读方山子传，只知他是高人逸事，谁知他才是怕老婆的祖师。由此知：怕老婆这件事，要高人逸士才做得来，也可说：因为怕老婆才成为高人逸士。方山子传有曰："环堵萧然，而妻子奴婢，皆有自得之意。"俨然瞽瞍底豫气象。天下无不是的父母，亦无不是的妻子，虞舜遭着父顽母嚚，从孝字做工夫，家庭卒收底豫之效；陈季常遭着河东狮喉，从怕字做工夫，闺房中卒收怡然自得之效，真可为万世师法。

怕老婆这件事，不但要高人逸士才做得来，并且要英雄豪杰才做得来。怕学界的先知先觉，要首推刘先生，以发明家而兼实行家。他新婚之夜，就向孙夫人下跪，后来困处东吴，每遇着不了的事，就守着老婆痛哭，而且常常下跪，无不逢凶化吉，遇难成祥。他发明这种技术，真可渡尽无边苦海中的男子。诸君如遇河东狮吼的时候，把刘先生的法宝取出来，包管闺房中呈祥和之气，其乐也融融，其乐也泄泄。君子曰，刘先生纯怕也，怕其妻施及後人；怕经曰："怕夫不匮，永锡尔类"，其斯之谓欤。

刘备是一代枭雄，也是个怕老婆的家伙

陈季常生在四川。刘先生之坟墓，至今尚在成都南门外。陈刘二公之後，流风余韵，愈传愈广，怕之一字，成了四川的省粹。我历数朋辈交游中，官之越大者，怕老婆的程度越深，几乎成为正比例。诸君闭目细想，当知敝言不谬。我希望外省到四川的朋友仔仔细细，领教我们的怕学，碾转传播，把四川的省粹，变而为中华民国的国粹，那么，中国就可称雄了。

爱亲爱国爱妻，原是一理。心中有了爱，表现出来，在亲为孝，在国为忠，在妻为怕，名词虽不同，实际则一也。非读书明理之士，不知道忠孝，同时非读书明理之士，不知道怕。乡间小民，往往将其妻生捶死打，其人率皆蠢蠢如鹿豕，是其明证。

旧礼教注重忠孝二字，新礼教注重怕字，我们如说某人怕老婆，无异誉之为忠臣孝子，是很光荣的。孝亲者为“孝子”，忠君者为“忠臣”，怕婆者当名“怕夫”。旧日史书有“忠臣传”，有“孝子传”，将来民国的史书，一定要立“怕夫传”。

一般人都说四川是民族复兴根据地，我们既负了重大使命，希望外省的朋友，协同努力，把四川的省粹，发扬光大，成为全国的重心，才可收拾时局，重整山河，这是可用史事来证明的。

东晋而后，南北对峙，历宋齐梁陈，直到隋文帝出来，才把南北统一，而隋文帝就是最怕老婆的人。有一天独孤皇后发了怒，文帝吓极了，跑在山中，躲了两天，经大臣杨素诸人，把皇后的话说好了，才敢回来。兵法曰：“守如处女，出入脱兔。”怕经曰：“见妻如鼠，见敌如虎。”隋文帝之统一天下也宜哉！闺房中见了老婆，如鼠子见了猫儿，此守如处女之说也；战阵上见了敌人，如猛虎之见群羊，此出如脱兔之说也。聊斋有曰：“将军气同雷电，一入中庭，顿归无何有之乡；大人面若冰霜，比到寝门，遂有不堪问之处。”惟其入中庭而无何有，才能气同雷电，惟其到寝门而不堪问，才能面若冰霜，彼蒲松龄乌足知之。

“气管炎”皇帝——隋文帝

隋末天下大乱，唐太宗出来，扫平群雄，平一海内。他用的谋臣，是房玄龄。史称房谋杜断，房是极善筹谋之人，独受着他夫人之压迫，无法可施，忽然想到：唐太宗是当今天子，当然可以制服她，就诉诸太宗。太宗说：“你喊她来，等我处置她。”哪知房太太，几句话，就说得太宗哑口无言，私下对玄龄道：“你这位太太，我见了都害怕，此后你好好服从她的命令就是了。”太宗见了臣子的老婆都害怕，真不愧开国明君。当今之世，有志削平大难者，他幕府中总宜多延请几个房玄龄。

老婆的人才能统一全国，就是偏安一隅，也非有怕老婆的人，不能支持全局。

《房谋杜断》之房玄龄

我国历史上，不但要怕老婆的人才能统一全国，就是偏安一隅，也非有怕老婆的人，不能支持全局。从前东晋偏安，全靠王导谢安，而他二人，都是怕学界的先进。王导身为宰相，兼充清谈会主席，有天手持麈尾，坐在主席位上，正谈得高兴，忽报道："夫人来了"，他连忙跳上犊车就跑，把麈柄颠转过来，用柄将牛儿乱打。无奈牛儿太远，麈柄太短，王丞相急得没法。后来天子以王导功大，加他九锡，中有两件最特别之物，曰："短辕犊"，"长柄麈"。从此以後王丞相出来，牛儿挨得近近的，手中麈柄是长长的，成为千古美谈。孟子曰："孤臣孽子，其操心也危，其虑患也深，故达。"王丞相对于他的夫人，可真可谓孤臣孽子了，宜其事功彪柄。

符坚以百万之师伐晋，谢安围棋别墅，不动声色，把符坚杀得大败，其得力全在一个怕字。"周婆制礼"，这个典故，诸君想还记得，谢安的太太，把周公制下的礼改了，用以约束丈夫。谢安在他夫人名下，受过这种严格教育，养成养成泰山崩于前而色不变的习惯，符坚怎是他的敌手。

东晋名臣谢安也怕老婆

符坚伐晋，张夫人再三苦谏，他怒道："国家大事，岂妇人女子所能知。"这可谓不怕老婆了，后来淝水一战，望见八公山上草木，就面有惧色，听见风声鹤唳，皆以为晋兵，他胆子怯得个这样，就是由于根本上，欠了修养的缘故。观于谢安符坚，一成功，一失败，可以憬然悟矣。

有人说外患这样的猖獗，如果再提倡怕学，养成怕的习惯，日本一来，以怕老婆者怕之，岂不亡国吗？这却不然，从前有位大将，很怕老婆，有天愤然道："我怕她做甚？"传下将令，点集大小三军，令人喊他夫人出来，厉声道："喊我何事？"他惶恐伏地道："请夫人出来阅操。"我多方考证，才知道这是明朝戚继光的事。继光行军极严，他儿子犯了军令，把他斩了，夫人寻他大闹，他自知理亏，就养成怕老婆的习惯。谁知这一怕反把胆子吓大了，以後日本兵来，就成为抗日的英雄。因为日本虽可怕，总不及老婆之可怕，所以他敢于出战。诸君读过希腊史，都想知道斯巴达每逢男子出征，妻子就对他说道："你不战胜归来，不许见我之面。"一个个奋勇杀敌，斯巴达以一蕞尔小国，遂崛起称雄，倘平日没有养成怕老婆的习惯，怎能收此良果？

怕老婆的抗倭英雄戚继光

读者诸君，假如你的太太，对于你，施下最严酷的压力，你必须敬谨承受，才能忍辱负重，担当国家大事，这是王导、谢安、戚继光诸人成功秘诀。如其不然，定遭失败。唐朝黄巢造反，朝廷命某公督师征剿。夫人在家，收拾行李，向他大营而来。他听了愁眉不展，向幕僚说道："夫人闻将南来，黄巢又将北上，为之奈何？"幕僚道："为公计，不如投降黄巢的好。"此公卒以兵败伏法。假令他有胆量去迎接夫人，一定有胆量去抵抗黄巢，决不会失败。

我们现处这个环境，对日本谈抗战，对国际方面，谈外交手腕，讲到外交，也非怕学界中人，不能胜任愉快。我国外交人才，李鸿章为第一。鸿章以其女许张佩伦为妻，佩伦年已四十，鸿章夫人，嫌他人老，寻着鸿章大闹。他埋头忍气，慢慢设法，把夫人的话说好，卒将其女嫁与佩伦。你想：夫人的交涉都办得好，外国人的交涉，怎么办不好？所以八国联军，那么困难的交涉，鸿章能够一手包办而成。

李鸿章推行洋务运动，但是他其实更适合推行怕老婆运动

基于上面的研究，我们应赶急成立一种学会，专门研究怕老婆的哲学，造就些人才，以备国家缓急之用。旧礼教重在孝字上，新礼教，重在怕字上。古人求忠臣于孝子之门，今后当求烈士于怕夫之门。孔子提

倡旧礼教，曾著下一部《孝经》，敝人忝任黑厚教主，有提倡新礼教的责任，特著一部《怕经》，希望诸君，不必高谈“裁矗”只把我的《怕经》，早夜虔诵百遍就是了。

教主曰：夫怕天之经也，地之义也，民之行也。五刑之属三千，而罪莫大于不怕。

教主曰：其为人也怕妻，而敢于在外为非者鲜矣。人人不教为非，而谓国之不兴者，未之有也。君子务本，本立而道生，怕妻也者，其复兴中国之本欤。

教主曰：惟大人为能有怕妻之心，一怕妻而国本定矣。

教主曰：怕学之道，在止于至善，为人妻止于严，为人夫止于怕。家人有严君焉，妻子之谓也。妻发令于内，夫奔走于外，天地之大义也。教主曰：大哉妻之为道也，巍巍乎惟天为大，惟妻则之，荡荡乎无能名焉，不识不知，顺妻之则。

教主曰：行之而不著焉，习矣而不察焉，终身怕妻，而不知为怕者众矣。

教主曰：君子见妻之怒也，食旨不甘，闻乐不乐，居处不安，必诚必敬，勿之有触焉而矣。

教主曰：妻子有过，下气怡声柔色以谏，谏若不从，起敬起畏，三谏不听，则号泣而随之；妻子怒不悦，而挞之流血，不敢急怨，起敬起畏。

教主曰：为人夫者，朝出而不归，则妻倚门而望，暮出而不归，则妻倚闾而望，是以妻子在，不远游，游必有方。

教主曰：君子之事妻也，视于无形，听于无声，如闺门，鞠躬如也，不命之坐，不敢坐，不命之退，不敢退，妻忧亦忧，妻喜亦。

教主曰：谋国不忠非怕也，朋友不信非怕也，战阵无勇非怕也。一举足而不敢忘妻子，一出言而不敢忘妻子，将为善，思贻妻子令名，必果；将为不善，思贻妻子羞辱，必不果。

教主曰：妻子者，丈夫所托而终身者也，身体发肤，属诸妻子，不敢毁伤，怕之始也；立身行道，扬名于後世，以显妻子，怕之终也。

右经十二章，为怕学入门之道，其味无穷。为夫者，玩索而有得焉，则终身用之，有不能尽者矣。

新礼教夫妻一伦，等于旧礼教父子一伦，孔子说了一句，“为人止于孝”，同时就说"为人父止于慈",必要这样,才能双方兼顾。所以敝人说:"为人夫止于怕",必须说"为人妻止于严",也要双方兼顾。

现在许多人高唱"贤妻良母"的说法,女同志不大满意,这未免误解了。"贤妻良母"四字,是顺串而下,不是二者平列。贤妻即是良母,妻道也,而母道存焉。人子幼时,受父母之抚育,稍长出外就傅,受师保之教育,壮而有实,则又举而属诸妻子。故妻之一身,实兼有父母师保之责任,岂能随随便便,漫不经意吗?妻为夫纲,我女同志,能卸去此种责任吗?

男子有三从,幼而从父,长而从师,由壮至老则从妻,此中外古今之通义也。我主张约些男同志,设立"怕学研究会",从学理上讨论;再劝导女同志,设立"吼狮练习所"练习实行方法,双方进行,而谓怕学不昌明,中国不强盛者,未之有也。

附录

宗吾家世

张默生

大概在南宋年间，广东嘉应州长乐县崛起一个姓李的人家，家长李子敏和他的儿子李上达，创家立业，慢慢家道兴旺，子孙繁衍，就成了一个有名的氏族。后来代代相传，传到第十世上，有位名叫季润唐的，于清代雍正三年，携眷到四川来，先住隆昌萧家桥，后迁富顺自流井，遂在那里落籍了。四川自明末张献忠大屠杀以后，地广人稀，湖广一带的人民，都纷纷迁来居住，这个李姓人家的迁居，当亦不外此种原因。自李润唐入川以来，家道又慢慢兴旺，子孙繁衍，

传到第八代上，出了一颗思想界的慧星，读书穷理，好立异说，那便是以“面厚心黑”创立的李宗吾氏，这人自民国以来，已成四川的名人了。

我因避寇入川，得读李氏的许多著作，由彼此通信，而得相晤识，而结为好友，始尽知他的生平行事和言论思想，他并不是象外间所传的虚妄怪诞，立意在惊世骇俗的人，他的为人，既不面厚，也不心黑；但他偏偏提倡“厚黑学”，偏偏自称为“厚黑教主”，这种“反话正说”的作风，究竟是为何而来？世人不必笑他骂他，应当先加以深切的反省才是。释迦并不应该入地狱，耶稣并不应该钉十字架，但释迦说：“我不入地狱，谁入地狱？”耶稣偏说：“凡不背十字架走的人，不配做我们的门徒。”这又是所为何来？我们同样应该加以反省的。至手李氏的谈教育，谈政治，谈学术思想等，都是一本正经的立论；不过他的思想有些奇僻，往往发前人之未发，言近人之未言，于是一般传统的学者，就骂他是旁门外道罢了。如今李氏已作古人，再不怕他放言高论了，可是他一生的

行事，尚为世人所不尽知，生前的言论思想，也有许多是被忽视的。我为纪念这位亡友起见，不惜笔墨，作此厚黑教主传，好教世人藉以评定他的功罪。

李宗吾氏，生于光绪五年正月十三日。“宗吾”二字，不是他的原名，这是他后来一再改定的。他的名号几经改变，当他幼年的时候，脾气非常蛮横，毫不依理，见者呼为“人王”；他的父亲就把“人王”二字，合为“全”字，加上辈“世”字，名为世全。算命先生说他命中少“金”，就加上金旁，成为世铨，后来私塾先生又说他命中少“木”，并不少金，他也正嫌父亲为他命的名不好，便自己改名世阶字宗儒，这是表示信从孔子的意思。二十五岁，思想大变，对于儒教颇不满意，心想与其宗法孔子，不如宗法自己，因改名为宗吾。他常说：“这宗吾二字，是我思想独立的旗帜。”以后宗吾，字行，而世阶的名字，就几乎无人知道了。

宗吾兄弟七人，姊妹二人，在兄弟中，他是行六，三哥早死，其余六房均得成立，他的父亲命名为“六谦堂”。除他一人外，兄弟皆务农，惟他的七弟后来开机房，略具商业性质。宗吾是相信遗传和胎教的，他说他之好读书，是决定在先天的，因为生他的那几年，正是他父亲闭门读书的时候。并且他还引苏氏父子为证，他说：“世称苏老泉二十七岁，才发奋读书。考老泉生于宋真宗祥符二年乙酉，仁宗明道二年乙亥满二十七岁。苏东坡生于丙子年十二月十九日，苏子由生于己卯年二月二十日，他们兄弟二人，正是老泉发奋读书时代生的。历史上二十七岁才发奋读书的，只有老泉一人，生出二位文豪；四十岁才发奋读书的，只有我父亲一人，生出一位教主，岂非奇事。东坡才气纵横，文章豪迈；子由则人甚沉静，好黄老之学，所注老子解，推之古今杰作。大约老泉发奋读书，初时奋发踔厉，后则入理渐深，渐为沉静，故东坡子由二人，禀赋不同。我生于我父亲发奋读书的末年，故我性沉静，喜老子，颇类子由；惜我生于农家，为学不得门径，未免有愧子由了。”他说他的奇怪思想，也是禀自他父亲，实则他家一连几代，性格都有点特殊。我们先追溯到他的曾祖说起，来剖视一下他的血统看看。

宗吾的曾祖，名求枋，性格异常严肃，虽是一个开染店的老板，可是道貌岸然，无人不敬畏他。凡族亲子弟，应衣冠不整者，酒醉者，如果走到他的店门，立即屏气敛容，不敢径过。但他对人并无疾言厉色，仍是具有一副慈祥温和的态度。生平从未作过亏心事，享寿七十岁。临死之前，命家人捧手进巾，自浴其面，帽微不正，手自整理，然后凭几而卒。

宗吾的祖父，名乐山，一生务农，曾耘小菜出售；暇时贩油烛及草鞋，沿街叫卖。身形魁伟，性情朴素。上街担粪，有人和他说话，他必站立对答，粪担在肩上，不知放下。遇狡猾的人，就故意拿他开心，久谈不止，他便左肩换右肩，右肩换左肩，引得满街人捧腹大笑。他于晚饭后便睡，及至家人就寝时，他已睡醒了，以后即不再睡。睡熟时，呼亦不醒，如呼"强盗来了！"即惊然而起。他于晚睡之后，即整理明日应卖小菜，整理完了，便手持一杆，往守菜圃。菜圃临近大路，贼人偷东西从此经过的，往往被他夺下，交还失主，所以贼人非常怕他，常常绕道而行。家中平日是舍不得吃肉的，到了年终，他才割肉十斤，准备腌起。自己持刀修削边角，削下来的约有半斤，便命他的妻子拔萝卜作汤，并切切嘱他："大的留着出售，小的留着长成，须择一窝双生和破裂不能卖的，才拔来。"他的妻子找遍了圃中，不得一棵，他才忍痛允许拔来使用了。汤热，他亲自持勺，盛入碗内，又倒入锅中，再盛再倒，再倒再盛。他的妻子问道："你这是干什么呢？"他说："我想分给家人和工人，苦于不能公平和普遍啊！"这事过于不久，便一病而死。他的妻子割肉一方，献于灵前，一见即痛哭，自语"泪比肉多"！又因痛惜不已，即取他生前所用扁担珍藏起来，并且说："后世子孙如昌达，常用红绫包裹，悬挂在正堂梁上，永留纪念！"据说这条扁担经他的子孙保留到民国九年，竟被贼人毁了。他的妻子曾氏，是高山寨富家的女儿，出嫁以后，终年陪着丈夫操作，挑水担粪，从无劳怨。有时归宁，看见猫犬剩余的食物，即暗暗想到，我家怎能得到这样的剩饭的食物？宗吾幼时，听到他的父母屡次述及此事，告诫他们兄弟说："先人这时穷困，这般勤苦，一食之难，竟到如此地步，做儿孙的千万不可忘记啊！"

宗吾的父亲，名高仁，字静安。他原是在外学生意的自父亲去世后，便为家农，与他的妻子共同操作，终日勤劳的情形，一如他的父母。常常取出他的父亲遗留的扁担，以作警戒，因而家道渐裕，得以购置田产。不幸在四十岁上，因劳致疾，医生警告他说："赶紧把家务丢了，安心静养，否则非死不可！"他便把家务完全交付给妻子，自己专心养病。三年之后，始得生愈。他在养病期间，才得到看书的机会，先寻到三国演义、列国演义等书来看，以后就看起四书讲章来，他一看再看，于是从中就看出道理来，便是"书即世事，世事即书。"

他后来只看三本书，其他各书全不看了。哪三本书呢？一是《圣谕广训》，这书是乾隆所颁行天下的，后附朱伯卢的治家格言。二是《刿心要览》，还只是看全书中的一本，中载司马光及唐翼修等名言，他呼之为格言书。三是杨继盛参严嵩十恶五好的奏折，后附遗嘱（是椒山赴义前夕，书以训子的，所言皆居家处事之道）。此外还有一本三字经注解，信不常看。就是那三本大书中，还只有前二书是他手不释卷的。临死前数日，犹阅读不忍放下。他常说："书读那么多干什么。每一书中，自己觉得那一章好，即把他死死记下，照着去行；其余不合心意的，就不必看了。"

他最爱高声朗读的，在《圣渝广训》中，有这两句："人不知孝父母，独不思父母爱子之心乎？"在《刿心要览》中，有这几句："贫贱生勤俭，勤俭生富贵，富贵生骄奢，骄奢生淫佚，淫佚又生贫贱。"

他读书固然是如此之少，而平生从未写过一个字，尤其稀奇。当宗吾七八岁时，发生一件急事，他父亲叫他拿笔墨来，等他拿来了他父亲又说不写了。但是宗吾偏说："我的奇怪思想是发源于我父，读书的方式，也取法于我父。"这事，久后当加以证明。

宗吾的父亲自大病之后，即不敢再作笨重的工作，不过偶尔扯扯甘蔗叶，或种胡豆时盖盖灰罢了。但有暇即看书，自然是他心爱的那几本书，每当工人到田里工作时，他便携着烟竿，或火笼（一种烤火炉），挟着书，坐在田边，时而同工人淡天，时而自己看书。他对于农事，异常内行，每晨必巡视垄一次，常说："我睡在家中，工人在田间工作的情形，我都知道。"当家人从田间归来，他常问："工作人到何处了？"如果因未留心，对答得不确实，他便笑着道："不要瞎说！"

他一生注重早起，他说曾读过三个人的治家格言，都是主张早起的。朱伯卢云："黎明即起"；唐翼修云："早眠早起，勤理家务"；韩魏公云："治家早起，百务自然舒展，纵乐夜为，凡事恐有疏虞。"因此，他虽不象他父亲那样早起，但他总是鸡鸣而起，无一日独断，就是隆冬大雪，亦无不如此。

那时还没有火柴，他每晨起来，便用火链敲火石，将灯点燃，遂以木炭生着火笼，温酒独酌，然后口含叶烟，一直坐到天明，这时，便将工人应做的工作，及自己应办的事，一一规划妥当了。所以他处理家务，都是有理有条；工人作工，时间也无片刻浪费。他怕工人起晚了，耽误工作，而每晨呼喊他们，又觉得讨厌；于是他把堂门做得很紧，一见窗上发白色，即把堂门砰一声打开，工人自然也就惊醒了。

他因为爱早起，好思考，所以生平与人交涉，无一次失败。他常说："凡与人交涉，必须将他如何来，我如何应，四面八方都想过，临到交涉时，任他从哪面来，我都可以应付。"

当他病愈之后，邻近有一宅院想卖给他，他也很想要，但是苦于索价太高，就故意对卖主说："价钱太高，我买不起。"可是彼此勾心斗角，牵牵连连，总不肯把事放过。邻人怨他当买不买，声言要到官府控告，他也不理；甚至把他家的出路掘了，他就由屋盾绕道而行，也不与人计较。结果，那庭宅院，还是卖给与他，这时又生种种纠葛，他仍得到最后的胜利。

宗吾对我说，他的七弟世本，便是他父亲与邻人勾心斗角时生的。果然世本为人处世，精干机警，后来他的父母死，哥嫂死，丧事都由他一人包办，办得条条有理。世本还对人说："我无事，坐起来就打瞌睡；有事办，则精神百倍。这几年，幸而家中死了几个人，还算有事可办，不然这日子就真难过！"于是宗吾又据以证明他的遗传及胎教说，他希望科学研究一下。他的父亲死时，享寿六十九岁，那时已成小康之家了。

广东人的祖宗纪念，乡土观念，以及团结的精神，是很强的。李家自到蜀以来，对于原籍的先人坟墓，和同族的安全，仍是深深地纪念着的。所以他们还派人赴粤扫墓，并慰问同族的父老子弟。在四川更是设有宗祠。宗祠的设立，据说是外省人来川，常被本地人欺凌，于是他们相约，凡广东姓李的人家，成立一会，叫做，"捧捧会"，有来欺凌的，就一齐同他们拚命。以后有人说"捧捧会"是违法的，：才改立宗祠。

广东人入川的，嫁女娶媳，必择广东人，偶尔破例娶本地女子，入门也必须学说广东话。家庭及亲戚往来，更要说广东话，否则说叫卖祖宗。李家自润唐到宗吾一辈，算来已有八世了；

但他兄弟姐妹九人，都是和广东人结亲的。有这强烈的民族性格，再加以代代相传的个性血统，假如我们相信遗传学的话，则产生出一位赋有奇怪思想的李宗吾，这是不足为奇的事。

后记

李宗吾原名世全，入学后改名世楷，字宗儒，意在宗法儒教，尊奉孔夫子。二十五岁时思想发生重大转变，认为与其宗法孔孟之道，不如宗法自己，故改名为宗吾。他早年加入同盟会，长期从事教育工作，历任中学校长、省议员、省教育厅副厅长及督学等职。他为人正直，聪颖机智，治学严谨，几十年间目睹人间冷暖，看透宦海浮沉，世态炎凉，愤而写出了《厚黑学》一书，并冠以独尊之笔名，旨在取"天上地下，唯我独尊"之意。从此便以"厚黑教主"自号，开创了"厚黑学派"的一家之言，李宗吾也因此被誉为"影响中国二十世纪的十大奇才怪杰"之一。

自从李宗吾先生的《厚黑学》问世以来，由于其影响巨大，但绝大部分版本的"厚黑学"在内容上都是大同小异，以"厚黑经"为主，而对于李宗吾先生是如何创立"厚黑学"，又如何运用这一原理去分析中国历史、哲学以及当时的社会现实问题，都付诸阙如。而此次出版的《厚黑学》一书是在《厚黑学》底稿的基础上进行整理的，并查阅了大量的学术著作和三四十年代的报刊，重新发掘出大量的历史资料，书中收录了李宗吾先生有关"厚黑学"的全部经典著述，正可以弥补之前各种版本所存在的不足，使人们不但可以了解"厚黑学"的精髓，还可以看到李宗吾先生运用他所创立的学说对社会、政治问题所进行的鞭辟入里的论述，其生花妙笔，往往出人意料、惊世骇俗、振聋发聩，令人拍案叫绝。

在《厚黑学》中，李宗吾对于中国专制制度下虚伪的封建伦理和圣贤进行了无情的揭露和批判，把封建专制统治者身上的仁义道德撕了个干干净净，不但这样，他还把批判的利剑直接指向"尧舜禹汤"等"圣贤"，声称圣人乃是厚黑的最高境界，是"厚而无形，黑而无色"，进入"无声无臭，无形无色"之境界。无论是从批判的力度还是深度，都足可与鲁迅揭穿礼教吃人本质的《狂人日记》相媲美。《厚黑学》发表于民国初年，比新文化运动还要早。而且在新文化运动开始的时候，对传统文化的批判和反思已经成为一股势不可挡的风潮。李宗吾，敢于以一人之力，挑战一干卫道士，其精神是可敬可佩的。

尽管李宗吾对专制文化痛批不已，但他对传统文化的批判却恰到好处地停留在了封建专制统治者将诸子百家学说的歪曲粉饰和利用上面，他本人对儒、道、法诸家都极为推崇，但是却绝不迷信，这种精神在他所生活的民国初年是难能可贵的。他的批判，并不是针对“圣贤”本人，而是针对专制统治者对“圣贤”原意的扭曲、包装、粉饰的做法进行批判，也就是以“历代帝国专制君主之护符”面目出现的“圣贤”。

李宗吾先生的“厚黑学”自提出以来一直都受到学术界和思想界的广泛关注，希望此次全本《厚黑学》的出版可以使读者更加深入全面地理解这一在海内外影响深远的著作。本书旨在客观地介绍厚黑学，让广大读者真正了解这部著作的全貌，对于作者的一些并不恰当的观点要用批判的眼光加以看待和分析。